Trenchless Rehabilitation Materials for
Urban Water Supply and Drainage Pipelines

城镇给排水管道
非开挖修复材料

曹井国　郁片红　孙跃平　主编

化学工业出版社

·北京·

内容简介

本书由我国城镇给排水管道病害问题引入，综述了现有国内外非开挖管道修复技术和标准现状，并就管道非开挖技术核心材料的设计、生产、选择和使用进行了详细论述。本书共分 9 章，内容包括概论、给排水管道非开挖修复材料设计、原位固化修复技术及材料、机械制螺旋缠绕修复技术及材料、热塑成型修复技术及材料、喷涂修复技术及材料、穿插修复技术及材料、管片内衬修复技术及材料、管道局部修复技术及材料和预处理技术；全书以材料生产质量控制和施工质量控制为关键，通过标准化，推动和挖掘工程材料潜力，弥补行业不足，促进行业的健康发展。

本书具有较强的系统性和技术应用性，可供给排水领域管道非开挖技术单位的科研人员、工程技术人员和管理人员参考，也可供高等学校环境科学与工程、市政工程、材料科学与工程及相关专业师生参阅。

图书在版编目（CIP）数据

城镇给排水管道非开挖修复材料/曹井国，郁片红，
孙跃平主编 . —北京：化学工业出版社，2022.10（2023.1 重印）
ISBN 978-7-122-41966-8

Ⅰ.①城⋯　Ⅱ.①曹⋯②郁⋯③孙⋯　Ⅲ.①市政工程-给水管道-管道维修②市政工程-排水管道-管道维修
Ⅳ.①TU991.36②TU992.4

中国版本图书馆 CIP 数据核字（2022）第 142058 号

责任编辑：刘兴春　刘　婧　　　　　　装帧设计：刘丽华
责任校对：李雨晴

出版发行：化学工业出版社（北京市东城区青年湖南街 13 号　邮政编码 100011）
印　　装：北京科印技术咨询服务有限公司数码印刷分部
787mm×1092mm　1/16　印张 20　彩插 3　字数 443　千字　2023 年 1 月北京第 1 版第 2 次印刷

购书咨询：010-64518888　　　　　售后服务：010-64518899
网　　址：http://www.cip.com.cn
凡购买本书，如有缺损质量问题，本社销售中心负责调换。

定　　价：138.00 元　　　　　　　　　　　　　　　　版权所有　违者必究

《城镇给排水管道非开挖修复材料》
编委会

主　　编：曹井国　郁片红　孙跃平

副 主 编：高雨茁　冯舒扬

编委成员：曹井国　郁片红　孙跃平　高雨茁　冯舒扬　王华山
　　　　　田　琪　王远峰　李方军　叶建州　廖宝勇　逄仲森
　　　　　王　刚　王　卓　李孝传　叶子军　于　雷　王晶晶
　　　　　李　凡　邵海波　杜晓明　周丽华　平　丽　张洪昌
　　　　　毛元圣　杨宗政　杨佳兴　李　静　韩泽嘉　薛舒心
　　　　　王黎明　李红阳　王　凯　唐　彪　郭循昌　孙君强
　　　　　王成全　黄裕中　张小红　王洪锋　潘忠文　高　鑫
　　　　　严政华　姜基标

编写单位：天津科技大学
　　　　　上海市城市建设设计研究总院（集团）有限公司
　　　　　上海管丽建设工程有限公司
　　　　　中交一航局生态工程有限公司
　　　　　安徽普洛兰管道修复技术有限公司
　　　　　安越环境科技股份有限公司
　　　　　天津倚通科技发展有限公司
　　　　　英普瑞格管道修复技术（苏州）有限公司
　　　　　瑞好环境科技（太仓）有限公司
　　　　　浙江优为新材料有限公司
　　　　　贝耐德（江苏）管道新材料有限公司
　　　　　百奥源生态环保科技（北京）有限公司
　　　　　成都龙之泉科技股份有限公司
　　　　　中裕软管科技股份有限公司
　　　　　河南兴兴管道工程技术有限公司
　　　　　金陵力联思树脂有限公司

前言

截至 2020 年，我国城镇给排水管道总长达到 215 万千米。管道的使用寿命一般为 30～50 年，因年久失修，近年给排水管道相继出现病害问题，如腐蚀、变形、结垢和破裂等，造成管网漏损、水资源流失、行洪不畅、道路塌陷等，给城市安全带来了巨大隐患。

对于病害管道，传统上采用开挖后重新埋管的方法进行修复，这极大影响了城市的交通；非开挖法通常仅需要在管井或排气阀处施工，利用内衬材料修复病害管道，不破坏路面，综合成本低，环境影响小，适用范围广，可方便有效地实现管道的修复，在全世界范围内都得到了广泛应用。

近年来，我国管道非开挖修复技术发展迅速，新工艺、新材料和新装备相继涌现。在我国拥有非开挖管道修复技术的企业多达千家，但行业面临着一个严峻的问题，即先进的修复装备和材料还依赖进口或外资企业，造成技术成本高、施工周期难以保证等问题，我国迫切需要国产化的装备和材料。而管道非开挖修复技术和材料跨越多个学科，不仅要考虑设计和制造，更要考虑使用场景和施工影响。

国内非开挖市场已达到了百亿元规模，其中材料占据近 1/2 的份额，施工风险也主要集中在材料方面，施工环节的质量控制较生产环节困难很多，施工人员对材料性能的了解还非常欠缺，因此迫切需要编写专门书籍，为保障非开挖工程质量提供可靠支撑，从而创造良好的经济效益、环境效益和社会效益。

本书在编写过程中，联合了多家企业、研究机构以及用户单位，针对行业迫切需要解决的施工材料性能问题，结合工程实践，系统阐述了非开挖修复材料的生产和使用，可为给排水领域从事非开挖修复的工程技术人员、科研人员、管理人员提供理论依据、技术参考和案例借鉴，也为高等学校环境科学与工程、市政工程、材料科学与工程及相关专业师生提供资料参考。

本书由曹井国、郁片红、孙跃平主编，具体编写分工如下：第 1 章～第 3 章由曹井国、田琪负责；第 4 章由曹井国、高雨苗、杨佳兴负责；第 5 章由曹井国、杨宗政、李静负责；第 6 章由曹井国、郁片红、高鑫负责；

第 7 章由曹井国、高雨茜、韩泽嘉负责；第 8 章由曹井国、孙跃平、薛舒心负责；第 9 章由曹井国、冯舒扬、韩泽嘉负责；附录由曹井国、田琪、杨佳兴、李静、韩泽嘉、高鑫负责。全书最后由曹井国负责统稿并定稿。感谢张大群、刘雨生、赵丽君、马孝春和顾平在本书编写过程中提供的热心帮助，感谢书中参考和引用的有关文献资料的作者。

限于编者水平和编写时间，书中难免有欠妥及疏漏之处，敬请读者批评指正。

编者

2022 年 3 月

目录

第3章 原位固化修复技术及材料

第 5 章　热塑成型修复技术及材料

第6章 喷涂修复技术及材料

第7章　穿插修复技术及材料

第 1 章
概　论

1.1　我国城镇给排水管道概况

1.1.1　城镇给排水管道的发展情况

随着我国经济建设的快速发展，城市基础设施建设也得到了长足的进步，作为市政工程的基础组成部分，城镇给排水系统也在城市和市郊不断地发展和延伸。根据住房和城乡建设部（后简称"住建部"）给出的历年城市、县城、乡镇给排水管网长度统计数据[1]，截至 2020 年，全国城镇给排水管网总长度 206.7 万千米，排水管网总长度125.3 万千米，共计 332 万千米。其中，城市给水管网 100.7 万千米、县城给水管网27.3 万千米、乡镇给水管网 78.7 万千米，具体数据见表 1-1。

表 1-1　2015～2020 年城镇给水管网总长度

年份	行政区域	管道长度/万千米
2015	城市	71
	县城	21.5
	乡镇	57.6
	总计	150.1
2016	城市	75.7
	县城	21.1
	乡镇	57.6
	总计	154.4
2017	城市	79.7
	县城	23.4
	乡镇	67
	总计	170.1

年份	行政区域	管道长度/万千米
2018	城市	86.5
	县城	24.3
	乡镇	71.8
	总计	182.6
2019	城市	92
	县城	25.9
	乡镇	75.4
	总计	193.3
2020	城市	100.7
	县城	27.3
	乡镇	78.7
	总计	206.7

地下管网是城市的重要基础设施，是保证城市功能正常运行的"地下生命线"。随着我国城市化进程不断加快，城市地下管线扩建、改造工程量不断增加[2]。住建部发布的《城乡建设系统年鉴》数据显示：近年来，中国城市供水总量不断上涨，用水普及率较高；2018 年中国城市供水总量为 614.6 亿立方米，用水普及率达到 98.4%；2019 年城市供水总量约为 632.9 亿立方米，用水普及率约为 98.6%。在"十二五"和"十三五"期间，全国各地先后对部分管网进行了更新改造，取得了显著的成效，在《全国城市市政基础设施建设"十三五"规划》中，老旧管网的修复工程规模达 2.3 万千米，投资近 450 亿元，有效地遏制了"跑、冒、滴、漏"的问题，但目前仍有大量市政管网亟待更新改造。

截至 2020 年，全国城镇排水管网总长度 125.3 万千米，其中，城市排水管网 80.3 万千米、县城排水管网 22.4 万千米、乡镇排水管网 22.6 万千米，具体数据见表 1-2。

表 1-2　2015～2020 年城镇排水管网总长度

年份	行政区域	管道长度/万千米
2015	城市	53.9
	县城	17.8
	乡镇	18.2
	总计	89.9
2016	城市	57.7
	县城	17.2
	乡镇	19.1
	总计	94

续表

年份	行政区域	管道长度/万千米
2017	城市	63.0
	县城	18.9
	乡镇	18.3
	总计	100.2
2018	城市	68.4
	县城	19.9
	乡镇	20.1
	总计	108.4
2019	城市	74.4
	县城	21.3
	乡镇	21.3
	总计	117
2020	城市	80.3
	县城	22.4
	乡镇	22.6
	总计	125.3

在城市的 80.3 万千米的排水管道中，20 世纪 80 年代之前铺设的管道为 2.2 万千米，占比 2.7%；80 年代铺设的管道为 3.6 万千米，占比 4.5%；90 年代铺设的管道为 8.4 万千米，占比 10.5%；2001～2010 年铺设的管道长度为 22.8 万千米，占比 28.3%；2011～2019 年铺设的管道长度为 43.3 万千米，占比 54%。2000 年以前铺设的管道，很多已经达到了使用寿命，因年久失修造成的管道开裂、拥堵、腐蚀等病害问题，为城市安全埋下了隐患，导致城市内涝、路面坍塌等事件频发，严重影响人民群众的生命财产安全和城市运行秩序。根据中国城镇供水排水协会（CUWA）调查的数据，目前排水管网的泄漏率达到 39%，按照该比例计算，仅城市中需要进行修复的管网总长度近 30 万千米。因此，对旧管道的修复更新工作在国内有着巨大的市场需求。

1.1.2 城镇给排水管道存在的问题

（1）供水管道漏损严重，对水质造成严重污染

城市供水系统是人民生活和城市发展的重要组成部分，在我国城市公共事业中扮演重要角色。我国供水管网的漏损率一直居高不下，远超世界平均水平。国务院在 2015 年颁发了《水污染防治行动计划》（简称"水十条"），规定了对使用超过 50 年和材质落后的供水管网进行更新改造；2016 年国家发改委《关于推进合同节水管理促进节水服务产业发展的意见》指出，在高效节水灌溉、供水管网漏损控制和水环境治理等项目中，以政府和社会资本合作、政府购买服务等方式，积极推行合同式节水管理。2019 年，国家发改委印发《公共机构节水管理规范》的通知，提出公共机构应建立供水、用

第 1 章　概论

第1章 概论　003

水管道和设备的巡检、维修和养护制度，编制完整的用水管网系统图，定期对供水、用水管道和设备进行检查、维护和保养，保证管道设备运行完好，漏损率小于2％，杜绝"跑、冒、滴、漏"。

根据住建部消息，2016年中国城市管网平均漏损率达15.3％，部分城市超过25％；随着科学技术的不断发展及国家对水务行业的重视，预计中国城市管网平均漏损率将逐渐降低，根据住建部发布的《城镇供水管网漏损控制及评定标准》（CJJ 92—2016）规定，漏损率按两级评定，一级为10％，二级为12％。扬州大学信息工程学院（人工智能学院）朱俊武教授介绍："我国有26个省市的自来水管网漏损率在15％以上，其中有13个省市超过了20％"。

在城市化进程不断加快的今天，城市用水量显著增加，给市政供水企业带来机遇的同时，也带来了挑战。供水管道老化、施工不规范、管材选择不当等问题都是造成供水出现漏损的原因，为减少供水漏损量，这些问题都亟需解决。

（2）事故频发，经济损失巨大

2018年2月，广东省某市一路面发生路面塌陷，导致1人失联，8人受伤，11人死亡，直接经济损失达5323.8万元。

2019年8月，浙江省某市一路段因地铁施工渗漏水导致路面坍塌，压塌燃气管道，燃气泄漏。因相关住户都被及时疏散，该事件未造成人员伤亡事故。

2020年1月，青海省某市一路面发生坍塌，一辆由南向北行驶的17路公交车陷入其中。该事故共造成17人受伤，10人死亡。

2021年9月河北省某市一非机动车道上发生了路面塌陷，一辆清扫车陷入坑内，经市道桥设施管护中心的工作人员现场查勘后初步判断，造成这起事故的主要原因是路面下的排水管道受损漏水，冲刷了地基。

中国城市规划协会地下管线委员会《2018年10月～2019年9月全国地下管线事故分析报告》指出，2018年10月～2019年9月，共收集到全国地下管线相关事故438起，其中地下管线破坏事故289起、路面塌陷事故114起、城市内涝事故9起、其他事故26起，分别占事故总数的65.98％、26.03％、2.05％和5.94％。事故共造成119人受伤，81人死亡。仅2021年6月，共收集国内地下管线相关事故144起，其中，地下管线破坏事故99起，占比68.75％；路面塌陷事故45起，占比31.25％。事故共造成145人受伤，25人死亡。严重影响了人民群众的生命财产安全和城市运行秩序，对病害管道的修复工程已迫在眉睫。

（3）"地下生命线"存在先天缺陷

部分管线由于长期运行，腐蚀严重；相当数量的管材厂家产品质量低劣，抗渗、抗压等主要指标达不到要求；管道的结构设计落后，雨污水管98％以上是刚性连接，不能承受较大震动和冲击，也很难承受地基的不均匀沉降；施工过程监理不严格，管道基础、回填土没有按要求压实处理，造成管道刚铺设不久就出现破裂、变形等问题。

（4）"地下生命线"极其脆弱

城市地下生命线系统是保证城市生活正常运转最重要的基础设施，任何环节滞后或失灵都可能导致整个城市瘫痪。多数城市的"生命线"缺乏自我恢复能力，大都市生命线系统的脆弱性往往会在遇到自然灾害后加重灾情。2021年7月，河南省郑州市受强降雨影响，单日降雨量突破历史极值，单小时最大降水量达201.9mm，使郑州遭遇了严重的内涝事故，造成了多人遇难，经济损失达655亿元。

1.1.3　城镇给排水管道的病害特征

受城市建设、经济条件和管理方式的制约，一些地区往往忽视了对已建成排水管网的维护管理，许多城市排水管网存在管道老化、堵塞、破损、渗漏等问题[3]，给城市建设和人民生活带来不便，对现有排水管道进行定期和专门性的检测，是及时发现排水管道安全隐患的有效措施，是制定管网养护计划和修复计划的依据，因此给排水管道的病害排查问题是当下最为基础和关键的工作。

埋设在地下的市政管道常常因为材料质量、施工质量、腐蚀、地基处理不当、交通载荷、地基沉陷等种种原因而导致管道接口错位、脱节、管体裂缝、破损等结构性损伤[4]。管道缺陷主要包括管道腐蚀、管道渗漏、管道阻塞、管道偏移、管道机械磨损、管道变形、管道破裂与管道坍塌等。

（1）管道的腐蚀

埋地供水管道在使用中长期受内（水的腐蚀作用、水锤作用等）、外（土壤的物理、化学、电化学腐蚀）环境的共同作用，以及管材的潜在缺陷、疲劳破坏、自然或人为因素等的作用，比较常见的腐蚀损伤见图1-1（书后另见彩图），腐蚀原理如图1-2所示，污水介质中的H_2S分子扩散与空气中的O_2接触，发生反应$H_2S+2O_2 \longrightarrow H_2SO_4$，留存在管道内的硫酸使管道的顶端与两侧受到严重腐蚀，使管壁出现裂纹、腐蚀点、腐蚀瘤、深层结疤/脱落等不同程度的损伤，最终将导致输送效率降低和输送介质泄漏，甚至会引发水管爆裂等恶性事故。

图1-1　管道内表面腐蚀损伤

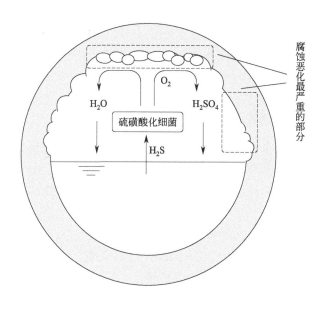

图 1-2　管道腐蚀损伤原理

（2）管道渗漏

在地下水位较低的地区易造成污水外渗；在地下水水位较高的地区，地下水会从管道不严密处渗入。地下水渗入更严重的后果是，管道周围的土体（回填材料）会随地下水从管道的不严密处进入市政管道，从而逐步掏空管道周围的土体，形成空洞[5]。如果管体有结构性损伤，或者当管道承受外荷载的能力不足时，特别是一些柔性管材，一旦失去周围土体的支撑，管道会很快被压垮。其结果是道路路面下沉，严重的会导致路面塌陷，造成伤人事故。

另外，早年的管道施工受当时技术水平的影响，施工质量存在缺陷。以密封材料为例，早期管道铺设使用的密封材料为黏土、水泥砂浆、沥青和密封圈，已经不能满足现今工程要求，如果不及时更换，管道密封极有可能失效，导致渗漏[6]。在现代管道施工中，即使选用技术含量较高的材料和管道部件，也极有可能出现管道渗漏，其原因可能是管材质量不稳定、施工不规范、养护不到位等。同时，管位偏移、磨损、腐蚀、变形等都会引起管道的渗漏，如图 1-3 所示（书后另见彩图）。

（3）管道阻塞

管道阻塞即固体物或其他材料堆积在管道内，使得管道内污水的流动不能顺畅进行，必须绕过或通过阻碍物才能流动，或导致水位抬升，增加渗漏风险，如图 1-4 所示。管道内坚硬的沉积物、管道结垢、管内凸出的阻塞物、管内进入的树根等都是造成管道阻塞的常见原因，管内的沉积物应定期清理，如不及时清理，随着时间的增长，沉积物的堆积减小了部分管段的管径，减小了管道的正常使用体积；在强降雨天气时，随着水量的增加，沉积物被冲刷，并发生脱落，雨水溢出沉积物随之被带出，将会造成污染；沉积物在管道中转化成厌氧性的污垢并产生臭气和其他有害气体，在微生物作用下引起的硫酸腐蚀效应下管道破坏会加剧，水泥管壁会产生腐蚀。除了管内阻流影响管线

图 1-3　管道渗漏照片

正常运行外，树根侵入还会增大管道渗漏量以及引起管壁破裂[7]。

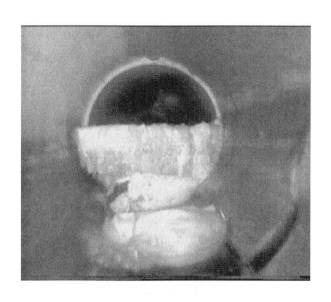

图 1-4　管道阻塞照片

　　（4）管道偏移

　　管道的偏移可分为两类：一类是由温度变化，材料发生热胀冷缩引起的纵向偏移；另一类是由于重力作用而产生的垂直方向上的偏移[8]，如图 1-5 所示（书后另见彩图）。产生偏移的原因主要有以下几种：管线在施工过程中操作不当；管线周围的水文地质条件的变化；地面载荷的变化和波动；管线的自然沉降；地震破坏；等等。

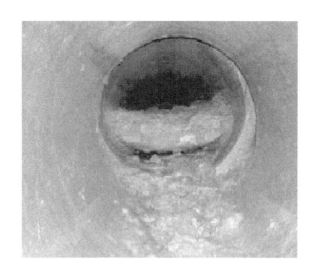

图 1-5 管道偏移照片

（5）管道机械磨损

在管道系统中，管壁与流体相互作用，如管道与砂土等固体颗粒、流体介质以及气体产生的相对摩擦等，造成管壁材料的磨蚀，这种现象称为管道的机械磨损，如图 1-6 所示（书后见彩图）。磨损常常发生在过水的管道内壁，管道内底由于长期受到冲刷作用，故为磨损的主要发生区域，水中的砂砾、石子等固体物质随水流运动，在管内发生的磨损称为冲刷磨损。当水流以较高的速度通过管道时，管壁上处于过水面上的任何不平滑（如管壁上因磨损产生的小坑）的地方都会引起该处水压力的局部变化，当该压力降低到水的汽化压力以下时就会形成水蒸气气泡。而在该低压区之后很近的管壁处，先前形成的气泡会聚集、破裂，产生的极高流速的微流体对该区域的冲击力非常

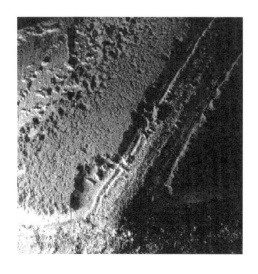

图 1-6 管道机械磨损照片

大，击打在管壁的表面时，会产生点状侵蚀，同时也会导致管壁表面其他空穴的产生，这种磨损称为空穴气蚀[8]。

（6）管道变形

管道变形一般可分为刚性和柔性两种，刚性变形指的是管道在管压及其他负载的作用下不会发生任何可以观测到的变形，另外管道不会因管内压力分布不均匀而发生变化。柔性变形指的是管道在各种荷载作用下产生了变形，并改变了管周边土体的载荷分布，变形达到稳定之后，土体作为管道承压系统的一部分，承受管道的水力载荷（图1-7，书后另见彩图）。通常来讲，管道的变形破坏主要有以下几种：

① 在管道设计施工时未遵守相关的规范和标准；

② 没有全面考虑管道所受的荷载，铺设的管线与地层条件不匹配或管线有质量问题；

③ 管线由非专业的施工队铺设，管线底层地基处理不到位，或非开挖施工的管线中环空区未注入水泥填实；

④ 未正确地处理管道铺设时所用的橡胶元件；

⑤ 振实方法不当；温度变化的影响等。

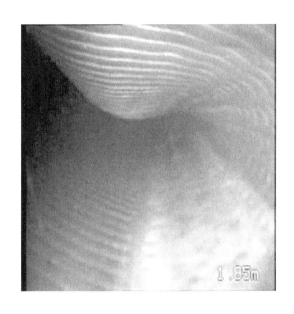

图 1-7 管道变形照片

（7）管道破裂与管道坍塌

管道开裂一般发生在刚性管道中，可分为纵向裂纹、横向裂纹和点源裂纹三种，一旦检测发现有裂纹，应引起足够重视，裂纹极易扩展，最终引起管道的崩塌，如图1-8所示（书后另见彩图）。裂纹的产生可能和季节因素有很大关系，温度变化引起的热胀冷缩极大地影响了裂纹的发展。在应力方向上，由于应力作用，使裂纹边缘处发生相互移位，加剧裂纹的恶化。管道破裂可以理解为管壁材料的大块脱落，导致管壁出现不连续的区域。附加的非正常荷载作用于管道，已经产生裂纹的管壁受到外部动荷载的作用，都会发生管道的破碎。其他原因如管道泄漏、机械力磨损、腐蚀和管道裂纹也有可能引起管道破碎。管道坍塌即管道完全失去承载能力，发生了垮塌，同时相关的部件也被彻底损坏。

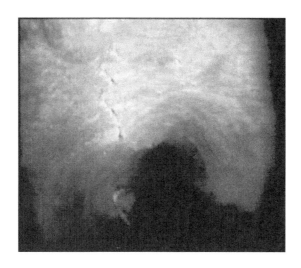

图 1-8　管道裂纹照片

管道坍塌是由上述所有病害长期发展而导致的结果，从量变到质变的过程，是管道破坏的最终形式，如图 1-9 所示。

图 1-9　管道坍塌照片

城市地下管线系统在建成使用之后，都会发生不同形式的破坏情况，严重程度也各不相同。管道破坏的严重程度需结合破坏范围、管道材料以及现场实际情况来进行综合判定。行业标准《城镇排水管道检测与评估技术规程》（CJJ 181—2012）列出了管线缺陷的各种情形，以及缺陷对应的等级，见表 1-3、表 1-4。

表 1-3　结构性缺陷名称、代码、等级划分及分值

缺陷名称	缺陷代码	定义	缺陷等级	缺陷描述	分值
破裂	PL	管道的外部压力超过自身的承受力致使管子发生破裂,其形式有纵向、环向和复合 3 种	1	裂痕——当下列一个或多个情况存在时:在管壁上可见细裂痕;在管壁上由细裂缝处冒出少量沉积物;轻度剥落	0.5
			2	裂口——破裂处已形成明显间隙,但管道的形状未受影响且破裂无脱落	2
			3	破碎——管壁破裂或脱落处所剩碎片的环向覆盖范围不大于弧长 60°	5
			4	坍塌——当下列一个或多个情况存在时:管道材料裂痕、裂口或破碎处边缘环向覆盖范围大于弧长 60°;管壁材料发生脱落的环向范围大于弧长 60°	10
变形	BX	管道受外力挤压造成形状变异	1	变形不大于管道直径的 5%	1
			2	变形为管道直径的 5%~15%	2
			3	变形为管道直径的 15%~25%	5
			4	变形大于管道直径的 25%	10
腐蚀	FS	管道内壁受侵蚀而流失或剥落,出现麻面或露出钢筋	1	轻度腐蚀——表面轻微剥落,管壁出现凹凸面	0.5
			2	中度腐蚀——表面剥落显露粗骨料或钢筋	2
			3	重度腐蚀——粗骨料或钢筋完全显露	5
错口	CK	同一接口的两个管口产生横向偏差,未处于管道的正确位置	1	轻度错口——相接的两个管口偏差不大于管壁厚度的 1/2	0.5
			2	中度错口——相接的两个管口偏差在管壁厚度的 1/2~1 之间	2
			3	重度错口——相接的两个管口偏差在管壁厚度的 1~2 倍之间	5
			4	严重错口——相接的两个管口偏差为管道壁厚的 2 倍以上	10
起伏	QF	接口位置偏移,管道竖向位置发生变化,在低处形成洼水	1	起伏高/管径≤20%	0.5
			2	20%<起伏高/管径≤35%	2
			3	35%<起伏高/管径≤50%	5
			4	起伏高/管径>50%	10
脱节	TJ	两根管道的端部未充分接合和接口脱离	1	轻度脱节——管道端部有少量泥土挤入	1
			2	中度脱节——脱节距离不大于 20mm	3
			3	重度脱节——脱节距离为 20~50mm	5
			4	严重脱节——脱节距离为 50mm	10
接口材料脱落	TL	橡胶圈、沥青、水泥等类似的接口材料进入管道	1	接口材料在管道内水平方向中心线上部可见	1
			2	接口材料在管道内水平方向中心线下部可见	3
支管暗接	AJ	支管未通过检查井直接侧向接入主管	1	支管进入主管内的长度不大于主管直径的 10%	0.5
			2	支管进入主管内的长度在主管直径 10%~20%之间	2
			3	支管进入主管内的长度大于主管直径 20%	5

缺陷名称	缺陷代码	定义	缺陷等级	缺陷描述	分值
异物穿入	CR	非管道系统附属设施的物体穿透管壁进入管内	1	异物在管道内且占用过水断面面积≤10%	0.5
			2	异物在管道内且占用过水断面面积为10%～30%	2
			3	异物在管道内且占用过水断面面积>30%	5
渗漏	SL	管外的水流入管道	1	滴漏——水持续从缺陷点滴出,沿管壁流动	0.5
			2	线漏——水持续从缺陷点流出,并脱离管壁流动	2
			3	涌漏——水从缺陷点涌出,涌漏水面的面积不大于管道断面的1/3	5
			4	喷漏——水从缺陷点大量涌出或喷出,涌漏水面的面积大于管道断面的1/3	10

表1-4 功能性缺陷名称、代码、等级划分及分值

缺陷名称	缺陷代码	定义	缺陷等级	缺陷描述	分值
沉积	CJ	杂质在管道底部沉淀淤积	1	沉积物厚度为管径的20%～30%	0.5
			2	沉积物厚度为管径的30%～40%	2
			3	沉积物厚度为管径的40%～50%	5
			4	沉积物厚度大于管径的50%	10
结垢	JG	管道内壁上的附着物	1	硬质结垢造成的过水断面损失≤15%;软质结构造成的过水断面损失在15%～25%之间	0.5
			2	硬质结垢造成的过水断面损失在15%～25%之间;软质结构造成的过水断面损失在25%～50%之间	2
			3	硬质结垢造成的过水断面损失在25%～50%之间;软质结构造成的过水断面损失在50%～80%之间	5
			4	硬质结垢造成的过水断面损失>50%;软质结构造成的过水断面损失>80%	10
障碍物	ZW	管道内影响过流的阻挡物	1	过水断面损失≤15%	0.1
			2	过水断面损失在15%～25%之间	2
			3	过水断面损失在25%～50%之间	5
			4	过水断面损失>50%	10
残墙坝根	CQ	管道闭水试验时砌筑的临时砖墙封堵,试验后未拆除或拆除不彻底的遗留物	1	过水断面损失≤15%	1
			2	过水断面损失在15%～25%之间	3
			3	过水断面损失在25%～50%之间	5
			4	过水断面损失>50%	10
树根	SG	单根树根或是树根群自然生长进入管道	1	过水断面损失≤15%	0.5
			2	过水断面损失在15%～25%之间	2
			3	过水断面损失在25%～50%之间	5
			4	过水断面损失>50%	10

缺陷名称	缺陷代码	定义	缺陷等级	缺陷描述	分值
浮渣	FZ	管道内水面上漂浮物(该缺陷需记入检测记录表,不参与计算)	1	零星的漂浮物,漂浮物占水面面积≤30%	—
			2	较多的漂浮物,漂浮物占水面面积为30%～60%	—
			3	大量的漂浮物,漂浮物占水面面积>60%	—

1.2 给排水管道非开挖技术

1.2.1 非开挖技术的特点

（1）环保性

随着我国城镇化的发展,为确保各城市经济可持续发展的要求,加大城市地下空间开发利用的程度已成为未来城市建设的发展方向。我国近年更加倡导"可持续发展"和"高质量发展"的理念,意在提高城市建设和管理水平,更加强调生态和环境的重要性。所以推广和使用非开挖技术是我国城镇化发展的必然选择。由于非开挖管道工程技术具有工艺环保性,在欧美发达国家已成为一项政府支持、社会提倡、企业参与的新技术产业,非开挖技术已被联合国环境规划署认定为"环境的友好使者"技术,成为城市现代化进程中的一项关键技术。因技术所具有的环保性,非开挖技术在现代社会得以迅速推广,并获得广泛认可。

（2）过程隐蔽性

非开挖技术的施工过程具有隐蔽性,地下管线铺设和更新施工过程多无法目测,需要借助检测仪器监测施工过程的技术参数。借助检查井施工,搭设施工平台,必要时进行局部开挖,对环境影响小,隐蔽性好。出现事故时,需依据施工过程的各项数据,对施工事故原因进行分析。此外,对现有地下管道的影响、地表沉降的影响和管道本身的竣工质量评定也存在一定的技术难度。

（3）行业多样性

非开挖施工技术主要用于地下管道的铺设和更新,而地下管道涉及多个行业或部门,包括给水、排水、燃气、电力、通信、石油天然气等行业,因此非开挖技术与多个行业相关,具有行业多样性。这一特性也在一定程度上造成了非开挖施工技术存在多头管理的困局。

1.2.2 非开挖技术的优势

合理地进行地下管网系统的健康监测、安全评价、系统改造、信息化管理与灾害防治,研究和建立相关的技术标准体系,是保障城市管网基本功能和社会安全的基石。过去在市政管网建设与运行维护过程中普遍采用开挖方式修复管道,造成城市道路"开膛破肚"现象,严重影响城市交通和周围居民生活。与开挖施工技术相比,非开挖施工技术的主要优势如下。

① 可以避免开挖施工对居民正常生活的干扰,以及对交通、环境、周边建筑基础的破坏和不良影响。非开挖施工不会阻断交通,不会破坏绿地、植被,不会影响商店、医院、学校和居民的正常生活和工作秩序。

② 在开挖施工无法进行或不允许开挖施工的场合(如穿越河流、湖泊、重要交流干线、重要建筑物的地下管线),可用非开挖技术从其下方穿越铺设,并可将管线设计在工程量最小的地点穿越,减少对现有河网、管线的干扰。

③ 施工效率高。非开挖修复不需要进行土石方的开挖和回填,大大降低工程项目的工期,施工速度快,方便解决临时排水问题,且施工完成后可在较短的时间内实现通水,施工周期短,在确保施工质量的基础上,可大幅降低工程施工成本。

④ 修复类型广。非开挖修复后的内衬管强度和环刚度高,能对坍塌管道管顶起到一定的支撑作用,可用于管道结构性、半结构性、防渗漏修复,对于重力管道和压力管道的应用无局限性;可用于修复管道界面为圆形、蛋形、方形、马蹄形的各种供排水管网。

⑤ 可精准修复。现代非开挖技术可以高精度地控制地下管线的铺设方向、埋深,并可使管线绕过地下障碍(如巨石和地下构筑物)。

⑥ 修复性能优异。非开挖修复可达到防腐、防渗、增加结构强度、延长原管道使用寿命等效果,修复后的内衬管道与原管道紧密贴合,内衬管表面光滑,减小了原有管道的过流阻力损失。还可加大管道直径,从而增加原有管道的过流能力[6]。

⑦ 施工安全性和环保性。施工时路面的暴露面较小,对施工人员和途经的车辆行人而言,大大提高了安全性。非开挖修复技术避免了开挖施工而产生的扬尘、土石等对路面环境造成的破坏(开挖时,路面的使用寿命会降低 60% 左右)[4]。

⑧ 有较好的经济效益和社会效益。在可比性相同的情况下,非开挖管线铺设、更换、修复的综合技术经济效益和社会效益均高于开挖施工,管径越大、埋深越大时越明显。

实践证明,在大多数情况下,尤其在繁华市区或管线的埋深较深时,非开挖施工是开挖施工很好的替代方法;在特殊情况下,例如穿越公路、铁路、河流、建筑物等,非开挖施工更是一种经济可行的施工方法,两种施工方法的成本比较如图 1-10 所示[9]。

综上,非开挖修复技术的优势显著,对施工周围环境、地面交通、周边设施和建筑物基础影响小,极大减少了工程成本;且具有施工效率高,可修复类型广,修复精准且效果较好,能够满足施工的安全性和环保性。非开挖技术的发展,为管网运行维护提供了更好保障,具有良好的经济效益和社会效益。

1.2.3 非开挖技术的分类

1.2.3.1 非开挖技术施工应用分类

(1)管道铺设

指铺设新的地下管道,其中包括微型隧道法(又称小口径顶管法)、水平定向钻进

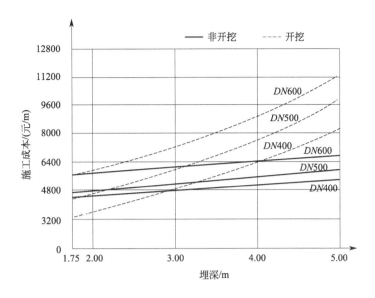

图 1-10　开挖施工与非开挖施工成本比较

法、导向钻进法、水平螺旋钻进法、冲击矛法、夯管法等。这些方法具有以下特点：

① 引入了管道轨迹的测量和控制技术；

② 可在复杂地层（如在地下水位以下、含卵砾石的地层和硬岩地层）中施工；

③ 大大提高了铺管的能力，包括铺管的直径、长度和准确度；

④ 可以原位更换和修复现有的地下管道。

（2）管道更换

用于在原位更换旧管道。原位更换是指以待更换的旧管道为导向，在将其破碎的同时，将新管拉入或顶入的管道更换技术。这种方法可用相同或稍大直径的新管更换旧管，例如聚乙烯（PE）管、聚氯乙烯（PVC）管、铸铁管或陶土管[9]。

根据破碎旧管的方式不同，可将原位更换方法分为爆管法、吃管法和抽管法三种。与传统的开挖施工更换相比，对交通和环境的干扰小，安全性好；施工速度快，施工成本低[10]。

（3）管线修复

是指采用内衬等方法来改善旧管的流动性能并修复结构性的破坏，以延长其使用寿命。这种方法既适用于压力管道的修复，也适用于重力管道的修复。其中包括原位固化法、机械制螺旋缠绕修复技术、热塑成型修复技术、喷涂修复技术、穿插法及其改进方法、管片与短管内衬修复技术、局部修复技术等。

这种方法与传统的开挖施工法修复管道相比，具有以下特点：

① 对环境交通拥挤的生活区、商业区干扰小；

② 利用原有管道的轨迹，无需控制施工方向；

③ 可加大原有管道的过流能力；

④ 施工时暴露面少，提高了安全性；

⑤ 不需排屑，减少了对路面的损坏；

⑥ 施工效率高。

非开挖技术分类见图1-11。

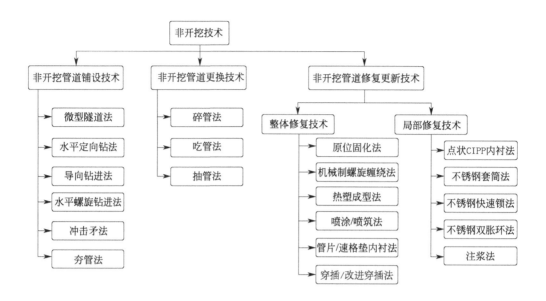

图 1-11　非开挖技术分类

1.2.3.2　非开挖修复技术分类

（1）原位固化法（cured-in-place pipe，CIPP）

原位固化法是指采用翻转或者牵拉的方式将浸润树脂的软管置入原有管道内，固化以后形成管道内衬的修复方法。19世纪70年代末，英国工程师Eric Wood发明了In-situform®的管道修复方法，该工艺将浸润热固性树脂的纤维或毛毡制成的软管翻转进入原有管道，在原有管道中经循环热水或蒸汽引发树脂固化[2]，并与原管道形成管中管结构，增强了原有管道的结构强度。自1998年采用该技术成功修复管道后，该工艺已被广泛使用且被各国相继采用。我国于2000年前后引入该项技术，2010年，杭州市采用原位固化法修复10.1km的排污管道，是我国首次大规模使用该技术。当前，原位固化法在我国的应用比较成熟，占非开挖修复更新施工中的较大份额。

紫外光固化技术因不需要热源，弹性模量高，近年发展势头迅猛，该技术是在紫外光辐照作用下引发树脂固化，波长在315～420nm之间，紫外光灯链的移动速度根据树脂的反应温度、内衬管壁厚的不同进行调整。

紫外光固化技术采用玻璃纤维软管，具有良好的透光效果，由于玻璃纤维增强的软管具有较高的力学性能，且操作简单，受到施工人员和业主的青睐。该技术最初在瑞士、挪威和丹麦被授权应用，到1989年该技术被推广到德国、澳大利亚。Bran-denburger公司于1990年进入污水管道修复市场，通过缠绕制备内衬软管，内衬软管管径覆盖150～1118mm，壁厚3～21mm，施工长度可达135m[11]，适用于圆形或卵形管道的修复。使用紫外光灯能够固化壁厚超过 3mm 的内衬，壁厚较大时需在树脂中添加过氧化物，过氧化物在紫外光产生的热量作用下产生活性游离基，可确保内衬管的完全固化。改进的紫外光固化装置 Bluetec^{TM}，固化 15mm 厚的内衬管 150m 仅需 1h。对玻璃纤维内衬软管研发的还有 BKP Berolina、Impreg/Multiliner、Saertaex 等多家公司。据统计，玻璃纤维内衬管在欧洲已经占有 50% 的市场份额，因此用紫外光固化玻璃纤维增强的复合材料修复地下管道，在非开挖管道修复中具有广阔的发展前景。

（2）机械制螺旋缠绕技术

在 DN1200❶ 及以上的大口径排水管道的修复上，如何提高内衬材料的刚度，以及带水作业是当前研究的重要问题。螺旋缠绕法在修复大口径排水管道上较其他方式具有显著优势，螺旋缠绕法（spirally wound lining）是使用带锁扣的加筋 PVC 或 PE 条带在旧管道内部螺旋地缠绕成管道形状，随后在缠绕管与旧管之间的环形间隙灌浆，从而实现旧管道修复的目的。该技术可带水作业，有利于避免设置大流量截流旁路以及开挖工作坑的问题。为了满足修复内衬材料对刚度的高要求，Rib Steel 技术通过在塑料型材外部增加不锈钢，以支撑来提高内衬管的环刚度，但同时也增加了产品的成本和施工难度。Rib Loc 技术是将钢带包裹在塑料内部以增加塑料刚度的技术，以该技术为基础的 Rib Line 技术是在螺旋缠绕法用塑料型材内部增加钢片，从而提高了内衬材料的刚度。目前，该项技术已在澳大利亚、德国和捷克等国家和地区推广应用。

（3）穿插法

穿插法是一种可用于管道半结构性和非结构性非开挖修复的方法，采用牵拉或顶推的方式将新管直接置入原有管道，并对新的内衬管和原有管道之间的间隙进行注浆的管道修复方法。穿插法常使用的内衬管材料有 PE、GRP、PVC 管等。根据修复管道的用途，内衬管材应满足相应行业标准中规定的理化性能要求，同时还应满足施工中的牵拉、顶推的施工要求。聚乙烯管为穿插法最常用的管材，对于聚乙烯材料，密度越高，刚性越好；密度越低，柔性越好。进行内衬修复或内衬防腐的材料既要有较好的刚性，同时还要有较好的柔韧性。通常将 PE 分为低密度聚乙烯（LDPE，密度为 0.910～0.925g/cm^3）、中密度聚乙烯（MDPE，密度为 0.926～0.940g/cm^3）、高密度聚乙烯（HDPE，密度为 0.941～0.965g/cm^3）。按照 GB/T 18252 中确定的 20℃、50 年，预测概率为 97.5% 相应的静压强度，常用聚乙烯可分为 PE63、PE80、PE100；其中，中密度 PE80、高密度 PE80 和高密度 PE100 从材料性能上能满足管道内衬的要求。

（4）喷涂法

喷涂修复技术是指在管道或检查井内壁喷涂一定厚度的修复材料，凝固后形成内衬，从而修复补强旧管道、检查井的方法。既能够实现管道防腐、堵漏，同时还能够满足结构性补强的要求，它能极大地减少对路面及绿化的破坏，按需修复的喷涂工艺能够最大限度地避免废弃材料的产生，对自然环境和人文环境影响较小[11]。

---

❶ DN 是指管道的公称直径，单位默认为 mm，全书余同。

市政管道喷涂修复法始于 20 世纪 30 年代，美国 Centriline 公司采用水泥砂浆作为喷涂修复材料，水泥砂浆喷涂修复技术问世在美国新泽西州，实现了长度 8.4km 钢制管道渗漏缺陷的修复，修复后管道的过水能力提高了将近 2 倍，过水能力接近硬聚乙烯管和纤维缠绕玻璃钢管。

随着喷涂技术的进步，美国 Nukote 公司于 2003 年研发了针对各类管网修复的高分子聚合物喷涂技术，该技术使用的高分子聚合物涂料多为耐腐蚀、耐候性速干材料，施工完成后即可通水使用，可应用于管道、箱涵及配套检查井的结构性、半结构性和非结构性修复、补强和防腐。

（5）管片内衬法

主要材料为 PVC 材质的管片和灌浆料，通过使用连接件将管片在管内连接拼装，然后在原有管道和拼装成的内衬管之间填充灌浆料，使新内衬管和原有管道连成一体，达到修复破损管道的目的。管片内衬修复技术采用高流动性无收缩砂浆，填充常见的灌浆料的配置及成分如表 1-5 所列，灌浆料在水中不易分离，具有极好的流动性和固结强度。在狭小的缝隙中能够充分填充。

表 1-5　常见灌浆料配置及成分表

材料	成分
水泥	高炉水泥
砂	最大粒径 1.2mm 的石灰石碎石
混合料	早强剂＋碱水剂＋消泡剂＋增黏剂
水	

（6）短管焊接内衬修复技术

可用于对原有管道进行整体或局部修复。该技术是将适宜尺寸的 HDPE 管插入需要修复的管道内，利用原有管道的刚性和强度为承力结构以及 HDPE 管耐腐蚀、耐磨损、耐渗透等特点，形成"管中管"复合结构，使修复后的管道具备承压性能。短管内衬法的管材一般为耐腐蚀、耐磨损、耐渗透的 PE 管或 HDPE 管，按照使用要求，将其切割成 60～80cm 的短节（以满足在检查井内可操作性来确定长度），使用专用机床，按设计将管口切削成倒榫子母口结构。

（7）局部修复法

使用钢套环、PVC 套环或软衬来修复管道的小孔或裂隙，多用于污水管道的局部修复。软衬补丁材料通常采用无纺布，有时与玻璃纤维组成复合层，涂敷树脂，该法能适应大曲率半径的弯管修复。

钢套环具有一个不锈钢芯结构，其外围浸满环氧树脂或聚氨酯树脂，在一定的温度和压力条件下发生固化与旧管道内壁形成胶结，固化过程中胶液填满不锈钢与旧管间的孔隙，同时胶液渗入管道承插口缝隙和邻近土壤，形成管外介质-旧管道-不锈钢芯筒的胶结复合结构。

PVC 套环主材为 PVC 管片，使用时采用水平的千斤顶使管片水平张开，并与管道的两侧接触。张开的管片可胶黏在一起，从而形成与旧管道紧密接触的圆形管段，然后用密封、灌浆等方法进行修复。

不锈钢发泡筒技术是套环修复的一种，主要材料为遇水膨胀化学浆与带状不锈钢片，在管道接口或局部损坏部位安装不锈钢套环，不锈钢薄板卷成筒状，与同样卷成筒状并涂满发泡剂的泡沫塑料板一同就位，然后用膨胀气囊使之紧贴管口，发泡剂固化后即可发挥止水作用。不锈钢片采用奥氏体不锈钢304。304号不锈钢具有良好的延展性，易冷加工成型，抗拉和抗弯方面均有优势。不锈钢还具有耐腐蚀性，对侵蚀、高低温都有良好的抵抗力。发泡剂采用高分子化学注浆堵漏材料，尤其对混凝土结构体的渗漏水有止漏效果。常见注浆材料性质如表 1-6。[6]

表 1-6　常见注浆材料性质

性能指标	水泥浆	水泥-水玻璃浆	水玻璃浆	丙烯酰胺
黏度/(10^{-3}Pa·s)	15～140	15～140	3～4	1.2
可注最小粒径/mm	1	1	0.1	0.01
渗透系数/(cm/s)	10^{-3}～10^{-1}	10^{-3}～10^{-2}	10^{-2}	10^{-6}～10^{-5}
凝胶时间/h	6～15	数秒至十几分钟	数秒至十几分钟	十几秒至几十分钟
抗压强度/MPa	10～25	5～20	<3	0.4～0.6
注入方式	单液	双液	双液	双液

1.3　国家的非开挖技术相关政策及导向

"非开挖工程"被联合国环境议程（United Nations Environmental Program，UNEP）批准为地下设施的环境友好技术（environmentally sound technology，EST）。由于该技术综合成本低、施工周期短、环境影响小、施工安全性好等优势日益受到人们的青睐，在市政给排水管线、通信电缆、燃气管道、输油管道及电力电缆等地下管线工程施工中得以应用。目前，非开挖管线工程技术已在西方发达国家得到广泛应用，在我国也以每年40%的速度增长，成为城市现代化进程中的一项重要技术。2008年，美国国家工程院把"修复和改善城市基础设施"列为21世纪工程学面临的14大挑战之一。

目前，世界各国对非开挖工程技术有着巨大的需求。美国需要修复的污水管道有150万千米，总修复费用约3300亿美元。我国管道修复市场巨大，仅使用年限超过50年和灰口铸铁管、石棉水泥管等落后管材的供水管网9.23万千米，管网改造投资约835亿元。

2016年2月，国务院发布《关于深入推进新型城市化建设的若干意见》，其中第三部分"全面提升城市工程"明确指出要"实施城市地下管网改造工程""推进海绵城市建设""推进新型城市建设""提升城市公共服务水平"等与地下管网相关的建设要求。

2016年6月，住房和城乡建设部发布的《城市地下空间开发利用"十三五"规划》提出，力争到2020年，初步建立较为完善的城市地下空间规划建设管理体系，推进城市地下空间规划制定工作。到2020年，不低于50%的城市完成地下空间开发利用规划编制和审批工作，补充完善城市重点地区控制性详细规划中涉及地下空间开发利用的内容。同时，将开展地下空间普查，推进城市地下空间综合管理信息系统建设。

2017年2月，国家发展改革委发布《"十三五"全国城镇污水处理及再生利用设施建设规划》，到2020年底实现城镇污水处理设施（包括污水管道建设）全覆盖，地级以上城市建成区黑臭水体均控制在10%以内、城市污泥无害化处置率达到75%，城市和县城再生水利用率进一步提高监管体系。

2019年12月，住房和城乡建设部、工业和信息化部、国家广播电视总局、国家能源局联合发布《关于进一步加强城市地下管线建设管理有关工作的通知》，提出共同研究建立健全以城市道路为核心，地上和地下统筹协调的城市地下管线综合管理协调机制。管线综合管理牵头部门要加强与有关部门和单位的联动协调，形成权责清晰、分工明确、高效有力的工作机制。按标准确定管线使用年限，加强管线建设、迁移、改造前的技术方案论证和评估，以及实施过程中的沟通协调。鼓励有利于缩短工期、减少开挖量、降低环境影响、提高管线安全的新技术和新材料在地下管线建设维护中的应用。

在目前城市地下基础设施错综复杂、城市交通繁忙、地下空间纵深发展、日益重视城市环境和可持续发展的条件下，传统的开挖法新建和维修更新地下管道，造成城市道路"开膛破肚"现象经常发生，严重影响城市交通和周围居民生活。另外，为确保城市建设同时新铺道路不被开挖，各个城市都制定了相应的规定，如广州、昆明等城市明文规定"新建道路五年内不准开挖"，这也意味着，这期间如需铺设新管道或管道出现问题，非开挖工程将是唯一选择。

为使我国在非开挖管道修复技术应用更加规范，保证非开挖修复工程质量，我国各行业、地方都制定相关的标准，这是我国非开挖技术健康发展的有效手段。目前已发布的行业标准有《城镇排水管道检测与评估技术规程》（CJJ 181—2012）、《城镇排水管道非开挖修复更新工程技术规程》（CJJ/T 210—2014）和《城镇给水非开挖管道修复更新工程技术规范》（CJJ/T 244—2016）等。浙江、上海等地针对地区应用较多的非开挖管道修复更新技术，也都制定了相应的地方标准，如浙江省的地方标准《翻转式原位固化法排水管道修复技术规程》（DB33/T 1076—2011）、广东省地方标准《城镇公共排水管道非开挖修复技术规程》（DB44/T 1026—2012）等。基于在技术标准建设上的努力和取得的初步成果，我国非开挖管道修复更新技术的市场应用将更加规范，工程质量也将得到进一步的保障。

1.4 国内外给排水管道非开挖修复技术标准体系

1.4.1 美国给排水管道非开挖标准体系

管渠非开挖修复方面，ASTM 侧重材料方面的技术要求。ASTM F1216《基于树脂浸润软管的翻转法管渠修复施工技术规程》针对管道翻转修复过程所用树脂及软管进行规定，规范了施工过程及固化管质量要求，适用管径范围在 DN50～2500 的各类重力和部分压力管线；ASTM F1743《树脂浸润软管拉入修复操作规程》规定了基于无纺布软管的拉入法修复排水管道技术要求，包括所用材料，适用于管径范围为 DN50～2400 的各类重力和部分压力管线；ASTM F2019《基于树脂浸润玻璃纤维软管的拉入法管渠修复操作规程》规定了基于玻璃纤维软管的拉入法管渠修复技术要求，适用于管径范围 DN100～1500 的各类重力管线；ASTM D5813—04《原位修复热固化树脂管道系统操作规程》规定了基于热固化树脂的原位固化管道修复标准，以树脂为核心，软管为载体，对原位固化技术的使用过程、技术要求和质量检验进行了规定，该规程适用于 DN100～3353 的管道原位固化修复过程的评价与测试。

美国在非开挖修复领域较为完善，从工法上包含原位固化法、机械制螺旋缠绕法、穿插法及其改进技术、喷涂法修复工艺、管片内衬修复工艺、局部修复技术。而且各项标准中都覆盖了产品、设计、施工、验收等内容[12]。

1.4.2 ISO 给排水管道非开挖标准体系

国际标准 ISO 将原位固化修复技术相关标准划分为给水系列和排水系列，将材料分为生产阶段"M"和施工阶段"I"，并详细列明了不同阶段每一种组分、固化后复合材料的性能要求以及施工结束后验收项目。

ISO 非开挖领域标准归口为国际标准化组织流体输送用塑料管材、管件及阀门技术委员会（ISO/TC 138），该委员会负责流体输送用塑料或增强类塑料制成的管材、管件、阀门及辅助设备的标准，也包括与塑料管材配套使用的金属管件。ISO/TC 138 标准体系下又可以分为 SC1 污水废水排放用塑料管材及管件，SC2 供水用塑料管材及管件，SC3 工业用塑料管材及管件，SC4 燃气用塑料管材及管件，SC5 塑料管材、管件和阀门及其配件的通用性能测试方法和基本规范，SC6 多用途增强塑料复合管材和管件，SC7 塑料阀门和附属设备，SC8 非开挖管线修复更新塑料管。其中，SC8 分支为非开挖管线修复更新塑料管，该分支内已发布的标准共计 19 项。按照应用场景和标准类型，又可以将 SC8 体系划分为 WG1 管道修复用塑料管道系统设计应用的分类和信息、WG2 地下排水和污水管网修复用塑料管道系统、WG3 地下供水管网修复用塑料管道系统、WG4 地下供气管网修复用塑料管道系统、WG6 修复用塑料管道系统的合格评定[12]。

1.4.3　我国给排水管道非开挖标准体系

随着行业的快速发展，目前我国排水管渠非开挖修复的工程标准有行业标准《城镇排水管道非开挖修复更新工程技术规程》（CJJ/T 210—2014）、《城镇给水管道非开挖修复更新工程技术规程》（CJJ/T 244—2016），团体标准《给水排水管道原位固化法修复工程技术规程》（T/CECS 559—2018）、《城镇排水管道非开挖修复工程施工及验收规程》（T/CECS 717—2020）、《非开挖铺设用高密度聚乙烯排水管》（CJ/T 358—2010）、《给水排水管道内喷涂修复工程技术规程》（T/CECS 602—2019）。产品标准方面，为推进非开挖修复材料的国产化和标准化，编制发布了《非开挖修复用塑料管道　总则》（GB/T 37862—2019）；《城镇排水管道原位固化修复用内衬软管》（T/CUWA 60052—2021）、《非开挖工程用聚乙烯管》（CJ/T 358—2019）、《排水管道闭气检验用板式密封管堵》（CJ/T 473—2015）。

排水管渠非开挖修复工程验收参照《给水排水管道工程施工及验收规范》（GB 50268—2008）、《城镇排水管渠与泵站运行、维护及安全技术规程》（CJJ 68—2016）和《城镇排水工程施工质量验收规范》（DG/TJ08-2110—2012）等相关规范、规程执行。

与欧美发达国家非开挖领域标准对比，我国在非开挖领域的标准相对较少，在未来的标准建设中仍需向发达国家看齐。此外，国外具有从材料、施工到验收一整套完整的标准系统，但我国在编制技术和修复材料产品的标准方面较为欠缺[9]。

在未来的标准编制工作中，应将部分地方标准、企业标准提升至团体标准、行业标准及国家标准，补充和完善非开挖技术标准体系，从而覆盖城市管渠运行管理全过程，规范行业技术，提升行业管理水平，有效保障行业产品质量。

参考文献

[1]　中华人民共和国住房和城乡建设部．中国城市建设统计年鉴 2020［M］．北京：中国统计出版社，2021．
[2]　马保松．非开挖管道修复更新技术［M］．北京：人民交通出版社，2014．
[3]　王和平，安关峰，谢广永．《城镇排水管道检测与评估技术规程》（CJJ 181—2012）解读［J］．给水排水，2014，50（02）：124-127．
[4]　赵俊岭．地下管道非开挖技术应用［M］．北京：机械工业出版社，2014．
[5]　李敏，刘莉．谈市政给排水管道设计施工中的常见问题［J］．山西建筑，2013，39（21）：132-133．
[6]　安关峰．城镇排水管道非开挖修复工程技术指南［M］．北京：中国建筑工业出版社，2016．
[7]　胡远彪，王贵和，马孝春．非开挖技术施工［M］．北京：中国建筑工业出版社，2014．
[8]　马保松．非开挖工程学［M］．北京：人民交通出版社，2008．
[9]　叶建良，蒋国盛，窦斌．非开挖铺设地下管线施工技术与实践［M］．武汉：中国地质大学出版社，2000．
[10]　遆仲森．城镇排水管道非开挖修复技术研究［D］．北京：中国地质大学，2012．
[11]　刘磊．喷涂修复排水管道强度理论研究［D］．北京：中国地质大学，2018．
[12]　曹井国，田琪，闻雪，等．城镇排水管渠检测、清淤与非开挖修复标准体系思考［J］．给水排水，2020，56（11）：138-142．

第 2 章

给排水管道非开挖
修复材料设计

2.1 非开挖修复设计概述

2.1.1 设计原则

非开挖修复更新工程设计前应详细调查原有管道的类型、破损情况、过流能力、工程水文地质条件、现场环境、施工条件和原有管道各项设计参数以及修复历史等。现场环境主要应包括拟修复管段区域内交通情况以及既有管线、构（建）筑物与拟修复管道的相互位置关系及其他属性；原有管道主要设计参数包括管道直径、埋深、填土类型、原状土类型及其相关性质。对于某些进行过局部修复的管道，应查清修复的位置并详细记录修复的类型。

非开挖修复更新工程的设计应符合下列原则[1]：

① 原有管道地基及管周土体不满足承载力要求及管周土体出现空洞时，应进行预处理；

② 修复后管道的结构应满足强度、变形和稳定性要求；

③ 内衬管的过流能力应满足要求；

④ 内衬管道应满足清疏技术对管道的要求；

⑤ 压力管道中水压力变动较大时应考虑负压的影响；

⑥ 同一管段的点状修复超过 3 处时宜采用整体修复；

⑦ 同一管段的结构性缺陷小于 3 处且结构性缺陷等级小于 3 级时宜采用局部修复；

⑧ 管道结构性状况评定结果修复指数 RI≥7 或评定等级为 3 级时，宜采用整体修复；单一严重结构性缺陷（如 4 级变形、4 级破裂、3～4 级洼水、3～4 级异物侵入等）宜作技术经济比较后确定选用开挖或非开挖修复方案[2]。

2.1.2 修复更新方法选择

管道修复工艺应根据现场条件、管道损坏情况及其各种修复方法的使用条件选择。部分修复更新工艺适用条件可参照表 2-1[3]。

表 2-1 部分修复更新方法的适用范围和使用条件

修复更新方法		旧管道内径/mm	内衬管材质	是否可带水作业	是否需要工作坑	是否需要注浆	最大允许转角	适用断面形式
原位固化法		翻转法:300~2700 拉入法:300~2400	聚酯纤维、玻璃纤维聚酯树脂、环氧树脂、乙烯基酯	不可	不需要	不需要	45°弯管	圆形、卵形、矩形等
螺旋缠绕法		300~4000	PVC 型材	可	不需要	需要	15°弯管	圆形、矩形
原位热塑成型法		300~1200	PVC、PE	不可	不需要	不需要	60°弯管	圆形、矩形、卵形
喷涂法		≥300	水泥砂浆、无机防腐砂浆、聚合物砂浆、高分子聚合物	不可	不需要	不需要	30°弯管	圆形、卵形、矩形
管片法		800~4000	PVC、砂浆等	可	需要	需要	直管	圆形、矩形
折叠内衬法	工厂折叠	100~1200	HDPE	不可	不需要或小量开挖	不需要	15°弯管	圆形
	现场折叠	100~1200	HDPE	不可	需要	不需要	15°弯管	圆形
缩径内衬法		75~1200	HDPE	不可	需要	不需要	15°弯管	圆形
点状CIPP法		300~1200	玻璃纤维与聚酯,环氧树脂,硅酸盐树脂	不可	不需要	不需要	—	圆形、卵形、矩形或三角形等

上海地方标准《城镇排水管道非开挖修复技术标准》(DG/TJ 08-2354—2021)给出了排水管道整体修复内衬分类及适用情况[4](表 2-2)。

上海地方标准规定管道采用第Ⅲ类内衬修复后的使用期限不得低于 50 年;管道采用第Ⅱ类内衬修复后的使用期限不得低于原设计剩余使用年限,且不得低于 20 年。非开挖修复方法的选择应按以下原则选用。

① 整体修复宜采用原位固化法、机械制螺旋缠绕法、原位热塑成型法、喷涂法、管片内衬法、穿插法。

② 局部修复宜采用不锈钢双胀圈法、点状原位固化法、不锈钢快速锁法。

③ 对于管道变形或破裂严重、接头错位严重及渗漏严重的部位,应采用土体注浆进行加固和止水;对于有影响修复施工的缺陷应进行裂缝嵌补处理。

表 2-2 排水管道整体修复内衬分类及适用情况

适用情况	第Ⅰ类内衬	第Ⅱ类内衬	第Ⅲ类内衬
	内衬仅需满足日常修补维护需求	内衬可独立或与既有管道共同作用,满足补强要求,应能抵抗外部的静水压力	内衬应满足不依赖于既有管道,应能独立承受全部荷载
管道存在Ⅰ级脱节、Ⅰ级变形、Ⅰ级腐蚀等轻微缺陷,没有外水渗入,没有外部荷载作用到管内	可行	可行	可行
有外水渗入、没有外部荷载作用到管内	不可行	可行	可行
遭受普遍的外部腐蚀且失效模式已经存在或可能有严重的纵向开裂等主管道,内衬管需抵抗外水渗入和外部荷载作用	不可行	不可行	可行

非开挖管道修复更新工程所用管材直径的选择应符合以下规定。

① 穿插法所用内衬管的外径应小于原有管道的内径,但直径减少量不宜大于原有管道内径的 10%,且不应大于 50mm;

② 机械制螺旋缠绕法所用内衬管的外径小于原有管道内径,其内径减少量不宜大于原有管道内径的 10%;

③ 缩径内衬法、折叠内衬法的内衬管外径应与原有管道内径相一致;

④ 原位固化法所用软管外径应比原有管道内径小 3%～5%。

2.2 非开挖修复材料设计

2.2.1 设计流程

管道修复施工总体包括以下几个步骤。

① 资料搜集与勘测:包括管道基本信息、管道周边信息、管道工程信息等。如管线长度、管线走向、管材管径、检查井位数量等,还有周边基础设施情况,以及管道介质、压力、管道承载能力、周边土壤、管道内毒害气体类型等[5]。

② 清淤:采用物理、化学等方法对管道进行清通,方便内部检测。

③ 检测评估:采用 CCTV(闭路电视检测)、潜望镜、声呐等检测技术对管道内部进行详细检测,并通过评估,确定修复目标。

④ 修复技术的选择应根据修复要求,结合检测评估的管道情况,采用层次分析法

进行分析,如图 2-1 所示。

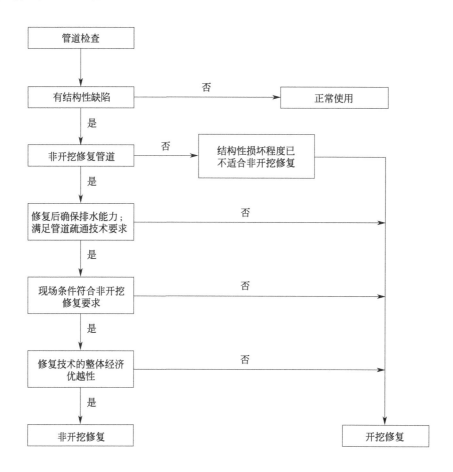

图 2-1　管道非开挖修复流程

⑤ 管道修复施工设计:主要内容包括开挖工作井时开挖量的计算、管材直径和壁厚的计算以及对管道介质运输量的设计计算等。

⑥ 设计图样、文件的现场核对和确认:施工前到现场结合图样了解修复基本情况,如管线长度、走向、管材直径、检查井数量等,还有与工作段相关的地形、地貌、建(构)筑物等,避免因时间问题发生的各种变化。

⑦ 管道预处理:减轻或修复管道内部的非结构性缺陷,封堵渗水点,为修复施工的顺利进行做准备。

⑧ 选择性开挖:根据设计报告要求进行工作坑的开挖操作。

⑨ 堵水和调水:排除管道内部水流对施工进行的影响。

⑩ 修复材料与设备进场:调运、检验和校正设备和管材,管材按照设计要求进行验收,设备校正完好后进入现场,防止施工反复,造成人力、物力的浪费。

⑪ 修复施工:明确详细操作流程和施工要求,做好监控措施,部署人员、工期等各项内容。

⑫ 验收和检测:依据国家现行相关法规、标准,保证修复后的管道质量满足设计

要求，并能安全投入使用。

⑬ 设备拆除和撤出：恢复检查井、路面以及交通。非开挖修复对检查井以及路面的影响较少，若存在开挖等现象则应认真按设计要求执行。

2.2.2 原位固化法内衬管设计

2.2.2.1 软管直径及长度

软管的直径应与待修复管道的内径相匹配，施工前应检查确认待修复管道的内径。软管的长度应满足检查井中心间距、两端部所需长度以及施工（翻转、牵拉）的要求。

水翻法软管长度应满足修复管段两座检查井间的中心距离、检查井井深、两端部所需长度以及施工时翻转压力所需水头高度的要求。当利用静水压力翻转时，软管制作长度应按下式计算[6]：

$$L = L_1 + L_2 + H \tag{2-1}$$

式中　L——软管制作长度，m；

　　　L_1——两座检查井间中心距离，m；

　　　L_2——两端端部所需长度，m；

　　　H——翻转压力所需水头高度，m。

2.2.2.2 内衬管壁厚设计

（1）内衬管壁厚设计理论基础

地下管道设计研究的目的是形成一系列的计算公式，将管道所承受的地下水压力、土压力、地面活荷载和其他需要考虑的外部荷载考虑在内[1]，确保管道在外力作用下的稳定和安全。从材料力学的观点看，研究一个结构的力学性能主要指标是应力、应变、变形和稳定。屈曲破坏是典型的失稳破坏，往往是突发性的和灾害性的。由于屈曲破坏可能在应力没有达到屈服强度时发生，因此常被用作结构设计的标准，尤其是在管道和内衬管类似的细长结构中。实践经验也表明，地下的圆柱形结构（如管道）在外部荷载作用下，通常情况下最易发生屈曲破坏。ASTM 标准中内衬管的设计也以屈曲理论为设计基础。

20 世纪初期，Timoshenko 等最早提出了屈曲理论[7]。这些计算公式随后经过改进，在实际中进行应用。下式用于计算长、薄壁管道的屈曲临界压力，改进后应用于 ASTM 标准的内衬设计。

$$P_{cr} = \frac{24 \times E \times I}{(1 - \mu^2) \times D^3} \tag{2-2}$$

式中　P_{cr}——管道屈曲临界压力，MPa；

　　　E——弹性模量，MPa；

　　　I——管壁单位轴心长度转动惯性矩，mm⁴；

　　　μ——泊松比；

D——原有管道内径，mm。

1940 年，Spangler 发表了关于柔性管道系统的研究成果，为柔性管道的刚度计算奠定了基础。关于管道的刚度测量在 ASTM　F2412 标准中进行了规范，考虑管道有 5％的变形。实验中将无支撑的管道放置于两个平行平板间，然后按一定的加压速度给平板加压。Spangler 也为计算埋地柔性管道的变形设计了一个模型，将静荷载、管道基础和土模量等因素考虑在内。

这些早期研究成果是如今 CIPP（原位固化法）设计公式的理论基础。但是，必须清楚的是，CIPP 内衬管和地下管道（无论是刚性管道还是柔性管道）的受力区别是很大的。Timoshenko 等的屈曲公式在管道内衬设计中仍有缺陷。首先，内衬管与埋地管道的受力区别是很大的。内衬管安装在原有管道内，且原有管道已经埋置很多年，周围土体早已经固结并稳定。所以，内衬管实际上由原有管土体系统进行支撑，随后的变形可以认为是非常微小的。另外，正是安装于原有管道中，原有管道对新的内衬管有一个限制性的环向支撑作用，所受到静水压力也是均匀的。其次，Timoshenko 等的屈曲方程仅适用于短期的管道设计，而内衬管在长期、足够大的压力作用下，可能会发生变形，继而发生严重的屈曲失效。最后，Timoshenko 等的屈曲方程仅适用于圆形管道，而原有管道修复后形成的内衬管，往往存在几何形状上的缺陷，如局部侵入、反转、椭圆和环状间隙等。

为了弥补 Timoshenko 屈曲方程的缺点和不足，ASTM 方法中引入了一个圆周支持率 K，以反映内衬管修复时原有管道支撑作用；通过将弹性模量改成长期弹性模量来反映管道的长期蠕变效应；通过引入椭圆度折减系数的方法来弥补内衬管存在的几何缺陷[7]。

ASTM 标准中关于内衬管的设计分类可分为局部破坏管道和完全破坏管道，由于管道的破坏程度难以界定，按照国内习惯，半结构性修复是指新的内衬管在设计寿命之内仅需要承受外部的静水压力，而外部土压力和活荷载仍由原有管道承受。结构性修复是指修复后形成的内衬管或内衬管、原有管道、注浆浆体形成的复合结构，应能承受外部静水压力、土压力和活荷载作用[8]。

（2）主要设计参数

和其他结构设计类似，在进行管道壁厚设计时要考虑多种变量和参数，以保证所设计的管道具有足够的外部载荷承受能力（如强度、刚度等）。要达到设计的合理性，应选用能够代表现场条件的参数和数值。如果无法取得精确的参数值，则应采用一些好的工程评价方法对这些参数进行评价和取值。

1）弹性模量 E

该参数的取值一般为 1724～3045MPa。

2）长期弹性模量 E_L

在设计过程中，通常要用到 50 年后管道的剩余模量值，一般情况下采用短期弹性模量的 50％作为长期弹性模量设计值。

3）土壤弹性模量 E_S'

土壤的类型、埋藏深度等将决定土壤的模量范围。如果对现场条件了解得比较少，土壤的弹性模量可采用 4.8MPa。例如，当管道位于道路以下 3m 时则土的弹性模量最小应取 6.9MPa。

4）椭圆度 q

如果要修复的管道有一定的椭圆度，在设计管道壁厚时应进行考虑。在计算管道的椭圆度时，应采用尽可能准确的管道尺寸参数，以确保设计的管道有足够的壁厚。如果要修复的管道没有或者无法进行椭圆度测量，通常取椭圆度为 2% 进行计算。对于大直径的可进入管道，应采用实际测量的方法获得椭圆度的准确数值。

5）安全系数 N

通常情况下，非开挖管道修复方法的安全系数取值为 2。但是在大直径管道修复中，由于人工进入测量相关数据如椭圆度、地表水压力值等都比较精确，所以安全系数可以减小，如可取为 1.5。

2.2.2.3 重力管道壁厚设计

（1）部分破坏管道的修复

当采用穿插法、CIPP 法、折叠内衬法和缩径内衬法修复部分破坏管道时，内衬管壁厚的设计应按照以下方法确定。

内衬管壁厚 t 应采用下列公式计算[9]：

$$t = \frac{D_0}{\left[\dfrac{2KE_{\mathrm{L}}C}{PN(1-\mu^2)}\right]^{\frac{1}{3}} + 1} \tag{2-3}$$

$$C = \left[\frac{\left(1-\dfrac{q}{100}\right)}{\left(1+\dfrac{q}{100}\right)^2}\right]^3 \tag{2-4}$$

$$q = 100 \times \frac{D_{\mathrm{E}} - D_{\min}}{D_{\mathrm{E}}} \tag{2-5}$$

或者

$$q = 100 \times \frac{D_{\max} - D_{\mathrm{E}}}{D_{\mathrm{E}}} \tag{2-6}$$

式中　t——内衬管的壁厚，mm；

D_0——内衬管管道外径，mm；

P——地下水压力，MPa；

C——椭圆度折减系数；

q——原有旧管道的椭圆度，%；

$D_{\min}$——原有旧管道的最小内径，mm；

$D_{\max}$——原有旧管道的最大内径，mm；

N——安全系数（推荐取值为 2.0）；

E_L——内衬管的长期弹性模量，MPa，HDPE 推荐 1500MPa，PVC 推荐 1750MPa，一般可取短期弹性模量的 50%；

K——圆周支持率，推荐取值为 7.0；

μ——泊松比（原位固化法内衬管取 0.3，PVC 内衬管取 0.38，HDPE 内衬管取 0.45）；

D_E——原有管道的平均内径。

当管道位于地下水位以上时，内衬管的壁厚应按照业主的要求选取。对于原位固化法施工的内衬管，其管道标准尺寸比（SDR）不得大于 100；对于 HDPE 或 PVC 内衬管，其 SDR 不得大于 42。内衬管的壁厚除应满足以上要求外，还应大于下式的计算结果：

$$1.5\frac{q}{100}\left(1+\frac{q}{100}\right)SDR^2-0.5\left(1+\frac{q}{100}\right)SDR=\frac{\sigma_L}{PN} \tag{2-7}$$

式中 σ_L——内衬管材的长期弯曲强度，MPa，宜取短期强度的 50%；

SDR——管道的标准尺寸比 $\left(\dfrac{D_0}{t}\right)$。

（2）完全破坏管道修复

当采用穿插法、CIPP 法、折叠内衬法或者缩径内衬法修复完全破坏的管道时，其内衬管壁厚的设计应符合以下要求。

① 内衬管壁厚 t 计算公式[9]：

$$t=0.721D_0\left[\frac{\left(\dfrac{N\times q_t}{C}\right)^2}{E_L\times R_W\times B'\times E_S'}\right]^{\frac{1}{3}} \tag{2-8}$$

$$q_t=0.00981H_W+\gamma H_S R_W/1000+W_S \tag{2-9}$$

$$R_W=1-0.33H_W/H_S \tag{2-10}$$

$$B'=1/(1+4e^{-0.213H}) \tag{2-11}$$

式中 q_t——管道总的外部压力，MPa；

N——安全系数（推荐取值 2.0）；

R_W——水浮力因子，最小取 0.67；

H_W——管顶以上地下水位高度，m；

H——管道铺设深度，m；

H_S——管顶覆土厚度，m；

r——土体厚度，kN/m³；

W_S——动荷载，MPa；

B'——弹性支撑系数；

E_S'——管侧土综合变形模量，MPa，可按现行国家标准《给水排水工程管道结构设计规范》（GB 50332）的规定确定。

② 内衬管的最小壁厚还应满足下式要求：

$$t \geqslant \frac{0.1973D_o}{E^{1/3}} \quad (2\text{-}12)$$

式中　E——初始弹性模量，MPa。

2.2.2.4　压力管道壁厚设计

（1）结构设计

1）现场的调查项目

为了把握内水压、外水压以及水锤等对管道的作用情况，经济合理地进行结构设计，计算确定材料的厚度，在进行设计之前必须了解如下项目，以保证施工时的质量以及进行内衬后的给水管道能安全地使用。具体需要调查了解的项目如下。

① 旧管管径：给水管道的内径，mm；

② 管道的埋深：地面到管道中心的距离，m；

③ 地下水位：地面 GL 线以及地下水 WL 线深度，m；

④ 作用的内水压：正常工作时的内压和最大时的内压，MPa；

⑤ 水锤的发生：有、无；

⑥ 管道轴向的埋深落差：管道不同埋深的高低差，m；

⑦ 负压的发生：有、无；

⑧ 水温：夏天和冬天的水温，℃。

2）满足内水压的设计方法

对内衬材料需要的厚度，按照设计条件分别对内水压作用和外水压作用进行结构设计。内水压的设计采用美国自来水工程协会（ASTM 1216—93）所规定的设计方法进行[10]。其设计公式如下：

$$t = \frac{D}{\dfrac{2\delta_L}{PN} + 2} \quad (2\text{-}13)$$

式中　t——内衬管厚度，mm；

　　　P——内水压力，MPa；

　　　δ_L——内衬材料长期拉伸强度值，MPa；

　　　N——安全系数；

　　　D——原有管道内径，mm。

3）满足外压的设计方法

外水压的设计同样采用美国自来水工程协会（ASTM 1216—93）所规定的设计方法进行[10]。其设计公式如下：

$$t = \frac{D}{\left[\dfrac{2KCE_L}{PN(1-\mu^2)}\right]^{1/3} + 1} \quad (2\text{-}14)$$

式中　t——内衬管厚度，mm；

D——原有管道内径，mm；

K——圆周支持率（采用环氧树脂时取值 7.0）；

C——椭圆度折减系数（当没有变形时为 1.0）；

E_L——内衬材料长期弯曲弹性模量值，MPa；

P——外水压力，MPa，如果有负压时需一起考虑计算；

N——安全系数（有注浆衬垫时为 1.5，没有时为 2.0）；

μ——泊松比，取 0.3。

按照如上所示的方法对内水压作用和外水压作用分别进行结构设计，采用厚度大的结果作为内衬材的厚度。

（2）壁厚设计

对于部分破坏管道，应能承受外壁水压力和管道内部压力的作用。当部分损坏管道满足式（2-15）的条件时，其内衬管的壁厚应取以下两计算结果中的壁厚计算的最大值[3]。

$$\frac{d_h}{D} \leqslant 1.83 \left(\frac{t}{D}\right)^{\frac{1}{2}} \tag{2-15}$$

式中　d_h——原有管道中孔洞或缺口的最大直径，mm。

$$P_i = \frac{5.33}{(SDR-1)^2} \left(\frac{D}{d_h}\right)^2 \frac{\sigma_L}{N} \tag{2-16}$$

式中　σ_L——内衬管道的长期弯曲强度，MPa；

P_i——管道内部压力，MPa。

当部分破坏管道不满足式（2-15）的条件时，其内衬管壁厚的设计应取下式计算值：

$$P_i = \frac{2\sigma_{TL}}{(SDR-2)N} \tag{2-17}$$

式中　σ_{TL}——内衬管道的长期拉伸强度，MPa；

2.2.2.5　水力计算

当管道内没有完全充满载体时，其流量应按照下式进行计算[9]：

$$Q = A \frac{R^{2/3} S^{1/2}}{n} \tag{2-18}$$

式中　Q——流量，m³/s；

n——曼宁系数；

R——水力半径，m；

A——过水断面积，m²；

S——管道坡度。

当管道内充满载体时，其流量应按下式进行计算：

$$Q = 0.312 D_E^{2/3} S^{1/2} \tag{2-19}$$

修复后管道的过流能力与修复前管道的过流能力的比值应按下式进行计算：

$$B = \frac{n_e}{n_1}\left(\frac{D_I}{D_E}\right)^{8/3} \times 100\%$$ (2-20)

式中　　n_e——原有管道的曼宁系数；

　　　　n_1——内衬管的曼宁系数；

　　　　D_I——内衬管管道内径。

部分管材的曼宁系数，可按表 2-3 取值。

表 2-3　曼宁系数取值

管材类型	曼宁系数 n	管材类型	曼宁系数 n
原位固化内衬管	0.010	混凝土管	0.013
HDPE 管	0.009	砖砌管	0.016
PVC 管	0.009	陶土管	0.014

注：本表所列的曼宁系数是指管道在完好无损的条件下的曼宁系数。如果管道受到腐蚀或破坏等，其曼宁系数会增加。

为了确保管道设计流量，DN800 以上大口径管道修复后的管道内径不宜小于表 2-4 中的要求。

表 2-4　DN800 以上管道修复后内径的最小尺寸要求

混凝土旧管道直径/mm	修复后塑料管道内径/mm	混凝土旧管道直径/mm	修复后塑料管道内径/mm
800	725	1350	1245
900	820	1500	1370
1000	915	1650	1510
1100	1005	1800	1650
1200	1105	2000	1840

2.2.3　机械制螺旋缠绕设计计算

Rib Loe 螺旋缠绕管的施工设计是根据美国《排水管道机械螺旋缠绕聚氯乙烯（PVC）内衬管修复施工技术规程》（ASTM F1741）[11]，用该标准设计时还结合了柔性埋管的理念。

根据相关标准，Rib Loc 螺旋缠绕管需要根据管道口径、埋深及地下水位等情况，通过计算来检查型材的环形强度以选择不同的缠绕管型材（图 2-2）。计算时选用的所有材料的物理力学参数都是采用长期值，以保证其设计使用寿命为 50 年。

图 2-2 为螺纹缠绕带状型材截面示意。由于螺旋缠绕内衬管由带肋的带状型材缠绕形成，内衬管壁纵截面为截面开放性增刚型型材，不能用型材料整体高度 h 作为设计指标。另一方面，带状型材的截面刚度系数可通过弯曲试验获得，而螺旋缠绕带状型材的刚度系数和形成缠绕内衬管的刚度系数相差不大，管径越大该值反而越小，因此机械制螺旋缠绕法采用内衬管刚度系数作为设计指标。

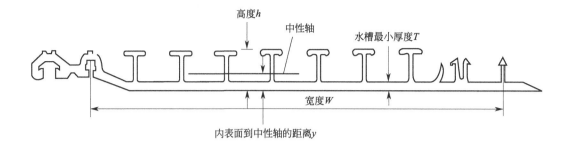

图 2-2　螺旋缠绕带状型材示意

2.2.3.1　半结构性修复设计

螺旋缠绕管只用来承受外部静水压力（和管道内空气压力），因为原有管道已经承受了其他外力，所以螺旋缠绕管的设计计算就只需考虑是否满足静水压力的要求。缠绕管刚度数值计算如下。

（1）螺旋缠绕管道紧贴原有管道[12]

$$P = \frac{24KE_{L}IC}{(1-\mu^{2})D^{3}N} \qquad (2\text{-}21)$$

式中　P——外部压力，MPa；

C——椭圆度折减系数，$C = \left[\left(1-\dfrac{q}{100}\right) \Big/ \left(1+\dfrac{q}{100}\right)\right]^{3}$，$q$ 为管道的形状变形百分

值，$q = 100 \times (D-D_{\min})/D$ 或 $q = 100 \times (D_{\max}-D)/D$；

D——管道的公称直径，mm，$D = D_{E} - 2(H-y)$；

D_{E}——原有管道的平均内径，mm；

$D_{\min}$——原有管道的最小内径，mm；

$D_{\max}$——原有管道的最大内径，mm；

N——安全系数，取 2.0；

E_{L}——缠绕管的长期弹性模量，MPa；

I——缠绕管的惯性矩，mm^{4}；

$E_{L}I$——缠绕管的刚度数值，$MPa \cdot mm^{3}$；

H——剖面高度，mm；

y——管道的轴心深度，mm；

K——土壤对管道的强度提高系数（土拱效应等）；

μ——泊松比，平均为 0.38。

管道的选择与管道的受力和管道的设计寿命有关，因此管道设计遵循管道寿命内最大外荷载情况下的结构设计。

把式（2-21）进行调整，计算管道的刚度数值 $E_{L}I$[9]：

$$E_L I = \frac{P(1-\mu^2)D^3 N}{24KC} \tag{2-22}$$

（2）固定管道直径螺旋缠绕法设计（灌浆）[10]

$$E_L I = \frac{PD^3 N}{8(K_1^2 - 1)C} \tag{2-23}$$

式中　P——外部压力，MPa；

N——安全系数，取 2.0；

E_L——缠绕管的长期弹性模量，MPa；

C——椭圆度折减系数；

I——缠绕管的惯性矩，mm^4；

D——管道的公称直径，mm，$D = D_E - 2(H-y)$；

H——剖面高度，mm；

y——管道的轴心深度，mm；

K_1——未注浆系数（与 1/2 未注浆角度的关系：$\sin K_1\varphi\cos\varphi = K_1\sin\varphi\cos K_1\varphi$，见表 2-5。

表 2-5　K_1 取值与 1/2 未注浆角度的关系

$\varphi/(°)$	5	10	15	20	25	30	35	40	45
K_1	51.5	25.76	17.18	12.9	10.33	8.62	7.4	6.5	5.78
$\varphi/(°)$	50	55	60	65	70	75	80	85	90
K_1	5.22	4.76	4.37	4.05	3.78	3.54	3.34	3.16	3.0

2.2.3.2　结构性修复设计

管道完全破损下的设计条件：缠绕管设计用来承受静水压力、土压力和活荷载等所有的外部压力。设计程序如下。

（1）缠绕管道紧贴原有管道

$$q_t = \frac{C}{N}\left[32R_W B' E'_S (E_L I/D^3)\right]^{1/2} + W_L \tag{2-24}$$

式中　q_t——外部总荷载，MPa；

R_W——抗浮常数，$R_W = 1 - 0.33(H_W/H)$（最小值 0.67）；

H_W——管道水位深度，m；

H——管道埋深，m；

W_L——活荷载，MPa；

B'——弹性常数，$B' = 1/(1 + 4e^{-0.213H})$；

C——椭圆度折减系数；

N——安全系数（取 2.0）；

E'_S——相互作用土壤弹性模量，MPa；

E_L——缠绕管的长期弹性模量，MPa；

$E_L I$——缠绕管的刚度数值，MPa·mm^3；

D——管道的公称直径，mm，$D = D_E - 2(H - y)$。

把式（2-24）进行调整计算管道的刚度数值 $E_L I$：

$$E_L I = \frac{(q_t - W_L)^2 N^2 D^3}{32 R_w B' E'_S C^2} \qquad (2\text{-}25)$$

（2）固定管道直径（灌浆）

固定管道直径、环状空间灌浆修复法形成了三个独立的单元，即缠绕管、灌注体和原有管道。各个单元都必须在一定安全保证的基础上承受外部荷载。合同、产品说明与试验数据将有利于管道的设计和安装。

缠绕管的最小刚度数值 $E_L I$ 计算，应满足式（2-22）和式（2-23）的要求。

2.2.3.3 灌浆压力的设计计算

环状间隙在还没有灌浆的时候，管道内还没有加压或者支撑；最大灌浆压力设计计算式如下：

$$p_{cr} = \frac{24 E_L I C}{(1 - \mu^2) D^3 N} \qquad (2\text{-}26)$$

式中　p_{cr}——理论弯曲强度，MPa；

N——安全系数（取 2.0）；

I——缠绕管的惯性矩，mm^4；

E_L——缠绕管的长期弹性模量，MPa；

$E_L I$——缠绕管的刚度数值，MPa·mm^3；

D——管道的公称直径，mm；

μ——泊松比；

C——椭圆度折减系数。

2.2.4 喷涂修复技术设计计算

2.2.4.1 一般规定

管道喷涂修复技术适用于修复管体结构完好或含有轻微结构性缺陷的病害管道，利用原有管道结构进行结构性喷涂修复或半结构性喷涂修复的管道，其设计使用年限应不低于原有管道结构的剩余设计使用期限。给水排水管道内喷涂修复工程的设计应以原有管道检测与评估报告为基础，综合评估后选取合适的喷涂修复类型。

喷涂修复分类如下。

① 修复材料材质：水泥砂浆、无机防腐砂浆、聚合物砂浆、环氧树脂、高强度聚氨酯。

② 喷涂方式：整体修复、局部修复。

③ 功能修复：结构性修复、半结构性修复、非结构性修复（防腐）。

④ 修复方式：离心喷涂、旋风喷涂、旋转喷涂、人工喷涂。

⑤ 修复内衬层：单一类型内衬层，组合内衬层。

2.2.4.2 喷涂工艺选择

（1）给水管道内喷涂修复工艺选择

如表 2-6 所列。

表 2-6 给水管道内喷涂修复工艺选择

喷涂工艺名称	适用范围及使用条件		
	修复适用管内径 /mm	适用喷涂的基材	弯头转角/(°)
水泥砂浆人工喷涂	≥1100	混凝土、金属	—
水泥砂浆离心喷涂	≥100	混凝土、金属	11.25
环氧树脂旋风喷涂	<200	混凝土、金属	—
环氧树脂离心喷涂	200～600	混凝土、金属	11.25
高强度聚氨酯离心喷涂	50～800	混凝土、金属	15
高强度聚氨酯旋转喷涂	700～4000	混凝土、金属	10
高强度聚氨酯人工喷涂	≥1000	混凝土、金属	—

（2）排水管道内喷涂修复工艺选择

如表 2-7 所列。

表 2-7 排水管道内喷涂修复工艺选择

喷涂工艺名称	适用范围及使用条件		
	修复适用管内径/mm	适用喷涂的底材	弯头转角/(°)
无机防腐砂浆、聚合物砂浆人工喷涂	≥800	混凝土、钢、铸铁	—
无机防腐砂浆、聚合物砂浆离心喷涂	≥300	混凝土、钢、铸铁	11.25
高强度聚氨酯离心喷涂	50～800	混凝土、金属	15
高强度聚氨酯旋转喷涂	700～4000	混凝土、钢、铸铁、双壁波纹管	10
高强度聚氨酯人工喷涂	≥1000	混凝土、钢、铸铁	—

2.2.4.3 喷涂厚度设计

（1）水泥砂浆

采用水泥砂浆进行管道和检查井修复时，最小喷涂厚度宜按表 2-8 选择，并满足设计要求。

表 2-8　水泥砂浆喷涂修复最小喷涂厚度[13]

类型		内衬层厚度/mm
管道管径	管径≤DN1350	15
	DN1350<管径≤DN1800	16
	DN1800<管径≤DN2400	17
	DN2400<管径≤DN2800	18
	DN2800<管径≤DN3600	20
检查井	井壁	15
	井底	20

（2）无机防腐砂浆与聚合物砂浆

采用无机防腐砂浆与聚合物砂浆进行管道和检查井修复时，最小喷涂厚度宜按表 2-9 选择，并满足设计要求。

表 2-9　无机防腐砂浆与聚合物砂浆喷涂修复最小喷涂厚度[13]

类型		内衬层厚度/mm
管道管径	管径≤DN800	10
	DN800<管径≤DN1000	12
	DN1000<管径≤DN1500	14
	DN1500<管径≤DN1800	16
	DN1800<管径≤DN2200	17
	DN2200<管径≤DN2600	18
	管径>DN2600	20
检查井	井壁	15
	井底	20

（3）高分子聚合物喷涂

采用高分子聚合物（环氧树脂、高强度聚氨酯）喷涂进行管道和检查井修复时，最小喷涂厚度宜按表 2-10 选择，并满足设计要求。

表 2-10　高分子聚合物喷涂修复最小喷涂厚度[13]

类型		内衬层厚度/mm	
		半结构修复	非结构修复
管道管径	DN50≤管径<DN200	0.2~1.2	0.2~1.2
	DN200≤管径<DN400	3	2
	DN400≤管径<DN800	4	2
	DN800≤管径<DN1350	5	3
	DN1350≤管径<DN1500	6	3
	DN1500≤管径	8	3

类型		内衬层厚度/mm	
		半结构修复	非结构修复
检查井	井壁	5	3
	井底	10	3

在荷载较强区域，如消防通道、高速公路等，宜在管道修复内壁喷涂一层弹性高分子涂层，其建议厚度不低于原设计涂层厚度的 1/4，以适应更高强度的动荷载和静荷载。

在管道需要顶部补强时，可在管道内侧顶部 120°角度增大喷涂量，其建议增加厚度不低于原喷涂原设计涂层厚度的 1/5，以达到顶部更好的结构强化效果。

2.2.4.4 喷涂材料用量设计计算

喷涂材料的用量应根据施工管段的管道长度、内径、裕度系数、喷涂厚度和材料的固体含量来确定。喷涂材料用量宜按下式计算：

$$G = K\pi D_E L t \rho \tag{2-27}$$

式中　　G——喷涂材料用量，kg；

　　　　K——裕度系数，宜根据施工经验确定或喷涂试验确定，砂浆类宜取 1.05～1.20，其他类涂料宜取 1.05～1.50；

　　　　D_E——施工管段内径，m；

　　　　L——施工管段长度，m；

　　　　t——喷涂厚度，m；

　　　　ρ——喷涂材料密度，kg/m³。

2.2.5 穿插法设计

2.2.5.1 内插管直径的选择

内插管直径选择时有两方面的考虑：一是尽可能减少对原有管道的直径缩小和管道过流能力的影响；二是考虑到旧管道的坡度和方向性、个别管道接头的严重偏移、旧管道的结构完整性。

采用 PE 管作为内插时，其外径通常要比原有管道的内径小 10%，留有间隙，确保安装工作顺利进行，保留原有管道 75%～100% 的过流能力。对于大直径管道，小于10% 的管径差值也能提供足够的间隙。当管道直径大于 600mm 的时候，取内插管外径比原有管道的内径小 5%～10%，但必须确保内插管能顺利进入原有管道内。

2.2.5.2 施工过程拉力和推力的设计

（1）拉入法

在采用拉入法施工内插管道时，最大的拉入长度可通过以下两个公式计算得出。

管道最大抗拉力 F_{max}[14]

$$F_{max} = \frac{\pi(D_0^2 - D_I^2)\sigma}{4N} \qquad (2\text{-}28)$$

式中　σ——内插管的屈服拉伸强度，MPa，由厂家提供；

　　F_{max}——允许拖拉力，N；

　　D_I——内插管内径，mm；

　　D_0——内插管外径，mm；

　　N——安全系数，宜取 3.0。

管道最大拉入长度 L_{max}[14]

$$L_{max} = \frac{F_{max}}{W \times g \times f} \qquad (2\text{-}29)$$

式中　W——管道单位长度质量，kg/m；

　　g——重力加速度，取 9.8m/s^2；

　　f——摩擦系数，旧管道中有流体存在时取 0.1，旧管道表面湿润时取 0.3，在砂质土上面时取 0.7。

（2）顶推法

当采用顶推的方法进行内插管道施工时，管道的最大推入长度可以通过下面公式进行计算（适用于非实心管壁管道）[15]：

$$F_{max,push} = S \times (D_E + T) \times \pi \times P_S \qquad (2\text{-}30)$$

式中　$F_{max,push}$——最大抗推力，kN；

　　　S——管道的内、外壁厚之和，mm；

　　　D_E——原有管道的平均内径，mm；

　　　T——管道外壁厚，mm；

　　　P_S——允许最大压应力，MPa。

管道最大推入长度 $L_{max,push}$[15]

$$L_{max,push} = \frac{F_{max,push}}{W \times g \times f} \qquad (2\text{-}31)$$

式中　W——管道单位长度质量，kg/m；

　　g——重力加速度，取 9.8m/s^2；

　　f——摩擦系数，旧管道中有流体存在时取 0.1，旧管道表面湿润时取 0.3，在砂质土上面时取 0.7。

2.2.5.3　内衬管的选择

（1）重力管道内衬管材选取

在大多数重力管道非开挖修复工程中，当管道处于地下水位以下时管道受到的主要荷载为管道上部的静水压力。

通用的 Love 方程可知，管道在自由状态下承受静水压力的能力，实际上是管道壁厚的惯性矩和管道材质表观弹性模量的函数。对于特定的管道工程项目，其临界屈曲压力 P_C 可由 Love 方程计算得出。

$$P_C = \frac{24 \times E \times I}{(1-\mu^2) D_m^3} \times f \qquad (2\text{-}32)$$

式中　P_C——临界弯曲强度，MPa；

　　　E——表观弹性模量，200MPa（HDPE 在 23℃时，满足 50 年荷载作用）；

　　　I——管壁单位轴心长度转动惯性矩，mm^4；

　　　μ——泊松比，PE 管取 0.45；

　　　D_m——原有管道等效直径，原有管道内径加上一个管道壁厚之和，m；

　　　f——变形协调系数，见图 2-3。

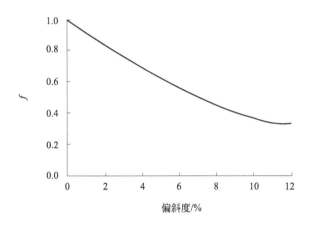

图 2-3　偏斜度与变形协调系数(f)的关系

其中，偏斜度 $= \dfrac{D_E - D_{min}}{D_E} \times 100\%$，$D_{min}$ 是管道最小直径，mm。

对于不同的管道尺寸比（SDR），可以采用 Love 方程的变形方程来计算管道的屈曲压力。

$$P_C = E \times \left(\frac{2}{1-\mu^2}\right) \times \left(\frac{1}{\text{SDR}-1}\right)^3 \times f \qquad (2\text{-}33)$$

式中　SDR——管道尺寸比，即 D_0/t；

　　　D_0——管道外径，mm；

　　　t——管道最小壁厚，mm；

上述自由的管道屈曲阻力计算过程是一个试差的过程，当确定出一个临界屈曲强度时，需将其和静水压力进行比较，如果得出的管道屈曲强度远远大于静水压力，鉴于管道重量和成本等因素，则可以选择管壁相对较小的管道作为内插管，重新进行计算比较。管道设计的主要目的是保证屈曲强度有足够的安全系数（N）以抵抗预期的最大静水压力。

安全系数 $N = P_C /$ 静水压力，其值通常取 2.0 或更大。如果选择较大的安全系数，可以选择较大的管道壁厚或者通过一些措施提高管道的屈曲强度。

Love 方程只考虑了自由状态下的管道仅受静水压力的情况，没有考虑外部约束力。实际上旧管道对柔性内衬管道有支撑和提高抗屈曲的能力，在内插管和旧管道间可以充填各种不同的材料（如水泥、粉煤灰、聚酯泡沫或低密度注浆材料）以提高对内插管的加强作用。研究表明，在环状空隙中填充可以把管道抗屈曲能力提高 4 倍以上，主要取决于所填充材料的承载能力。

对于实心壁管道，决定管道刚度的主要参数是管道标准尺寸比 SDR。在确定了作用于管道上的载荷大小之后，管道的 SDR 值就不难得出。根据规范 ASTM F585 中的相关方法[16]，管道 50 年的安全外部稳定荷载条件下对应的 SDR 值见表 2-11。

表 2-11 管道顶上部临界水位高度（灌浆和非灌浆）

SDR	非灌浆条件下管顶水位高度(50 年)/m	灌浆情况下管顶水位高度(50 年)/m
32.5	0.6	3.0
26	1.2	6.0
21	2.4	12.2
13.5	9.8	48.8

表中的数据是在假定管道椭圆度为 3%、安全系数 $N = 1.0$ 的情况下得出的，不注浆强度乘以 5 得出注浆情况下的强度。如果旧管道结构没有承受土压力和活荷载的能力，安全系数还应该取得更大值。

（2）压力管道内衬管材选取

当管道在内部压力和外部荷载同时存在的情况下，管道的设计必须考虑多种因素，包括管道受力的分析、设计原则的分析、柔性管道材料及其安装等。在这种情况下，管道壁厚的设计依据是要能够承受土压力、静水压力和其他附加荷载。

2.2.5.4　内衬管曲率半径计算

聚乙烯管道具有良好的弯曲性，易于吊运和安装，能够承受外部荷载或轴线和偏离轴线的荷载。在吊运和安装中应该避免过度弯曲。轴线弯曲包括管道运输到施工现场进行内插施工过程中的轴线弯曲、路线调节和坡度变化引起的永久性弯曲，应该根据管道生产商建议的纵向应变做出相应限制。对于任意尺寸和重量的管道的最小允许曲率半径可以用下面的方程式近似计算获得[17]：

$$R_C = \frac{D_0}{2\xi_a} \tag{2-34}$$

式中　R_C——曲率半径，mm；

D_0——内插管道外径，mm；

ξ_a——允许轴线应变。

例如，一些管道生产商建议的允许长期轴线应变为 1.55%，最小安装弯曲半径为：

$$R_{C} = \frac{D}{2 \times 0.0155} = 33D_{0} \tag{2-35}$$

与管道轴线弯曲相比，管道接头处是比较容易发生弯曲破坏的，所以对于接头处的曲率半径需要特别注意。

2.3 非开挖修复设计计算案例

2.3.1 设计计算背景

上海黄浦区某道路下 DN1000 合流管，长度 286m，钢筋混凝土材质，管龄 54 年。经 CCTV 检测分析，管道存在整段 2 级腐蚀与局部 1 级渗漏等结构性缺陷。为尽量减少开挖对道路结构、交通及环境的不良影响，设计采用紫外光固化法对该管道进行非开挖修复，管道修复须确保修复后的管道满足原有的排水能力及管道疏通养护要求。

经计算管段修复指数 RI 为 8.1，应采用整体修复。

2.3.2 修复材料设计

内衬管表面应无撕裂、孔洞、切口、异物等表面缺陷，树脂体系应满足待修复污水管道的要求。内衬管应由玻璃纤维增强的骨料材料制作的软管和紫外光固化树脂黏合材料组成。

含玻璃纤维内衬管初始力学性能指标如表 2-12。

表 2-12 含玻璃纤维内衬管初始力学性能指标

序号	指标名称	控制指标	
		《给水排水管道原位固化法修复工程技术规程》(T/CECS 559—2018)	《城镇排水管道非开挖修复工程施工及验收规程》(T/CECS 717—2020)
1	弯曲强度/MPa	≥45	>125
2	短期弯曲弹性模量/MPa	≥6500	>8000
3	拉伸强度/MPa	≥62	>80

一般建议采用短期弯曲弹性模量较高的材料，可以减少壁厚，降低工程难度，增加固化效率。推荐采用 10000MPa。

2.3.3 内衬管壁厚计算

(1) 半结构性修复内衬管壁厚

当遇到现状混凝土管道结构总体完好，能够独立承担结构自重、覆土荷载、路面活荷载的情况，可采用半结构性修复。

半结构性修复的壁厚计算按照不同规范计算，具体详见表2-13。

表2-13 内衬管壁厚计算公式对比

规范名称	城镇排水管道非开挖修复更新工程技术规程	给水排水管道原位固化法修复技术规程
规范编号	CJJ/T 210—2014	T/CECS 559—2018
发布部门	住房和城乡建设部	中国工程建设标准化协会
公式	$\dfrac{D_0}{\left[\dfrac{2KE_{\mathrm{L}}C}{PN(1-\mu^2)}\right]^{\frac{1}{3}}+1}$	$\dfrac{D_0}{\left[\dfrac{2KE_{\mathrm{L}}C}{(P_{\mathrm{w}}+P_{\mathrm{v}})N(1-\mu^2)}\right]^{\frac{1}{3}}+1}$
差异	P 为内衬管管顶地下水压力	P_{w} 为内衬管管底地下水压力；P_{v} 为真空压力

排水管道属于重力流，无真空压力。

内衬管在半结构状态下，因现状混凝土管道裂缝，仅承受地下水压力，考虑内衬管管壁整体受力情况，本工程 P 值取内衬管管中地下水压力。

结合市场不同短期弯曲弹性模量的材料，计算不同的壁厚，具体如表2-14所列。

表2-14 不同弯曲模量下半结构性修复内衬管壁厚

短期弯曲弹性模量/MPa	8000	10000	12000
计算壁厚/mm	8.23	7.65	7.2
设计壁厚/mm	9	8	8

在综合考虑过流能力、力学性能以及壁厚设计要求等条件下，推荐选用弹性模量为10000MPa进行壁厚设计。

推荐短期弯曲弹性模量的壁厚计算如下所示：

$$t=\frac{D_0}{\left[\dfrac{2KE_{\mathrm{L}}C}{PN(1-\mu^2)}\right]^{\frac{1}{3}}+1}=\frac{1000}{\left[\dfrac{2\times7\times5000\times0.836}{0.015\times2\times(1-0.3^2)}\right]^{\frac{1}{3}}+1}\mathrm{mm}=7.7\mathrm{mm}$$

式中　D_0——内衬管管道外径，mm，取 1000mm；

　　　K——圆周支持率，取值为 7.0；

　　　E_{L}——内衬管的长期弹性模量，MPa，取短期模量的 50%；

　　　C——椭圆度折减系数，按椭圆度计算，取 0.836；

　　　P——内衬管管中地下水压力，MPa；$P=0.00981\times1.5\mathrm{m}=0.015\mathrm{MPa}$；

　　　N——安全系数，取值为 2.0；

　　　μ——泊松比，原位固化法取值为 0.3。

（2）结构性修复内衬管壁厚

综合考虑管龄 54 年，超过设计使用寿命，推荐采用结构性修复，其中荷载组合采用标准组合。按结构性修复时，地下水压力需要与其余荷载组合计算，因此取内衬管管顶地下水压力。合流管道为重力流排水，不考虑管内水压。车辆荷载依据道路、桥梁设计规范，标准轴载 BZZ-100，城 B 级计算，取值为 17.79kN/m²。堆积荷载按规范取 10kN/m²。不同弯曲模量下的结构性修复内衬管壁厚见表 2-15。

表 2-15 不同弯曲模量下结构性修复内衬管壁厚

短期弯曲弹性模量/MPa	8000	10000	12000
计算壁厚/mm	12.1	11.2	10.6
设计壁厚/mm	13	12	11

在综合考虑过流能力、力学性能以及壁厚设计要求等条件下，推荐选用短期弹性模量为 10000MPa 进行壁厚设计。推荐短期弯曲弹性模量的壁厚计算如下所示：

$$t = 0.721 D_0 \left[\frac{\left(\frac{N \times q_\mathrm{t}}{C} \right)^2}{E_\mathrm{L} \times R_\mathrm{W} \times B' \times E'_\mathrm{S}} \right]^{\frac{1}{3}}$$

$$= 0.721 \times 1000 \times \left[\frac{\left(\frac{2 \times 0.048}{0.836} \right)^2}{5000 \times 0.78 \times 0.3 \times 3} \right]^{\frac{1}{3}} = 11.2 (\mathrm{mm})$$

式中　D_0——内衬管管道外径，mm，取 1000mm；

E_L——内衬管的长期弹性模量，MPa，取短期模量的 50%；

C——椭圆度折减系数，按椭圆度计算，取 0.836；

N——安全系数，取值为 2.0；

q_t——管道总外部压力，MPa，采用标准组合，包括覆土荷载、地下水压力、活荷载，地下水压力基于荷载组合，取内衬管管顶地下水压力，活荷载按城市道路 B 级荷载计算，取值为 0.0178MPa；

R_W——水浮力系数；

E'_S——管侧土综合变形模量，MPa。

2.3.4　内衬管水力复核

管道修复前后过流能力比按照式（2-36）计算：

$$B = \frac{n_\mathrm{e}}{n_1} \left(\frac{D_\mathrm{I}}{D_\mathrm{E}} \right)^{\frac{8}{3}} \times 100\% \tag{2-36}$$

式中　B——管道修复前后过流能力比；

n_e——原有管道的曼宁系数；

n_1——内衬管的曼宁系数；

D_E——原有管道的平均内径，mm；

D_I——内衬管管道内径，mm。

根据内衬管材厚度的计算结果，复核排水管道修复后的水力条件。

现状混凝土管道在腐蚀前后的曼宁系数一般为 0.013～0.015，内衬管的曼宁系数一般为 0.010，考虑半结构性与结构性两种工况进行复核。排水管道非开挖修复前后水力条件对比见表 2-16：

表 2-16 排水管道紫外光固化内衬修复前后水力条件对比表

工况	内径/mm	内衬管壁厚/mm	修复前曼宁系数	修复后曼宁系数	B
半结构性修复	1000	8.0	0.013	0.010	1.248
结构性修复	1000	11.0	0.013	0.010	1.225

从上述计算结果显示，修复前后的管道过流断面比值均大于 1，因此本工程排水管道修复后均能确保排水能力，并能满足管道疏通养护要求。

2.3.5 设计结论

综上所述，根据设计计算该案例推荐采用紫外光固化技术，并按结构性修复设计。内衬管外径 1000mm，壁厚 11mm，短期弯曲弹性模量 10000MPa。

参考文献

[1] 马保松. 非开挖管道修复更新技术 [M]. 北京：人民交通出版社，2014.

[2] 郁片红，庄敏捷，曹依雯，王诗峰，包松慰. 上海市《城镇排水管道非开挖修复技术标准》解读 [J]. 净水技术，2021，40 (11)：1-5，34.

[3] 中国工程建设标准化协会. 给水排水管道原位固化法修复工程技术规程：T/CECS 559—2018 [S].

[4] DG/TJ 08-2354—2021，城镇排水管道非开挖修复技术标准 [S]. 上海：同济大学出版社，2021.

[5] 赵俊岭. 地下管道非开挖技术应用 [M]. 北京：机械工业出版社，2014.

[6] 浙江省住房和城乡建设厅. 翻转式原位固化法排水管道修复技术规程：DB33/T 1076—2011 [S].

[7] 安关峰，刘添俊，梁豪，李占伟. 排水管道非开挖原位固化法修复内衬优化设计 [J]. 地质科技情报，2016，35 (02)：1-4+9.

[8] 中华人民共和国住房和城乡建设部. 城镇排水管道非开挖修复更新工程技术规程：CJJ/T 210—2014 [S].

[9] CJJ/T 210—2014，城镇排水管道非开挖修复更新工程技术规程 [S]. 北京：中国建筑工业出版社，2014.

[10] ASTM F1216. Standard Practice for Rehabilitation of Existing Pipelines and Conduits by the Inversion and Curing of a Resin-Impregnated Tube [S]. ASTM, Philadelphia, PA, USA.

[11] ASTM F 1741. Standard practice for installation of machine spiral wound poly (vinyl chloride) (PVC) liner pipe for rehabilitation of existing sewers and conduits [S]. ASTM, Philadelphia, PA, USA.

[12] ASTM F 1697. Standard specification for poly (vinyl chloride) (PVC) profile strip for machine spiral-wound liner pipe rehabilitation of existing sewers and conduit [S]. ASTM, Philadelphia, PA, USA.

[13] T/CECS 602—2019，给水排水管道内喷涂修复工程技术规程 [S]，中国工程建设标准化协会.

[14] ASTM F1871. Standard specification for folded/formed ploy (vinyi chloride) type A for existing sewer and con-

duit rehabilitation ［S］. ASTM, Philadelphia, PA, USA.

［15］ ASTM F1606. Standard practice for rehabilitation of existing sewers and conduits with deformed polyethylene (PE) liner ［S］. ASTM, Philadelphia, PA, USA.

［16］ ASTM F585-16，Standard Guide for insertion of Flexible Polyethylene Pipe Into Existing Sewers ［S］. ASTM, Philadelphia, PA, USA.

［17］ ISO 11296-3：2018，Plastics piping systems for renovation of underground non-pressure drainage and sewerage networks -Part 3：Lining with close-fit pipes ［S］. ISO, GER

第3章
原位固化修复技术及材料

3.1 原位固化修复技术

原位固化法（cured-in-place pipe，CIPP）是指采用翻转或牵拉方式将浸润树脂的软管置入原有管道内，固化后形成管道内衬的修复方法[1]。该方法最早由英国工程师 Eric Wood 于 1971 年开发，以拉丁文 "in situ form" 的缩写 "in-situform" 命名。该技术已通过 ISO 9000 国际认证，并派生出许多相关技术，如美国的 Inliner 和 Superliners，比利时的 Nordline、丹麦的 Multiling 和德国的 AMEXR 等，国际非开挖技术协会将此类技术统称为 CIPP。目前该技术已在世界 40 多个国家和地区得到广泛的应用，尤其在美、日、英、法、德等国家应用更为普及，是现今管道非开挖修复工艺中使用最广泛的方法[2]。

按照软管进入原有管道的方式不同，可将 CIPP 分为翻转式和拉入式两种工艺[3]。目前固化方式包括热水固化法、自然固化法、蒸汽固化法和紫外光固化法。CIPP 软管的基本参数如表 3-1 所列：

表 3-1　湿软管的基本参数 [4]

序号	软管类型	适用管道公称尺寸	壁厚范围/mm	施工类型	常用固化方式
1	聚酯纤维非织造布软管	DN200～2700	3～54	翻转法	热固化
2	玻璃纤维织物软管	DN200～1600	3～14	拉入法、翻转法	光固化、热固化

生产厂家：海宁管丽科技新材料有限公司、英普瑞格管道修复技术（苏州）有限公司、浙江优为新材料有限公司、漳州安越新材料科技有限公司、贝耐德（江苏）管道新材料有限公司、河南兴兴管道工程技术有限公司。

（1）热水固化法

热水固化法是内衬法修复最早使用的一种方法。施工过程中需监控固化温度，并对固化水温进行调节，以确保对内衬层的正确固化；同时要控制内衬的冷却过程，尽可能减小内衬管拉伸应力的产生。这种施工工艺最大的缺点是固化速度比较慢，浪费水资源，应考虑对施工用水的回收利用。

（2）蒸汽固化法

20世纪90年代初，蒸汽固化法开始应用于原位固化。通过压缩空气使软管膨胀，紧贴管道内壁，随后用蒸汽加热管道内空气，它的主要优点是用热蒸汽替代热水，避免水资源浪费，可应用于高差小于60m的大斜度污水管道修复。但是这种方法也存在以下缺点：

① 难以有效控制蒸汽的稳定供应，从而易导致内衬管受热不均匀；

② 冷却速度快，增加了内衬层的内应力；

③ 很难确定内衬层是否完全固化，同时也难以保证不规则管道部位及有地下水侵入管段的完全固化；

④ 当管道坡度有限时或者存在不规则结构，由于蒸汽的液化积水可能会导致固化过程不充分。

（3）紫外光固化法

20世纪80年代初，紫外光固化法开始在CIPP中使用。这种方法施工比较快，并且施工过程相对容易控制。通过连续记录空气压力、内衬层温度、紫外光波长及其光线强度与固化速度对整个固化过程进行控制和管理。在紫外光固化过程中，随着紫外光光源的移动，内衬的冷却也随后连续发生，从而降低了内衬管道的内应力。紫外光固化技术由于相同条件下内衬管壁厚较薄、固化时间短等特点，也逐渐被广泛应用。据统计，在德国紫外光固化占到CIPP的63%，玻璃纤维内衬管在欧洲已经占了50%的市场，近年在我国也得到广泛应用[2]。

原位固化法广泛应用于污水管道、供水管道、化学及工业管道的修复。原位固化法的物理特性决定它可以适用于多种形状管道的修复施工，包括直管、弯管、垂直管道连接和变形的多棱角的管道。在选择使用原位固化法前，需要评估几个重要的因素，如施工场地大小、管道中流体的化学成分、支管的数目、检查井的数目、修复的长度、修复部位、旧管道的结构特点等。另外，CIPP也可应用于管道的局部修复和更新。

应用CIPP能否成功修复弯管，主要取决于内衬管的铺设方法和固化方法。内衬管在翻转时可以绕过90°的弯曲部位。但是，如果采用紫外光（UV）进行内衬固化，对内衬管弯曲程度存在一定的限制。弯曲部位通常对内衬软管的拉入造成一定的障碍，软管在铺设过程中，既要保持在下部的垫膜上，又不能产生扭曲。另外，内衬管在绕过急剧弯曲部位时可能会褶皱变形。

ASTM F1216规定[5]，翻转式原位固化法可修复的管道范围为100～2743mm；ASTM F1743中规定拉入式原位固化法可修复的管道直径范围为100～2438mm[6]；ASTM F2019中规定玻璃纤维增强的软管的原位固化法可修复的管道直径范围为100～1200mm（实际工程已用到1500mm）[7]。综上，翻转式原位固化法修复管道的范围在DN200～2700之间，拉入式原位固化法的修复范围在DN200～1600之间。

原位固化法的优点是内衬管与原有管道紧密贴合，不需灌浆，施工速度快、工期短，可用于修复非圆形管道，内衬管连续，表面光滑，有利于减小流量损失。原位固化法的缺点是需要特殊的施工设备，对工人的技术水平和经验要求较高，施工中需截流临排，用于固化的水可能含有苯乙烯而必须从现场清除，固化过程需进行认真监控、检查和试验，以确保内衬管达到设计要求的力学强度。

3.2　原位固化修复材料选择

用于原位固化修复的内衬软管根据材料不同，可分为聚酯纤维非织造布内衬软管和玻璃纤维织物内衬软管，根据是否浸润树脂可分为干软管和湿软管。

T/CECS 559 中 4.1.3 规定[8]：采用折叠法、缝合法制作湿软管时应先制作干软管。聚酯纤维织物非织造布软管在形成湿软管之前均应先制作干软管，由与树脂具有良好相容性的一层或多层聚酯纤维非织造布和防渗膜组成，目前业内主要的制管工艺有热焊接法、流延法、化学黏接法。CJJ/T 210 标准中 4.0.2 规定基层可由单层或多层聚酯纤维毡或同等性能的材料组成[1]，用于浸润和承载树脂，采用缝合法合口，两层的接缝错开排列，在外层聚酯纤维非织造布表面涂覆防渗膜；ASTM F1216[3] 标准中 5.1 规定了软管的涉水侧应包覆一层与所采用树脂兼容的非渗透性塑料膜[9]。外侧采用与防渗膜同等材质的材料通过流延的方法将合口部位密封，或者采用同等材质的密封膜条通过热焊接的方法密封。

玻璃纤维织物软管是由玻璃纤维层、内膜、外膜组成。ASTM F1216 中 5.2.1 规定玻璃纤维管由至少两层耐腐蚀（ECR 或等效）玻璃纤维织物制成的纤维材料组成[3]。根据制作方法的不同可分为搭接法、真空灌注法、缠绕法，其中搭接法是通过先制作干软管，之后浸润树脂的方法形成湿软管。

干软管在浸润树脂之后形成尚未固化的软管材料，称其为湿软管，聚酯纤维织物非织造布软管以及搭接工艺制备的玻璃纤维织物软管均需干软管这一中间产品，经树脂浸润之后形成湿软管。但干软管不是每种方法必须有的中间产品。真空灌注法和缠绕法是将真空浸润好的玻璃纤维直接加工制成的管材，制作出来的软管产品即为湿软管。

3.2.1　承载层

又称结构层，指与树脂具有良好相容性的一层或多层聚酯纤维非织造布（俗称无纺布）、玻璃纤维织物（俗称玻璃纤维布）或同等性能纤维材料制作而成的基础材料。CJJ/T 210、CJJ/T 244、T/CECS 559、ASTM D5813-04、ASTM F1216 和 ASTM F1743 均规定软管的横向与纵向拉伸强度不得低于 5MPa，孔隙率应保证树脂充分浸润在孔隙之间，是保证树脂与承载层充分混合的重要指标。为了满足承载层的力学性能条件，要求聚酯纤维非织造布单层厚度应不低于 1.5mm，单层玻璃纤维厚度不低于 0.7mm；为了满足承载层树脂浸润效果，聚酯纤维非织造布孔隙率应不低于 85%[10]。

3.2.2 功能膜

功能膜是指复合在软管内外具有多重防护功能的塑料膜，包括防渗膜、内膜和外膜。表 3-2 给出了功能膜的主要技术参数。聚酯纤维非织造布内衬软管防渗膜通过流延或热复合的方式附在软管的最外侧，防渗膜可选材料较多，如聚乙烯（PE）、热塑性聚氨酯（TPU）、聚丙烯（PP）等。通过翻转，覆膜的最外层，变成最里层，直接与水接触，所以需要功能膜具有防渗性能。树脂固化是放热反应，ASTM F1216 标准中 5.2 和 ASTM F1743 标准中 5.2.3 规定了树脂反应温度不得超过 82.2℃，蒸汽固化需要在一定压力下，加热温度达到 120℃，因此该防渗膜还应具有耐温性能。为防止排入管道的水中石子等硬物划伤膜表面，还应具有一定的耐磨性；考虑到防渗膜要承受施工拉力、压力和固化温度，结合国内外产品现状，防渗膜厚度不低于 0.4mm，硬度不高于 95A。其力学性能可参照 GB/T 17642—2008。

对于紫外光固化法所用的玻璃纤维软管，ASTM 2019—20 中 5.2.3 规定内膜应具有紫外光透明，抗苯乙烯和防渗能力，并且能够抵抗高达 140℃的温度。T/CECS 559 中表 4.1.4 中规定内膜应在 −40~85℃ 范围内耐温；拉伸强度 >55MPa，拉伸率在 8%~30% 之间，厚度选在 0.1~0.3mm 之间。紫外光固化用的内膜应保证紫外光的透光率 ≥50%，可以耐 −30~140℃，厚度 ≥0.1mm，拉伸强度 ≥20MPa[10]。

表 3-2 功能膜主要技术参数[4]

序号	功能膜类型	材料	主要功能	控制性指标	数值	测试方法
1	聚酯纤维非织造布内衬软管防渗膜	PE、TPU、PP	防渗、耐温、耐磨	硬度（邵氏硬度 A）	≤95	GB/T 2411
				耐温/℃	30~120	GB/T 2423.22
				厚度/mm	≥0.4	GB/T 6672
2	玻璃纤维织物内衬软管内膜（光固化）	PE 和 PA 共挤	透光、耐温、防渗、耐苯乙烯	紫外光透过率/%	≥50	GB/T 16422.3
				耐温/℃	30~140	GB/T 2423.22
				厚度/mm	≥0.1	GB/T 6672
				拉伸强度/MPa	≥20	GB/T 1040.2
3	玻璃纤维内衬软管外膜（光固化）	PE、PP、PA 及以上材料复合物	不透紫外光、耐温、耐穿刺	紫外光透过率/%	≤0.5	GB/T 16422.3
				耐温/℃	0~120	GB/T 2423.22
				厚度/mm	≥0.1	GB/T 6672
				拉伸强度/MPa	≥20	GB/T 1040.2
4	玻璃纤维内衬软管内、外膜（蒸汽固化）	PE、PP、PA、PVC 及以上材料复合物	耐温、防护	耐温/℃	30~120	GB/T 2423.22
				厚度/mm	≥0.2	GB/T 6672
				拉伸强度/MPa	≥20	GB/T 1040.2

ASTM 2019—20 中 5.2.2 规定外膜应由一层或多层管状塑料薄膜组成，应具有耐

潮湿、抗紫外光、耐苯乙烯或类似物质的防渗性能。紫外光透过率要≤0.5%，保证在施工固化之前能阻隔紫外光引发树脂固化，耐温范围为−30～100℃这个区间，厚度与拉伸强度要求与内膜一致，而且外膜直接接触原有管道，拉入软管可能会因摩擦和划伤造成软管破损，引起固化缺陷，因此需要有耐穿刺功能。

3.2.3 缝合线及牵引线

聚酯纤维无纺布内衬管缝合线用于内胆片材的缝合制管，也用于流延工艺外层的缝合，玻璃纤维缝合线用于玻璃纤维织物缝合制管。牵引绳是置于软管内膜中用于牵引紫外光灯行走的耐高温的绳子，聚酯纤维非织造布片材和玻璃纤维织物片材缝合成管的过程中所涉及的缝合线应符合 FZ/T 63022 中的规定，该缝合线应由芳纶 1313 短纤维经纺纱、捻线（漂染）、整理制成的缝纫线，它应具有一定的断裂强度，防止在固化水压、气压作用下断裂；且具有一定的阻燃性能和热稳定性，防止因树脂固化反应产生热量，造成缝合线的损伤断裂[10]。

玻璃纤维织物软管内置有牵引辅助绳，它用于在管内拉入 UV 灯架，因此它需要较强的拉伸强度和断裂强力，以支撑在牵拉过程中承担的压力。此外，它同样需要具有阻燃性能与热稳定性，防止在固化过程中受热断裂。

3.2.4 树脂

所用树脂材料可分为不饱和聚酯树脂、乙烯基酯树脂和环氧树脂三类。

由于不饱和聚酯树脂具有良好的耐化学腐蚀性、优良的物理性能、对 CIPP 工艺的优异的作业性能，以及良好的经济性，最早应用于 CIPP 内衬法管道修复技术中。40 多年来，不饱和聚酯树脂是 CIPP 工艺中使用最多的固化材料。乙烯基酯树脂和环氧树脂由于具有特殊的耐腐蚀能力、抗溶解性和高温稳定性能，主要用于工业管道和压力管道。

热固性树脂应根据修复工艺要求采用长期耐腐蚀和耐温热老化的树脂，常用的有不饱和聚酯树脂、环氧树脂或乙烯基酯树脂；紫外光固化树脂应为间苯二甲酸类聚酯树脂或乙烯基酯树脂，固化后的树脂/内衬体系应满足 DIN EN175 的结构和耐化学性要求。

T/CECS 55 中 4.1.2 规定树脂应具有良好的浸润性和触变性能，良好的触变性能能使树脂在承载层中有较高的稠度，不易发生流动。树脂与承载层之间必须有良好的浸润，树脂迅速、均匀地浸入并湿润承载层，不仅能使承载层增强塑性，还能拥有更好的性能和外观。玻璃纤维原料可以通过添加浸润剂来增进玻璃纤维与树脂之间的相容性与黏结性。

表 3-3 给出了 CIPP 树脂类型选用依据，根据所应用的排水水质条件，选用相应的管道，城市生活污水、雨水适用不饱和聚酯树脂（unsaturated polyester，UP）和环氧树脂（epoxy resin，EP），工业废水或者含有特殊成分的化工废水适用乙烯基酯树脂（vinly ester resin，VE）和 EP 树脂，树脂供应商应给出相适应的检测报告。

表 3-3 树脂类型选用依据[4]

序号	排水种类	适用树脂类型
1	城市生活污水、雨水	UP、EP
2	工业废水,或者含有特殊成分的化工废水	VE、EP

表 3-4 给出了树脂浇铸体性能。

表 3-4 树脂浇铸体性能[4]

序号	纯树脂性能	UP	VE	EP	测试方法
1	弯曲模量/MPa	≥3000	≥3000	≥3000	GB/T 2567
2	弯曲强度/MPa	≥90	≥100	≥100	
3	拉伸模量/MPa	≥3000	≥3000	≥3000	
4	拉伸强度/MPa	≥60	≥80	≥80	
5	断裂伸长率/%	≥2	≥4	≥4	
6	热变形温度/℃	≥88	≥93	≥85	GB/T 1634.1

表 3-5 为树脂耐化学腐蚀性能要求,这部分的内容与 ASTM D5813—04 是一致的,原标准规定,在测试条件为 (23±2)℃下浸泡一年后弯曲弹性模量的保留率不小于80%,则认为满足耐化学腐蚀性能要求。

表 3-5 树脂耐化学腐蚀性能要求[4]

序号	化合物溶液	等级 1	等级 2	等级 3	测试方法
1	硝酸,浓度 1.0%	√	√	√	GB/T 3857
2	硫酸,浓度 5.0%	√	√	√	
3	燃料油,浓度 100%	√	√	√	
4	氢氧化钠,浓度 0.5%	—	√	√	
5	蔬菜油(棉籽油、谷物油或矿物油),浓度 100%	√	√	√	
6	洗涤剂,浓度 0.1%	√	√	√	
7	肥皂水,浓度 0.1%	√	√	√	

注:等级 1 为热固性不饱和聚酯树脂,等级 2 为热固性不饱和聚酯树脂以及乙烯基酯树脂,等级 3 为热固性环氧树脂。

3.3 原位固化修复材料生产

3.3.1 干软管的生产

3.3.1.1 聚酯纤维无纺布干软管结构

聚酯纤维无纺布内衬软管是以一层或多层聚酯纤维无纺布为承载层或承载层主

体材料的软管（图 3-1），一般情况下，最外层聚酯纤维无纺布涂覆有防渗膜。聚酯纤维无纺布拉伸强度不应低于 5MPa，孔隙率不应低于 85％，单层无纺布厚度不应低于 1.5mm。

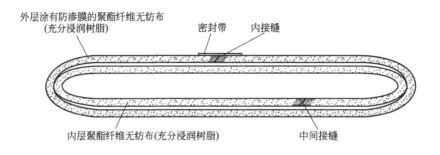

图 3-1　聚酯纤维无纺布内衬管结构

3.3.1.2　玻璃纤维干软管结构

在 ASTM F2019 中给出了玻璃纤维内衬管结构[7]（图 3-2），从内到外依次为内膜（具有紫外光透过性和抗苯乙烯性能）、浸润树脂的无纺布毛毡、充分浸润树脂的玻璃纤维材料、外树脂层（并非所有紫外光固化内衬软管都具有）、外膜（具有屏蔽紫外光和抗苯乙烯性能）[11]。

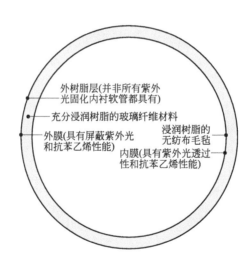

图 3-2　玻璃纤维内衬管结构

　　根据接口加工方式不同，目前国内外生产厂家依照封口类型可将内衬管分为搭接型、缝制型和缠绕型。搭接型是将两层或以上的玻璃纤维织物端部以错位搭接的形式闭合（图 3-3），也是目前 IMPREG 公司以及国内一些软管生产厂家所采用的工艺，该种型式可以在加压充气过程中具有一定的延展性，使得与管壁贴合更紧密。

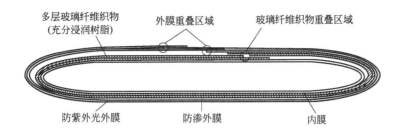

图 3-3　玻璃纤维内衬管结构（搭接工艺）

缝编工艺接口采用缝制的方式闭合，如图 3-4 所示。以 Saertax 为代表的生产厂家采用该种工艺，该种工艺对缝编部位的技术要求较高，目前该种玻璃纤维织物基层依然依赖进口。

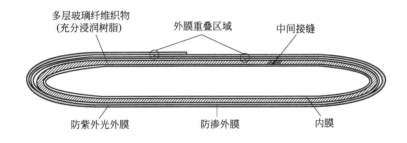

图 3-4　玻璃纤维内衬管结构（缝编工艺）

德国瑞莱集团的螺旋缠绕技术，是将浸润好树脂的玻璃纤维直接绕成内衬材料，此时已经是湿软管，如图 3-5 所示。

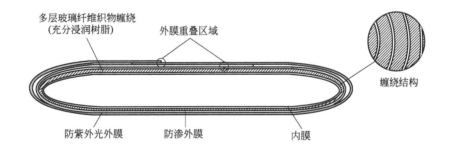

图 3-5　玻璃纤维内衬管结构（螺旋缠绕工艺）

3.3.2　湿软管的生产

在 CIPP 作业过程中，软管的主要功能是在树脂固化前携带和支撑树脂。为了在施工中保护树脂材料，在软管的内外表面应包覆一层与所采用的树脂兼容的非渗透性塑料膜。软管在进入原有管道的过程中，应能够承受一定的变形及拉伸应力，同时还应具有一定的柔性，以满足侧向连接并产生一定的膨胀以适应原有管道的不规则性。美国标准 ASTM F5813 中规定，纵向以及横向的强度应该都是 5MPa。编织软管在固化过程中应能承受树脂固化所需的温度和压力。软管的长度应大于待修复管道的长度，以方便施工人员施工。软管直径的大小应保证在固化后能与原有管道的内壁紧贴在一起，编织软管应该折叠成和待修复管道形状相适应的形式。

3.3.2.1 树脂浸润的一般规定

树脂的浸润应安排在室内场地，若室内温度高于 18℃，有条件的情况下宜采用空调设备降低室温，防止树脂固化。若无人工降温设备，则可采用在软管上加敷冰块的方式替代。另外，日光和强光源中的紫外光长时间照射，会引起热固性树脂逐渐固化，从而导致软管材料报废，所以浸润过程应避开强光。

为避免树脂浸润不均匀以及浸润后产生气泡等问题，软管在浸润树脂前，应对软管进行抽真空处理，不得在未抽真空或抽真空时间不足的条件下盲目浸润树脂。抽真空的布点选择可根据材料的具体长度和厚度选择抽真空速度，均匀选点，确保软管各部位在树脂浸润过程中边浸润边抽真空。软管真空度应达到 60～80kPa。热固性树脂、固化剂等用量应按要求精确称量，考虑到树脂的聚合作用及渗入待修复管道缝隙和连接部位的可能性，填充树脂体积要有 5%～10% 盈余量。树脂浸润软管应通过一些相隔一定间距的滚轴碾压，通过调节滚轴的间距来确保树脂均匀分布并使软管全部浸润树脂，避免软管出现干斑或气泡。树脂浸润过程完成后，塑料涂层或膜表面抽真空时留下的切口应采用具有一定强度和密封性能的塑料膜进行胶结，防止树脂外溢及施工过程中的水直接进入树脂，造成该处无法固化。

树脂浸润软管在贮运、装卸过程中，应防止材料刮擦与碰撞，避免外部塑料涂层或膜破损后导致树脂外溢，以及施工过程中的水分进入树脂。同时应充分考虑运输与安装时间，防止材料在中途或安装时固化。当室外温度高于 20℃ 或贮运时间较长时，树脂浸润软管应叠放在冰水槽或冷柜中，且应避免日光或强光源照射。

浸润树脂的软管固化后便可称之为内衬管，ISO 11296-4 中给出了 CIPP 内衬管的典型结构（图 3-6），从内到外其结构依次为：内膜或临时内膜，基层（含有树脂的承载体/结构增强材料），外膜，原有管道[12]。

3.3.2.2 树脂浸润流程

（1）压料平台

压料平台应尽量减少翻转次数及材料的浪费，尽可能实现长距离稳定压料，若软管尺寸和浸润量过大，而压料平台长度不足，多余的软管置于平台外，导致压料过程中人工移动平台外的软管很困难，那即便能移动软管也无法保证压料过程的平稳性，浸润软管的质量得不到保障。

压料平台可以采用沉浸式挤压浸润，由单一水平结构优化为 Z 形立体结构。在压料过程中，将充装树脂的软管置于压料平台上层平面，未充装树脂的软管置于下层平面，确保在滚筒的带动下压料动作能够平稳进行，从而解决因车间长度而造成压料平台长度不足的

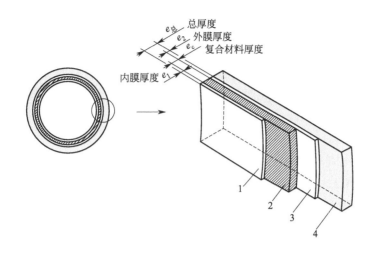

图 3-6　玻璃纤维内衬管典型结构

1—内膜或临时内膜；2—基层（含有树脂的承载体/结构增强材料）；3—外膜；4—原有管道

难题。

为节省空间，也可采用全浸式浸润，即设置一个树脂舱，树脂舱两边放置软管引导辊，舱内安装浸润压辊、多余料挤放辊、树脂。

（2）树脂的配置

以浸润规格为 DN1200，长 150m，壁厚 22.5mm 的软管为例，内衬管材的孔隙率为 85.4%，计算树脂的用量时，考虑到树脂的聚合作用及渗入待修复管道缝隙和连接部位，增加 5%～15% 的树脂充填。经计算得到每米软管需要树脂用量 71.67kg，整段软管树脂共计用量 10895.0kg。树脂系统中，不饱和聚酯树脂：粉末固化剂：液体固化剂：苯乙烯质量比为 193：2：1：4，其中不饱和聚酯树脂 10513.7kg、粉末固化剂 108950.0g、液体固化剂 54475.0g、苯乙烯 217.9kg。为了降低因称量带来的质量误差，保证固化效果处于最佳配比，采用精度 1g 的电子称称量粉末固化剂及液体固化剂；采用精度 0.5kg 的计量泵称量苯乙烯及不饱和聚酯树脂[13]。

（3）树脂搅拌

采用搅拌桶对树脂和固化剂进行机械搅拌，搅拌桶采用壁厚 4mm 的 304 不锈钢制作，直径 1200mm，高度 1300mm，搅拌器采用悬臂式，转速 0～3000r/min 可调，可正反方向旋转。计算出 150m 软管大约浸润 11t 的树脂，搅拌工作量大。对此，设计制作 2 个搅拌桶，1 个加料、1 个搅拌，循环操作，提高了搅拌和加料的工作效率。

先称取不饱和聚酯树脂倒入搅拌桶中，再依次称取粉末固化剂、苯乙烯、液体固化剂，分别倒入同一个塑料桶中，搅匀。同时称量过程中要填写《树脂配制过程称重记录表》。开启搅拌桶中的搅拌器，对不饱和聚酯树脂进行缓慢搅拌，同时缓慢加入塑料桶中的固化剂。搅拌 30min，搅拌时不能起明显旋涡，否则会进入空气，从而产生气泡，会影响后面软管的浸润效果。搅拌转速为 600～900r/min。搅拌时要记录开始及结束搅拌的时间和温度。因为搅拌桶壁至放料口阀门段时没有被搅拌，且无固化剂。解决办法是先搅拌 15～20min，放出一小桶（盆）料，再倒入搅拌桶内继续搅拌。待搅拌均匀，混合料停留时间不得超过 20min，否则应低于 15℃ 冷藏，冷藏时间不得超过 3h[13]。

（4）抽真空

软管在浸润压料前必须保证软管内部没有气体，因此要对软管进行抽真空，只有保证软管内处于真空状态，浸润压料过程中树脂与软管才会充分接触，提高浸润效果。

将待浸润软管平铺且置于压料平台上，软管两端口插入吸气管，用塑料黏胶带密封，塑料黏胶带要求有弹性，防止抽真空过程中外界气体进入到软管内，达不到抽真空的效果。开启真空泵，若压料软管太长导致软管中间某些位置气体不能彻底抽出，应在软管两端口间开孔抽真空，开口位置尽量靠近端部平整处。

向软管加树脂过程中可能会带入一些空气，一般每间隔 10m 补抽一次真空，切口选择在软管平整的位置，用专用切割刀将覆膜层划一个十字口，同时将十字口的覆膜层与纤维无纺布剥离开，再将抽真空吸盘吸住十字口。若软管内真空度达不到设定时可增加抽真空点位。

抽真空后，移开抽真空吸盘后迅速打上补丁。采用特定的补丁布（塑料带，白色）铺在抽真空十字口处，用已预热好的专用加热器压在补丁布上约 10s，移开加热器，同时用专用滚筒滚压[14]。

（5）树脂充装

将已配制好的树脂加入待填充树脂的软管内（软管中间，非夹层），加料时应称取加入树脂的净重，以便复核每米软管浸润用量的正确性。将软管一个封口划开进行加料，加料端预留出扎头的长度为 300~500mm，同时将软管折叠压实，防止空气进入整根软管中，折叠处距端面的长度以去除扎头长度后能装进第一次加料的容量为准。第一次加料进去后因有树脂的密封，空气不会再进入软管内。

此外，为了防止加料过程中因划开软管端口的密封胶带进入空气，采用隔膜泵进行加料，在抽真空前先将隔膜泵的加注管和真空管同时插入软管内并进行端口密封。因此，加料时不用划开密封胶带，可直接进行加料，软管内真空度高，加料及填充速度快。

加料时，受压料平台上平面长度和该段软管容量的限制，不可能一次从软管端头完成大量树脂的灌注。为了解决这个难题，可以从软管两端口之间开口，分批次加注树脂；但是从软管两端口之间开口加注树脂风险较高，加注树脂时树脂会自动向上吸附，即使提高加注口位置也无法避免加注口附着大量树脂。

加料时，加注口吸附了大量的树脂，首先用丙酮清洗加注口四周的树脂，洗净后用碳纤维缝补加注口。加注口开缝长约 200mm，用碳纤维缝补 5~6 针，依次从内到外进行缝补，当缝补到最外面一层时，在外层与次外层之间放一块无纺布隔离，缝补好后用碎冰冷却；用抽真空修补材料 PE 膜和加热专用工具正常修补作业，每次能修补缝口 50mm，每修补完一次立即用碎冰块进行冷却，防止修补过程中因温度升高而导致周围树脂发生固化反应。这样依次完成整条缝的修补，修补效果最佳[13]。

（6）定厚压料

浸润压料前，将压料平台滚筒间距调到软管设计厚度（t）的 2 倍，考虑到树脂的聚合作用及渗入待修复管道缝隙和连接部位黏结更牢固，确保软管携带一定余量的树脂，间距增加 1~2mm；再用间隙块实测核对无误后方可开机压料。

划开加料端口的密封胶带，另一端继续抽真空，加料端软管头拉入滚筒间，开启压料平台，滚筒转速要适当。压料过程中要注意软管端面均匀推移且浸润要均匀，不能让树脂包裹区域有空气，从而导致树脂与软管之间不能充分接触。此外，压料过程中随时监测滚筒的间距，防止因平台震动等因素导致滚筒间距发生改变。当压料长度＞30m时，每压料10m进行一次校准；当压料长度≤30m时，每压料到软管长度的1/4、1/2、3/4处时各校准一次。

当压料段临近抽真空段2～5m时暂停压料，使抽真空点补丁冷却（补丁处加碎冰或冰水冷却）。确认抽真空点补丁冷却后，再对补丁处的树脂材料进行压料。

聚酯纤维非织造布湿软管壁厚规格见表3-6，玻璃纤维织物湿软管壁厚规格见表3-7。

表3-6　聚酯纤维非织造布湿软管壁厚规格 [17]

管径/mm	壁厚/mm																										
	3	4.5	6	7.5	9	10.5	12	13.5	15	16.5	18	19.5	21	22.5	24	25.5	27	28.5	30	33	36	39	42	45	48	51	54
200	√	√	√																								
250	√	√	√																								
300	√	√	√	√																							
400			√	√	√																						
500				√	√	√	√																				
600				√	√	√	√	√																			
700					√	√	√	√	√																		
800						√	√	√	√	√	√	√															
900								√	√	√	√	√	√														
1000									√	√	√	√	√	√	√												
1200										√	√	√	√	√	√	√	√										
1400												√	√	√	√	√	√	√	√								
1600													√	√	√	√	√	√	√	√							
1800														√	√	√	√	√	√	√	√						
2000																√	√	√	√	√	√						
2200																		√	√	√	√	√	√				
2400																			√	√	√	√	√	√			
2700																				√	√	√	√	√	√	√	√

注："√"的含义以第一行为例，是指对于修复原有管道管径为DN200的管道，其湿软管壁厚规格可选择3mm、4.5mm或6mm。下同。

表3-7　玻璃纤维织物湿软管壁厚规格

管径/mm	壁厚/mm																						
	3	3.5	4	4.5	5	5.5	6	6.5	7	7.5	8	8.5	9	9.5	10	10.5	11	11.5	12	12.5	13	13.5	14
200	√	√	√	√	√	√	√																
225	√	√	√	√	√	√	√	√															
250	√	√	√	√	√	√	√	√	√	√													
300	√	√	√	√	√	√	√	√		√													
350	√	√	√	√	√	√	√	√	√	√													
400	√	√	√	√	√	√	√	√		√			√	√	√								
450	√	√	√	√	√	√	√	√		√				√	√	√							

管径/mm	壁厚/mm																						
	3	3.5	4	4.5	5	5.5	6	6.5	7	7.5	8	8.5	9	9.5	10	10.5	11	11.5	12	12.5	13	13.5	14
500	√	√	√	√	√	√	√	√	√	√	√	√	√	√	√	√							
600				√	√	√	√	√	√	√	√	√	√	√	√	√	√						
700				√	√	√	√	√	√	√	√	√	√	√									
800				√	√	√	√	√	√	√	√	√	√	√	√	√	√	√	√	√			
900						√	√	√	√	√	√	√	√	√	√	√	√	√	√	√			
1000						√	√	√	√	√	√	√	√	√	√	√	√	√	√	√	√		
1100								√	√	√	√	√	√	√	√	√	√	√	√	√	√	√	
1200								√	√	√	√	√	√	√	√	√	√	√	√	√	√	√	√
1300											√	√	√	√	√	√	√	√	√	√	√	√	√
1350											√	√	√	√	√	√	√	√	√	√	√	√	√
1400														√	√	√	√	√	√	√	√	√	√
1450														√	√	√	√	√	√	√	√	√	√
1500																√	√	√	√	√	√	√	√
1600																√	√	√	√	√	√	√	√

3.3.3　内衬软管生产质量控制

（1）原料性能

原料类型、合格证、质检报告应向原料供应商索取，并标明树脂类型。原料性能检测报告可参考 ISO 11296-4 中表 5～表 7，短期力学性能包括弯曲强度、弯曲模量和拉伸强度，长期力学性能包括 10000h 蠕变情况下的弯曲模量、弯曲强度和蠕变系数。

（2）外观及结构

软管外观可肉眼观察，内衬软管色泽均匀一致，膜表面光滑平整，无明显杂质；表面无破损、无气泡、无白斑。

由于施工工艺不同，软管结构设计会有所不同。拉入法将软管拉入病害管道内，通过水压或气压方式直接膨胀到病害管道内壁，软管外径与病害管道内径相等即可；而翻转法施工过程需翻转，原来的内层变为修复后的外层，若按拉入法设计软管，则翻转修复后 CIPP 管很难与病害管道紧密贴合，造成"管中管"的情况，应注意最内层的软管直径与病害管道的内径相匹配。考虑材料的拉伸率，聚酯纤维非织造布干软管外径宜为原有管道内径的 85%～97%，玻璃纤维织物干软管外径宜为原有管道内径的 94%～98%。[9]

ASTM D5813 中规定了软管的长度应大于待修复的管道的长度，由于软管施工过程的膨胀与拉伸作用，长度会有一定的增加，因此软管长度应由供需双方商定，内衬软管的长度偏差为有效长度的+0～0.5%。

厚度反映了内衬软管的各项性能以及原有管道病害情况和环境影响因素，如管道直径、破损程度、地下水压、过水压力等。如某管道存在多种病害，原则上按最差的条件进行设计。权威的厚度计算公式可参考 CJJ/T 210 和 ASTM F1216。为达到良好的树脂浸润效果，通常采用多层结构，考虑施工外力及复杂因素对软管厚度的减薄作用，生产中，干软管有效厚度应大于 CIPP 管设计厚度，树脂浸润过程中，湿软管的厚度可再次调整，应控制湿软管的有效厚度高于 CIPP 固化管设计厚度的 5%～20%[9]。

（3）软管功能膜

功能膜主要是通过非渗透性和防护特性为软管贮藏、运输、施工提供辅助，是内衬软管不可或缺的组成部分，根据特定的材料、施工工艺和固化方式选择使用。聚酯纤维非织造布软管防渗膜通过流延或热复合的方式附在软管的最外侧，通过翻转，覆膜的最外层，变成最里层，直接与水接触；防渗膜要求具有耐热、防护、抗苯乙烯的功能，要求和聚酯纤维非织造布紧密贴合，施工后也永久保留在管道内，因此规定剥离强度应不低于 10N/cm。

玻璃纤维软管内膜起到防护作用，要求透光、承压和耐热，因和树脂不能紧密结合，只能采用置入或预埋的方式安装在玻璃纤维织物内侧，通常采用筒膜，PA 与 PE 共挤，PA 因具有更好的耐热性，通常紧贴玻璃纤维织物侧。光固化内衬软管外膜要求具有防紫外光和防护功能，包覆在浸有树脂的玻璃纤维织物外侧。

（4）软管接缝

CJJ/T 210—2014 标准中 4.0.2 及 ASTM D5813—04 标准中 5.2.2 对软管接缝进行了规定：多层软管各层的接缝应错开，接缝连接应牢固。目前接缝处理方式主要有两种：一种是缝合法；另一种是热复合法[15]。相邻层间接缝若低于 100mm 会使两接缝处应力较大，可能导致施工失败。选择缝合法时缝合线应选择耐热且强力较大的线材；选择热复合法时内侧密封条材质及厚度与基层相一致。两种合口方式，其外侧密封条应选用与防渗膜相一致的材料；玻璃纤维软管各层接缝宜采用缝合或重叠搭接的方式，并采取有效方式固定，层内重叠区域宽度不低于 100mm，层间重叠区域间距不低于 150mm。

除了轴向的接缝和重叠区域，因长度问题，有的聚酯纤维非织造布软管还设有环向接缝，也就是接头，环向接头在原则上与接缝要求一致，聚酯纤维非织造布软管的接头距端部应不低于 8m，两个接头之间距离应不低于 25m。聚酯纤维非织造布软管接缝和接头拉伸强度应不低于 5MPa[16]。

（5）树脂浸润

玻璃纤维软管浸润过程，应控制树脂系统黏度不低于 500mPa·s，聚酯纤维非织造布与树脂具有良好的浸润特性，控制树脂黏度，有利于稳定固化管的质量。

聚酯纤维非织造布软管通常浸润热固性树脂，现有热固化树脂与光固化树脂相比，对环境影响较为温和，浸润过程相对容易控制，聚酯纤维非织造布干软管应在抽成真空状态下充分浸润树脂，真空度应不低于 60～80kPa，树脂用量较理论值高 5%～15%，通过碾胶滚轴牵引湿软管并控制湿软管厚度，浸润过程应控制软管表面无干斑、气泡、褶皱等缺陷。

为保证树脂能与玻璃纤维织物维持一个良好的浸润效果,需要在树脂中增加增稠剂,增稠剂的添加要兼顾增稠效果和增稠初期树脂的流动性与浸润性[4]。玻璃纤维光固化用树脂还需在树脂内添加紫外光引发剂。且注意贮存和运输过程中应避光,玻璃纤维软管应在抽成真空状态下充分浸润树脂,真空度应不低于30kPa,树脂和玻璃纤维织物的质量比应不小于1,浸润过程应确保承载层被树脂充分浸润,湿软管制备过程可采用先覆膜后充填树脂,或先浸润后覆膜,或螺旋缠绕制备工艺;通过碾胶滚轴牵引湿软管并控制湿软管厚度,软管表面应无干斑、气泡、褶皱等缺陷。

(6)内衬管力学性能

内衬管的力学性能与软管的材料和树脂有关,其对于修复管道设计至关重要。在内衬管壁厚设计中,最主要的参数是弹性模量,弹性模量越高,所需内衬管的壁厚就越小,相反则越大。如果固化后内衬管的弹性模量很小,而壁厚很大,那么这个内衬管理论上是可用于管道修复的,而实际上当内衬管弹性模量很小时,没有足够的强度来达到设计要求,因此对用于管道修复内衬管的力学性能应有一个最低的指标。

参照 ASTM 相关标准和《城镇排水管道非开挖修复更新工程技术规程》(CJJ/T 210—2014)中的规定,能够用于管道修复的内衬管应满足表3-8中的力学性能要求。其中测试方法是通过国内外标准的对比实验确定的,对比实验结果表明,采用该表中的测试方法取得的测试结果,可以满足 ASTM 标准中的相关要求。

表3-8 内衬管短期力学性能指标[4]

序号	性能指标	内衬管	
		无纺布内衬管	玻璃纤维内衬管
1	弯曲强度/MPa	≥31	≥125
2	弯曲模量/MPa	≥1724	≥8000
3	拉伸强度/MPa	≥21	≥80

3.4 原位固化修复材料施工

3.4.1 翻转法施工

翻转工艺是将浸有树脂的软衬管一端固定在待修复管道入口处,然后利用水或气压使浸有树脂的内层翻转到外侧,并与旧管道的内壁贴合黏接。翻转法包括水力翻转和压缩气体翻转两种方法。均比较容易控制翻转压力和加热升温。当树脂浸润软管翻转置入时,其翻转压力比较恒定,翻转速度易于控制,施工工序较为安全可靠,是目前广泛采用的一种工艺[17]。

热水翻转固化示意如图3-7所示。

(a) 材料进场

(b) 水压翻转

(c) 加热固化

(d) 恢复通水

图 3-7　热水翻转固化示意

3.4.1.1　施工基本规定

热固性树脂含有有机溶剂类成分,所以在各工序操作中要绝对注意防止火源接近。用到易燃性物品时应在现场设置灭火设备。另外还应注意的是,热固性树脂与固化剂等混合搅拌时,若不按要求操作可能会引起爆炸,因此混合搅拌工序要专人负责,并在操作前进行安全操作技术培训[18]。

施工前必须做好以下两个方面检查。

① 为确保周边人员的安全以及翻转、加热等工序的顺利实施,在进场作业前应事先对加热锅炉、热水输送管道、防毒面具、气体监测仪等设施、设备进行全面检查,确保工况正常,能够正常使用。

② 施工段两侧堵头必须能够承受上、下游管道的水压。施工过程中应派专人密切关注与协调上、下游管道的水量情况,并对管道内的排水时间以及排水时伴有的水位变化规律实时观测记录;上、下游有无沟通的其他排水管道及其所在位置,如接入支管等;通过天气预报了解当天的天气情况,预测管道内的流量,遇到大、暴雨等恶劣天气时应暂停施工。

根据对以上方面的详细调查,制定和实施合理的断水截留措施。在翻转施工前,应对两侧堵头和上游设泵排水等截流措施安全状态进行再次确认;还应制定联络制度,并派专人负责与上、下游泵站进行水位协调。翻转施工过程中,应派专人对上下游水位进行实时监控,防止由于大雨等原因导致管内水位上升可能发生的溢水等危险情况发生。

根据《城镇排水管道维护安全技术规程》(CJJ 6—2009)的要求,进管检查或施工前,应做好通风、有毒有害气体监测、井下照明以及通信等措施。在大管径

（＞800mm）翻转施工时，需人员下井配合翻转，由于树脂浸润软管占据了大部分井筒、井室的空间，使得井下施工人员的操作空间变小。此时，必须为井下人员留有紧急上井的空间。当人员下井施工时，必须在井口安排至少两名监护人员，与井下人员进行定时联络，并随时掌握好供气管、安全绳等，一旦井下作业出现异常可立即帮助井下施工人员撤离。此外，为了明确井下施工人员下井情况，应在井口位置设置下井施工人员名单板。

固化过程中，热水温度持续升高，应派专人对加热锅炉、热水输送管等进行监护，并对加热区域进行隔离，避免管道接口渗漏、脱开等突发情况导致热水烫伤事故。

切割固化管端部时，应佩戴防护眼镜。必要时，如井室操作空间狭小或井深较深，应佩戴防护面罩，避免切割粉尘通过呼吸道、口、皮肤侵入人体，造成伤害。

3.4.1.2 施工设备及附件

（1）翻转作业平台

采用水翻作业时应在待修复管道上游的检查井上部，利用钢管支架搭建翻转作业平台，翻转作业平台的高度应保证该高程下的水压使内衬软管顺利翻转进入到检查井内部，在修复管道的末端，应安装一个可调节挡板，防止因翻转水压过大，软管拉伸过长，给固化管末端处理带来困难[15]。

（2）扎带、控制绳

湿软管的一端应利用扎带将其固定在翻转头上，根据设计的翻转净水压力确定绑扎的匝数及箍紧程度；另一端将控制绳和热水管紧箍在封闭端，随树脂软管翻转进入待修复管道内。翻转过程中，注水流量和树脂软管翻转保持匀速，通过控制绳和注水量来控制翻转速度和翻转水压，采用CCTV机器人在另一端观测翻转进度[15]。

（3）热水管、锅炉、水泵

树脂软管被翻转送入目标管道后，将管内热水输送管与水泵、锅炉设备连接，开始加热固化。通过潜水泵与锅炉回水处相连接的方式进行热水循环。翻转过程中在井中预埋温度传感器分别布置在翻转头处、管道中部和管道末端，监测软管固化过程中软管3个部位的温度[15]。

（4）气翻箱

通过施加高温高压的蒸汽，使管内温度不断升高，保持一定温度直至引发内衬软管固化，蒸汽应从高的一端向低的一端通入，以便在低处不会形成冷凝水[15]。

3.4.1.3 管道检测

管道的检测一般采用闭路电视或人工的方法，如图3-8所示，应查清原有管道接头错位、管壁压碎、坍塌等缺陷和异常情况，并详细记录其位置和缺陷等级。一般在施工前已进行了检测，但进行内衬软管施工时为了确保管道内衬质量需对前期检测情况进行复核。如发现管内缺陷状况加剧，则应及时与设计单位协调解决。

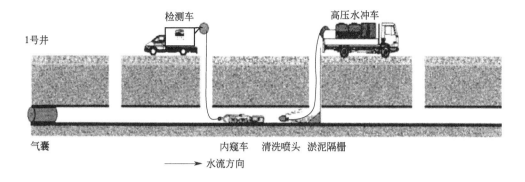

图 3-8　管道检测、清淤示意

管道修复前必须进行管道检测，对管道损坏长度、位置、程度等的检测结果是判断能否采用原位固化法修复的重要依据，因此管道检测应由专业技术人员或在其指导下完成。管道出现的破损、裂缝、漏水、错位、变形、腐蚀等现象应正确描述其数量、位置、损坏程度，管道缺陷和异常的分类描述可参照所在地管道电视和声呐检测与评估的地方（行业）标准执行。同时应对管道的直径、长度、井深等进行测量，软管的制作长度与直径须根据现场测量的结果确定，故应掌握测量的精确度，使软管的制作尺寸与待修复管道相匹配，每个数据应重复测量不少于 3 次，取其平均值。管径＜800mm 的管道检测应由 CCTV 检测车完成，管径≥800mm 的管道检测由 CCTV 检测车或人员进行检测。

CCTV 检测应符合以下要求：

① 采用闭路电视进行管道检测和评估应以相邻两座检查井之间的管段为单位进行；检测前应对设备进行全面检查，并在地面试用，以确保设备能够正常工作；

② 在仪器进入井内进行检查前，应先拍摄看板，看板上应用清晰端正的字体写明本次检测管道的地点、管道材质、编号、管径、时间、负责人员姓名等信息；

③ 采用闭路电视进行检测时，管道内水位高度不应大于管道垂直高度的 20%；

④ 遇到管道内缺陷或异常，检测设备应暂时停止前进，变换摄像头对缺陷异常部位进行仔细摄像后再继续前进；

⑤ 当检测遇障碍物无法通过时应退出检测器，清除障碍物之后继续检测；

⑥ 当旧管道内壁结垢、淤积或严重腐蚀剥落等影响电视图像效果时，应对管道内部进行清洗后继续检测。

人工检测应符合以下要求：

① 对于直径大于 800mm 的管道，也可采用人工进入管道进行检查。人工检测距离一次不宜超过 100m；

② 采取人工进入检测时，管道内积水深度不得超过管径的 1/3 并不得大于 0.5m，管内水流流速不得超过 0.3m/s，管道内水流过大时，应采取封堵上游入水口或设置排水等措施降低管内水位；

③ 采用潜水员检查管道时，管径不得小于 1200mm，流速不得大于 0.5m/s；

④ 井下检测工作人员应与地面上工作人员保持通信联络；

⑤ 井下检测人员应携带摄像机，对管道内缺陷位置进行详细拍摄记录，摄像画面应清晰。

需停水检查时，应在待修复管道上游检查井上口和下游检查井下口进行临时封堵截流。封堵一般采用橡胶阻水器，当上游来水量较大时可采用砖封或挡板，封堵后不得有水渗入待修复管段中。为防止封堵后上游污水发生满溢，在待修复管段上游检查井宜设置水泵，将上游截流污水排入下游或其他污水管道中。

待修复管道中若已安装内钢套，应对内钢套进行预处理，先将钢套的连接件等凸出部位切除，并对坚固凸出部位用快干水泥抹平等方式处理。

管道错位会缩小过水断面面积，若错位后过水断面满足过水流量的要求，且符合翻转修复工艺需求（错位尺寸小于管径的 5%），错位断面可以不做处理进行施工。过水断面能够满足过水流量的要求但不符合翻转修复工艺需求时，应对错位断面采用垫衬坡角、注浆等方式处理。

当管径较大时，树脂浸润软管的管壁较厚，质量较大，而污水检查井井筒直径尺寸一般为 700mm，难以将树脂浸润软管翻转置入检查井井筒。为便于翻转施工，在有条件的情况下可拆除井筒，扩大下管口径并利于施工人员下井作业。管径＞1200mm 的待修复管道，检查井井筒宜进行扩张预处理。漏水严重的待修复管道，应对漏水点进行止水或隔水预处理。

3.4.1.4 管道预处理

施工前应采用人力疏通、机械疏通或高压射水等方式将附着于管内的污物等去除。根据 CCTV 检查或者目测检查的结果，事先将阻碍施工的障碍物，如树根、砖块等去除，大管径（DN2800）可采用人工进管清除，小管径（DN800）可采用绞车清除，排干积水。管道清洗可采用高压水射流清洗法、PIG 清洗法以及其他清洗技术。清洗后的管道表面应无明显附着物、尖锐毛刺、影响内衬管道施工的凸起，除此之外还应满足各种施工工法对管道表面清洁程度的要求，必要时可采用局部开挖的方法清除管内影响施工的障碍。

（1）采用高压水射流进行管道清洗时应符合的规定[19]

① 水流压力不得对管壁造成损坏（例如剥蚀、刻槽、裂缝及穿孔等）。当管道内有沉积碎片或碎石时，应防止碎片弹射而造成管道损坏；

② 喷射水流不宜在管道内壁某一点停留时间过长；

③ 清洗产生的污水和废渣应从检查井或工作坑内排出，为减少水的用量和环境污染，宜采用水净化循环利用系统；

④ 管道直径大于 800mm 时也可人工进入管内进行高压水射流清洗。

（2）采用 PIG 清洗法进行管道清洗作业时应符合的规定[20]

① 在进行管道清洗工作前，应仔细检查设备的可靠性，包括充气囊的密封性以及是否损坏、绞车的牵引能力、钢丝绳是否完好等；

② 确保管道内无尖锐的碎渣、凸出物等，以防止损坏充气或充水胶囊；

③ 气囊在管道内扩张的压力不宜过大，以防管道破裂或变形；

④ 水囊或气囊在管道内的前进速度不宜超过 0.1m/s；

⑤ 从管道清理出来的碎渣应按照相关规定处理，不得随意堆放或丢弃。

3.4.1.5 翻转施工

（1）翻转

将浸润后的软管翻转置入待修复管道可采用水压或气压的方法。翻转压力应足够大，以使浸润软管能翻转到管道的另一终点，并使软管与旧管管壁紧贴在一起。在翻转时压力不得超过软管的最大允许张力。翻转完毕后，应保证软管的防渗塑料薄膜朝内（与管内水或蒸汽相接触）[17]。

翻转施工为连续性工作，施工期间不得停顿，为确保翻转施工过程的顺利进行，应满足下列要求：

① 翻转施工前应对修复管道内部情况进行检查，在管道内平铺防护带，减小摩擦阻力，保护树脂浸润软管在翻转过程中不会发生磨损扭曲或结扎现象；

② 施工人员需在钢管支架上进行翻转操作，且翻转端部需固定在支架上，故支架应搭接稳固。为防止在翻转过程中，凸出部位刺破树脂浸润软管，故需将支架连接处等凸出部位用聚酯纤维毡、胶布等进行包裹。

③ 钢管支架搭设高度应根据翻转所需水头高度确定。从下游往上游翻转或管内有较多的滞留水时应该提高翻转水头。

④ 翻转与加热用水应取自水质较好的水源，宜为自来水或皿类水体及以上的河道水。

⑤ 为降低翻转摩擦阻力可将润滑剂直接涂在树脂浸润软管上或直接倒入翻转用水中，不应对内衬材料、加热设备等产生污染或腐蚀影响。

⑥ 接合缝不得破裂或渗漏。

⑦ 树脂浸润软管的翻转速度应保持均匀，可按下列要求控制：DN450mm 以下的软管，不高于 5m/min；DN450mm 以上的软管，不高于 2m/min。

翻转在适当的速度之内进行，以保证软管与原管道粘贴牢固。同时注意水头高度（水压）不要剧烈上升或下降，注水流量应严格控制，防止流量突然加大引起软管翻转速度加快，造成软管局部拉伸变薄。

⑧ 翻转完成后，应保证树脂浸润软管比原管道两端各长 200mm 以上。

在翻转施工进行过程中，无法顺利翻转到位或发生不可预计情况需中断施工。而树脂浸润软管已经进入待修复管道的，在全部作业人员安全上井的前提下应立即将其拖出，以避免树脂浸润软管在未完全翻转到位的情况下固化。若发生这种情况，不仅该段软管必须报废，更有可能需要大开挖施工，才能将待修复管道与固化管一并挖除更换。

（2）固化与冷却

供热设备应将热水输送至整段树脂浸润软管，使树脂浸润软管内壁均匀受热。固化所需温度应根据管径、材料壁厚、树脂材料、固化剂种类及环境温度等条件的不同具体确定，一般可为 60～85℃，热水固化温度控制曲线见图 3-9，蒸汽固化温度曲线见图 3-10。加热前，应在锅炉的热水出入口以及待修复管道上下游端部伸入 20～30cm 的位置安装温度传感器，从加热开始到结束对温度进行持续测量，并用图表纸将温度测量值持续记录下来。加热固化过程中管道始端与末端温度差不应超过 15℃。固化管末端遇冷水情况在施工中较容易发生，应定时检查端部，及时抽除冷水，以免影响端部固化[8]。

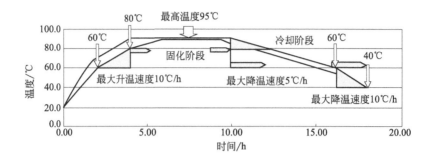

图 3-9　热水固化温度控制曲线

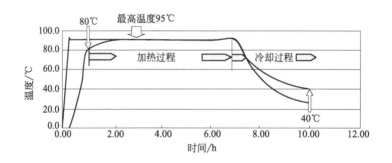

图 3-10　蒸汽固化温度控制曲线

固化过程中应考虑修复管段的材质、周围土体的热传导性、环境温度、地下水位影响固化温度和时间。固化过程中温度及压力的变化应有详细记录。

采用热水或热蒸汽对翻转后的浸润树脂软管进行固化，采用热水固化应满足下列要求：

① 热水的温度应均匀地升高，使其缓慢达到树脂固化所需的温度；

② 在热水供应装置上应安装温度测量仪监测水流入和流出时的温度。

③ 应在修复段起点和终点的浸润树脂软管与旧管道之间安装温度感应器以监测管壁温度变化。

④ 可通过温度感应器监测树脂放热曲线判定树脂固化的状况。

采用热蒸汽固化应满足下列要求：

① 应使热蒸汽缓慢升温并达到使树脂固化所需的温度；

② 蒸汽发生装置应具有合适的监控器以精确测量蒸汽的温度，并且对内衬管固化

过程中的温度进行测量和监控。

③ 可通过温度感应器监测树脂放热曲线判定树脂固化的状况。

④ 软管内的气压应大于使软管充分扩展的最小压力，且不得大于内衬管所能承受的最大内部压力。

软管固化完成后，先进行冷却，然后降压。采用水冷时，应将内衬管冷却至38℃以下然后进行降压；采用气冷时，应冷却至45℃以下再进行降压。在排水降压时必须防止形成真空使内衬管受损。

加热完成后，若立即放空管内热水，可能因降温过快致使固化管热胀冷缩产生褶皱甚至裂缝，故需待固化管内热水逐渐冷却至38℃以下方可释放静水压力，避免产生褶皱或收缩裂缝。

（3）端部处理

软衬管内冷却水抽除或空气压力释放后，才能切割端部软衬管，切口宜平整。软衬管端部切口必须用快速密封胶（或树脂混合物）封闭软衬管与原管内壁的间隙。为保证内衬管与井壁的良好衔接，切割内衬管时，在修复段的出口端将内衬管端头切割整齐，应做到切口平整，并与井壁齐平，并可在管口外留出适当余量，一般可为管径的5%～10%。固化管端部切口必须封固，如果内衬管与旧管道粘合不紧密，固化管端部与待修复管道内壁之间的空隙，应采用灰浆或环氧树脂类快速密封材料或树脂混合物等进行填充、压实，防止漏水。

3.4.2　拉入法施工（光固化）

紫外光固化内衬修复技术是将充分浸润树脂的内衬软管牵拉进入病害管道，对软管内通以压缩空气，使其紧贴管道内壁。控制紫外光灯在充气软管内以一定的速度行走，使内衬软管逐步引发固化形成具有一定强度内衬管的修复方法。

紫外光固化修复法适用于交通繁忙、新建道路、环境敏感等地区的排水管道的非开挖修复、加固与防渗；适用于修复圆形、卵形、矩形等各种形状的排水管道；适用于修复DN200～1600的排水管道。

3.4.2.1　施工基本规定

紫外光固化修复法所用的内衬软管材料应符合国家现行标准，并应具有质量合格证书、性能检测报告和使用说明书。采用紫外光固化修复后的排水管道过流能力应能满足现状排水流量要求；结构强度应能满足现状外部荷载要求；化学稳定性应能满足输送城镇污水的要求；抗冲刷能力应能满足高压冲洗清淤的要求；修复后的使用期限不得低于50年。

在施工前对旧管道属性与现场条件进行详细调查，对旧管道结构状况进行详细检测与评定，根据调查与检测结果进行修复工程设计。排水管道紫外光固化修复工程施工时须采取安全措施，并符合现行行业标准《城镇排水管道维护安全技术规程》（CJJ 6）的有关规定。排水管道紫外光固化修复工程所产生的污物、噪声及振动应符合国家有关环境保护的规定。排水管道紫外光固化修复工程在验收合格后方可投入使用。

3.4.2.2 施工设备

排水管道紫外光固化修复的施工设备应集成于一个集装箱式的市政抢修车内，包括软管起吊设备、软管拉入设备、软管充气设备、软管固化设备、内衬管切割设备以及动力设备。

玻璃纤维软管从包装中拉入检查井的过程应设置送料平台、滚筒等传输装置，防止磨损或划伤软管，并准备好泄力用的万向吊环。

（1）固化设备

固化设备包括 UV 灯架、UV 灯管、前后摄像头（LED 灯源）等。在拉入软管之前，必须保证紫外灯洁净，不会划伤内膜。在首次运行 400h 后，需对该紫外灯进行性能检测；之后每隔 150h 检查一次强度，如果检测的 UV 灯比参照 UV 灯的辐射功率小 30% 或以上，则应更换 UV 灯。

（2）充气设备

充气设备包括空气压缩机、金属扎头及压缩气体接头。空气压缩机应满足使软管贴紧待修复管道的最小操作压力；安装扎头时利用扎带将软管固定，充气前应检查软管各连接处的密封性，尤其是金属扎头所有螺母和橡胶圈处的密封性，软管末端宜安装调压阀。

（3）动力设备

动力设备应包括发电机和卷扬机，根据工程的具体情况配置满足相应施工要求的动力和设备。在整个施工固化阶段，监管控制平台，必须持续记录压力、固化巡航速度及温度等数据，且必须符合软管内衬制造商操作指南系统手册中的规则标准参数；UV 设备必须每一分钟自动记录温度、压力、巡航速度和路程作为原始记录提交监理。切割修整装置主要用于固化完成后内衬管端头及支管位置的处理。

3.4.2.3 调查与检测

排水管道紫外固化内衬修复工程设计前应对旧管道的属性与状况进行详细的调查与检测，调查与检测资料应进入竣工档案。旧管道的属性调查包括管道的类型、位置、埋深、走向、长度、断面形状与尺寸、材质与接口型式、使用年限、支线接入、流槽形式、井室构造与尺寸、设计流量、实际流量及其变化规律等。

旧管道的状况检测应包括管道的腐蚀、破裂、变形、错口、脱节、渗漏、侵入、沉降等结构性缺陷的数量、位置、程度等。旧管道的结构状况采用内部影像检测，影像资料应足够清晰，能对旧管道的结构缺陷进行准确的定位与判断。管径<1000mm 时，宜采用闭路电视检测车进行影像检测，存储管道全程影像资料；管径≥1000mm 时，也可采取人工进入管内进行影像检测，对缺陷处留下影像资料。

影像检测不宜带水作业，管道内水位不得大于管道内径的 20%。必要时可采取在上游进行封堵与导水等措施，使管内水位满足检测要求。影像检测应以井段为最小单位，检测方法应符合《城镇排水管道检测与评估技术规程》（CJJ 181）的有关规定，并对管道结构缺陷的类型与程度进行初步判读和记录，现场检测完毕后应由复核人员根据检测资料进行复核。检测前应对旧管道进行疏通与清洗，清洗后的管道内壁应无明显的附着物，能满足对管道结构状况进行影像检测的要求。

3.4.2.4 管道预处理

固化施工时不应带水作业，应按照标准 CJJ 68 的有关规定对原有管道进行封堵，当管堵采用堵水气囊时，应随时检查管堵的气压，气压降低时及时充气，如管堵上、下游有水压差时，应对管堵进行支撑。临时排水设施的排水能力应能确保各修复工艺的施工要求。

管道预处理包括清除管内沉积物、结垢、污物、腐蚀瘤等；消除管道沉降、变形、破损和接头错位；检修孔处排水，防止地下水渗漏等不利因素，必要时可采用局部开挖方法进行清除或修补。

对待修的管道必须通过高压清洗设备进行清洁，清洗产生的污水和污物应从检查井内排出，预处理施工示意见图 3-11。污物应按 CJJ 68 的有关规定处理。在拉入内衬软管之前，必须进行 CCTV 视频检测，记录待修复的管道的状况，保证管道状况满足施工条件。

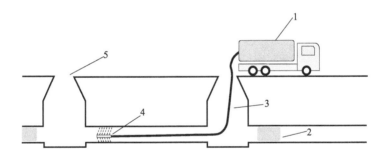

图 3-11 预处理施工示意
1—清洗水车；2—止水气囊；3—高压清洗水带；4—高压清洗喷头；5—检查井口

3.4.2.5 拉入施工

（1）铺设垫膜

在拉入内衬软管之前，必须在管道底部铺设垫膜，减少内衬软管拉入管道时的摩擦力，保护内衬软管。垫膜卷支架宜设在结束井口位置，采用机器人或冲洗设备引入牵引绳，将其和垫膜与绞绳连接，拉入带修复管段，其覆盖面积应大于原有管道 1/3 周长，长度宜控制在两端各超出旧管道 800mm。为了避免垫膜在拉入过程中打转，宜使用万向吊环连接绳索，并包裹在垫膜内，待垫膜完全拉入后须再次检查确认垫膜的位置，确认无误后在两端检查井底部用锚固定。

如待修复管道的长度超过 50m，应在软管拉入端 1.0～1.5m 包垫膜额外保护，防止过高的应力造成拉入端磨损，保护软管不受外来水影响。如软管质量特别重，可以在拉入前，垫膜上洒润滑液体，如洗洁精等，减少软管和垫膜之间的摩擦。垫膜规格参数见表 3-9。

表 3-9　垫膜规格参数

幅宽/mm	适用管径 DN/mm	长度/(m/卷)	幅宽/mm	适用管径 DN/mm	长度/(m/卷)
250	150	250	700	450	250
350	200	250	800	500	250
400	250	250	950	600	250
500	300	250	1150	700	250
600	350	250	1300	800～1400	150
650	400	250	1550	1500	150

（2）材料拉入

软管拉入前，应保证软管没有磨损或划伤，在所有改变牵引方向的井口、管口等处宜设置滚筒或定滑轮，滚筒和定滑轮宜采用丝杠定位并固定。将软管端头长约 0.5m 的软管两侧分别向里对折 1/3，再纵向对折，并在折线底部放置吊装带，对折部分的外部需缠绕保护垫膜，然后用扎带绑紧，用 U 形吊装环连接吊装带与钢丝绳套。

启动卷扬机，拉入速度应控制在 5m/min 以内，并保持软管端与卷扬机操作人员及时联络。软管拉入过程受到的最大牵引力应符合表 3-10 的规定。

表 3-10　软管拉入过程允许最大牵引力

管径	最大牵引力	管径	最大牵引力
DN300	43kN	DN800	225kN
DN400	57kN	DN900	250kN
DN500	106kN	DN1000	340kN
DN600	125kN	DN1200～1600	500kN
DN700	190kN		

当井口外软管的长度与井的深度接近时，应使卷扬机停止，用扎带将软管尾部与粗绳扎牢，并反向拉紧粗绳，再次开启卷扬机，如修复 DN500 以下的管道，内衬管两端伸出旧管道的长度应≥600mm；如修复 DN500 以上的管道，内衬管两端伸出旧管道的长度应≥1000mm。拉入材料施工示意见图 3-12。

（3）拉入紫外光灯

软管两端裸露部位先安装相应规格的扎头布，以保证软管外露部分在充气时不致过度膨胀和爆裂，若跨井段施工，中间检查井裸露的软管需安装带拉链的扎头布，扎头布伸入管道 200～250mm。对于无法进入的中间位置、管壁破损或破裂的管道，应预安装扎头布，若待修复管道整段破损严重，可在订购软管时整段预装扎头布。第一次充气前应检查充气管、测压管的连接，待空压机运行平稳后缓慢打开充气阀，观察记录软管的

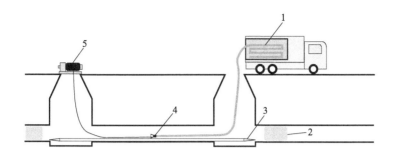

图 3-12 拉入材料施工示意

1—内衬材料；2—止水气囊；3—垫膜；4—扎带；5—卷扬机

气压，当软管内气压达到 0.02~0.03MPa 时保压约 40min，以使软管胀开，在保压阶段将软管中预置的替换绳拉出，置换为耐高温的紫外灯牵引绳。

紫外光灯架进入软管之前应完全组装，紫外光灯的规格与数量须满足固化的需要。紫外光灯架进入软管时应在关闭充气装置后打开扎头端盖，由检查井的操作人员用牵引绳将紫外光灯架拉入软管，拉入过程注意避免损伤内膜。紫外光灯架全部穿过扎头后停止牵引，适当拉紧紫外灯架控制电缆，标记电缆的起始位置，并将控制台的电缆计数器清零，最后打开紫外光灯架前端的摄像头，检查控制台的屏幕图像显示正常后，合上扎头端盖。

软管第二次充气前宜在软管外壁与旧管道内壁之间，距离管口 0.2m 处放置密封条，开始充气前检查软管各连接处的密封性，以及金属扎头所有螺母和橡胶的密封性，湿软管末端宜安装调压阀。气压应缓慢地充起，充气过程通过紫外光灯架上的摄像头观察材料内部情况，保证材料充分伸展，使软管充分膨胀扩张紧贴原有管道内壁，各口径和壁厚的压力值，宜参照表 3-11 执行。

表 3-11 软管充气压力操作要求

管径/mm	最小操作压力/bar	充气次数	每次增压/bar	停歇时间/min
150~200	0.50~0.60			
250~350	0.45~0.55	8~10	40~60	3~5
400~500	0.44~0.50			
600~700	0.30~0.40			
800~900	0.25~0.30	10~12	30	4~6
1000~1600	0.20~0.30	6~8	30	79

注：1bar=10^5Pa。

对于未完全张开的区域，紫外光灯架不宜强行通过，可适当地提高充气压力。确认软管完全涨开后，再由人工把紫外光灯架缓慢地拉到管道另一端就位，该过程必须进行闭路电视 CCTV 检测。

（4）紫外光固化

紫外光固化过程中，软管内应保持压力不变，使软管与原有管道紧密接触。压力指标参数需遵守软管内衬制造商所给出的参数表（管径/壁厚/压力），达到操作压力并保持10min。摄像头一个应安装在紫外光灯架的前面，另一个安装在紫外光灯架的后面或扎头上，以启用视频检查内衬，并确保内衬已经正确地充气，任何内衬问题都在固化开始前被发现并解决。

紫外光固化时，需确保紫外光灯架的持续功能检查。每个软管产品上所使用的紫外光波长必须一致。须遵守软管内衬制造商规定型号参数的紫外光灯架型号，明确灯架瓦数以及固化巡航速度参数表，具体数据可参照表3-12执行。

表 3-12 紫外光灯架巡航速度对照   单位：m/min

旧管道内径/mm	紫外光灯功率/W	内衬管壁厚/mm						
		3	4	5	6	8	10	12
250	8×400	1.10~1.20	1.00~1.10					
300		0.90~1.00	0.80~0.90	0.70~0.80				
350		0.80~0.90	0.70~0.80	0.60~0.70	0.50~0.60			
400		0.70~0.80	0.60~0.70	0.50~0.60	0.40~0.50			
500		0.60~0.70	0.50~0.60	0.40~0.50	0.30~0.40			
600	8×1000		0.80~0.90	0.70~0.80	0.60~0.70	0.50~0.60		
800				0.60~0.70	0.50~0.60	0.40~0.50	0.30~0.40	
1000					0.40~0.50	0.30~0.40	0.25~0.30	0.20~0.25

固化时应测量内衬管内的温度，以适应固化巡航速度。

固化时，在监管控制平台上先开启控制台和所有指示开关，再从最接近软管端头的紫外灯开始，依次开启各灯开关，相邻两灯的开启间隔应根据灯架长度、紫外灯数、行走速度计算确定，最后开启电缆卷盘开关，调整电缆卷盘的转速，控制紫外灯架的行走速度，同时观察显示屏上灯架的行走里程，并留意电缆标记，当灯架到达终点时应及时关闭电缆卷盘开关，再按照与开始固化相同的顺序，依次关闭各灯开关，相邻两灯的关闭间隔应与开启间隔相同。

紫外光固化施工示意见图3-13。

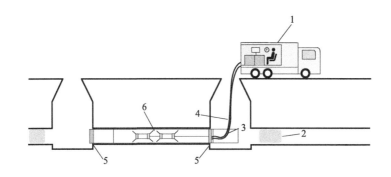

图 3-13 紫外光固化施工示意

1—紫外光固化操作车；2—止水气囊；3—充气管；4—电缆线；5—扎头；6—紫外光灯

在整个固化阶段，将持续记录温度、压力、巡航速度和巡航距离作为原始记录提交监理，固化施工记录可参照表 3-13。

表 3-13 紫外光固化施工记录

工程名称							
旧管情况	雨水□　污水□　合流□		软管拉入	开始时间			
	内径/mm			结束时间			
	长度/m		软管充气	充气阶段	一次充气	二次充气	
内衬设计	压力流□　　重力流□			时长/min			
	全结构□　半结构□　防外渗□			气压/MPa			
	内衬厚度/mm		软管固化	开始时间			
天气情况	阴□　晴□　雨□　雪□			结束时间			
	最高气温/℃			固化温度/℃			
	最低气温/℃			灯架速度/(m/min)			
签字栏	施工员：		记录人：		施工时间：		

软管固化完成后，缓慢降低管内压力至大气压，降压速度不大于 0.01MPa/min。随后拆除滚筒和滑轮，再拆除充气管、扎头端盖，最后取出紫外灯架，并卸下控制电缆、牵引绳。

3.4.2.6　端头处理

管道修复完成后，应对内衬管端口、内衬管与支管接口或检查井接口进行连接和密封处理，内衬管的两端在井孔的进口和出口点处切平，并用于内衬或树脂系统相容的适当材料密封，做到密性密封。密封材料和安装方法须在施工前提交批准。

3.5　原位固化修复材料验收

3.5.1　外观验收

ASTM F2019 规定内衬管固化后内壁应尽量减少内壁褶皱、CJJ/T 210 内衬管的表面应光洁、无局部划伤、磨损、气泡或干斑等缺陷。T/CECS 559 规定局部划伤、磨损、气泡或干斑的出现频次每 10 米不大于 1 处，最大褶皱应不超过 6mm。Q/BDG 12021 中规定，一个施工间段内局部隆起的数量应不大于 2 处，且隆起的高度不超过内径的 2%，端部的切口应平整，贴合缝隙应没有渗水现象[11]。

3.5.2　功能性验收

（1）密实性

内衬管投入使用后应具有良好的防渗性能，ASTM F1417 规定，一定压强下，通过空气从排水管道溢出的速率检验管道的气密性，德国密实性测试是根据 DIN EN 1610 进行，使用网格切割，将待测基材的防水层划开，滴加具有特殊颜色的实验液体，在 0.5bar（$1bar=10^5 Pa$，下同）真空条件下，持续 30min，观察其是否有渗漏，如图 3-14 所示。T/CECS 559 中密实性的测试参照该标准。

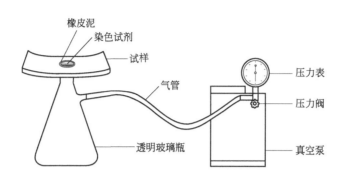

图 3-14　密实性测试

（2）壁厚测试

壁厚是原位固化材料的关键指标之一，厚度反映了内衬软管的各项性能以及原有管道病害情况和环境影响因素，如管道直径、破损程度、地下水压、过水压力等，如某管道存在多种病害，原则上按最差的条件进行设计。权威的厚度计算公式可参考 CJJ/T 210 和 ASTM F1216。为了达到良好色树脂浸润效果，通常采用多层结构，考虑施工外力及复杂因素对软管厚度的减薄作用，生产中，干软管有效厚度大于 CIPP 管设计厚度，树脂浸润过程中，湿软管的厚度可再次调整，应控制湿软管的有效厚度高于 CIPP 固化管设计厚度 5%～20%。

ASTM F2019 规定了固化管壁厚不应低于设计厚度的 80%，或者低于 3mm。光固化材料的主要问题是复合材料和总壁厚的确定。复合材料的壁厚应按总厚度减去内外膜、纯树脂层或磨损层进行计算（图 3-15）。通过显微镜仔细观察各个层间的分界点，量取各层的厚度值。我国的壁厚测试应按照《塑料管道系统 塑料部件尺寸的测定》GB/T 8806 的相关规定进行测试。

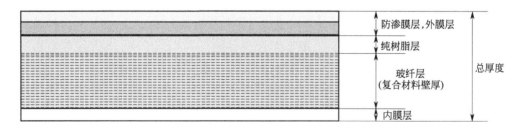

图 3-15　壁厚测试

（3）弯曲性能测试

表征内衬材料力学性能的关键指标是拉伸性能和弯曲性能。目前测试弹性模量的方法为三点弯曲法（图3-16）。美国参照标准ASTM F2019，我国所采用的标准为《纤维增强塑料弯曲性能试验方法》（GB/T 1449），德国参照的标准为ISO 11296-4，三者的对比如表3-14所列。

图 3-16 三点弯曲性能测试

表 3-14 中外弯曲试验检验标准对比

标准号	实验条件	取样	厚度	测试装置
ASTM F2019	温度:(23±2)℃; 相对湿度:(50±10)%	6个样条; 宽度:2英寸; 长度:16倍平均厚度≤ L≤20倍平均厚度	测试样条中部三分之一跨距范围的厚度	采用圆形支座,可以测试带有弧度的样条
ISO 11296-4	温度:(23±2)℃; 相对湿度:(50±10)%	5个样条;宽度与复合壁厚的关系	测试样条两端对称位置的厚度	平条状测试样条,对带有弧度的样片无法准确测量
GB/T 1449	温度:(23±2)℃; 相对湿度:(50±10)%	5个样条; 宽度与厚度的关系	测试样条中部1/3跨距范围的厚度	采用圆形支座,可以测试带有弧度的样条

注:1英寸=2.54厘米。

（4）耐化学腐蚀性能测试

水质情况复杂，内衬管在使用时会长期暴露在酸碱腐蚀的环境下，ASTM D5813规定在23～62℃排水管道应符合表3-15中的规定，耐化学腐蚀测试是德国材料认证项目，参照标准为ISO 11296-4，分别准备3组样品，分别设定为常规组、耐酸腐蚀组和耐碱腐蚀组，3组样品分别在三个环境中放置28d，浸泡完成后冲洗干净，分别进行三点抗弯和抗拉性能测试。耐腐蚀组的弯曲和拉伸强度应不低于常规组的80%。我国可以参考的标准为《塑料 耐液体化学试剂性能的测定》（GB/T 11547）。

表 3-15　耐化学腐蚀性能要求

化学溶液	等级 1	等级 2/等级 3
硝酸,浓度 1.0%	耐	耐
硫酸,浓度 5.0%	耐	耐
燃料油,浓度 100%	耐	耐
蔬菜油(棉籽油、谷物油或矿物油),浓度 100%	耐	耐
洗涤剂,浓度 0.1%	耐	耐
肥皂水,浓度 0.1%	不耐	耐

注：等级 1 为热固性不饱和聚酯树脂；等级 2 为热固性不饱和聚酯树脂以及乙烯基酯树脂；等级 3 为热固性树脂。

3.6　原位固化修复施工案例

3.6.1　案例一：DN600 管道 CIPP 修复

3.6.1.1　工程概况

重庆市永川区萱花河路段某管道闭路电视（CCTV）检测结果表明，管道总长度约 140m，管径为 DN600，部分管道出现功能性缺陷（障碍物、沉积）和结构性缺陷（错口、腐蚀、破裂、渗漏、接口材料脱落）。管道缺陷处位置如表 3-16 所列，该管道已经丧失了排水能力。如不及时进行修复，将对周围的环境造成二次污染。

表 3-16　工程位点及管道病害状况信息

位置/m	病害状况	病害等级	位置/m	病害状况	病害等级
10、33、46、98、103	破裂	4	85	渗漏	4
25、74、91、118、130	破裂	3	112	错口	2
16	腐蚀	3	125	沉积	3
58	障碍物	3	134	接口材料脱落	3

部分管道病害情况如图 3-17 所示（书后另见彩图）。

待修复污水管道位于两座拱桥之间，正上方是街道和公路。如果采用开挖修复，施工工期长，费用高，施工阶段整条街道的商业活动将完全中断。因原排水管道系统整体上比较完整，只是出现破裂和管壁腐蚀，没有出现管道塌陷，说明原有管道仍能承受外部土压力和动荷载，所用内衬管在设计寿命之内仅需要承受外部的静水压力，因此决定采用非开挖 CIPP 翻转内衬法对整段排污管道进行半结构性修复。

3.6.1.2　CIPP 内衬管的设计和制造

（1）内衬软管厚度设计

为了满足管道修复后的力学与过水能力要求，采用圆形管压曲公式，进行内衬管结构的设计；同时结合待修复管道病害评估等级、地下水压和动荷载的测量等影响因素对内衬软管厚度进行设计，见下式：

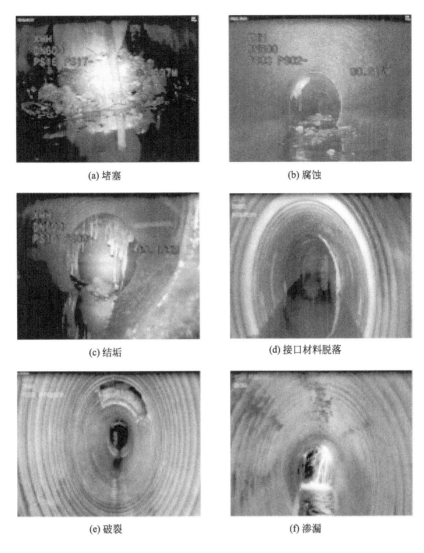

(a) 堵塞

(b) 腐蚀

(c) 结垢

(d) 接口材料脱落

(e) 破裂

(f) 渗漏

图 3-17　部分管道病害情况

$$t = \frac{D_0}{\left[\dfrac{2KE_{\mathrm{L}}C}{PN(1-\mu^2)}\right]^{\frac{1}{3}} + 1} \qquad (3-1)$$

式中　t——内衬管的壁厚，mm；

P——地下水压力，MPa；

C——椭圆度折减系数；

D_0——原有旧管道的平均内径，mm；

N——安全系数（推荐取值为 2.0）；

E_{L}——内衬管的长期弹性模量，MPa，HDPE 推荐 1500MPa，PVC 推荐 1750MPa，一般可取短期弹性模量的 50%；

K——圆周支持率，推荐取值为 7.0；

μ——泊松比（原位固化法内衬管取 0.3）。

计算参数及结果见表 3-17。

经计算，软管厚度为 9mm，涤纶无纺布材质，设计采用双层结构，内层厚 4mm，外层厚 5mm，防渗膜采用 PU 膜，厚 0.5mm。

表 3-17　计算参数和结果

参数	D_{max}/mm	D_{min}/mm	μ	K	P/MPa	E_L/MPa	N	t/mm
结果	600	590	0.3	7.0	0.06	1968	2.0	9.0

注：D_{max} 为原有旧管道的最大内径；D_{min} 为原有旧管道的最小内径；E_L 宜取短期模量（实验室结果为 3936MPa）的 50%。

（2）内衬软管幅宽设计

根据《给水排水管道原位固化法修复技术规程》（T/CECS559—2018）规定，原位固化法所用软管外径应与原有管道内径相一致，翻转或拉入管道后应与病害管道紧密贴合，同时避免内衬管直径过大而在管道内部产生影响质量的隆起或褶皱。因软管材料存在一定的弹性，不同水压下产生不同的膨胀率，导致固化后出现褶皱，故应对软管进行幅宽设计。采用 ABAQUS 有限元分析软件及试验方法确定软管翻衬时的环向应力及应变，以确定软管内外层幅宽尺寸。

设计采用 60kPa 水压，通过 ABAQUS 有限元模拟了内衬软管翻衬时的应力及应变，并进行试验段固化试验验证。外层材料厚 5mm，弹性模量为 18.18MPa，泊松比为 0.3。内层材料厚 4mm，弹性模量为 5.56MPa，泊松比为 0.46。模拟值和试验值对比如表 3-18 所列。

表 3-18　软管模拟值与试验值对比

项　　目		基材幅宽/mm	环向应力/MPa	环向膨胀率/%	径向扩张位移/mm
软管内层	模拟值 1	1800	4.46	9.9	56.5
	试验值 1		4.56	7.9	52.5
	模拟值 2	1770	4.33	8.2	46.4
	试验值 2		4.56	7.8	44.0
软管外层（含防渗层）	模拟值 1	1750	3.64	19.4	54.5
	试验值 1		3.60	18.3	50.5
	模拟值 2	1700	3.54	18.8	51.4
	试验值 2		3.60	16.6	49.0

由表 3-18 可知，第一次试验中内衬软管内、外层幅宽设计分别为 1800mm、1750mm 时，内、外层模拟的径向扩位移分别为 56.5mm、54.5mm，环向膨胀率分别为 9.9% 和 19.4%，可修复管径范围分别为 573～630mm 和 557～622mm；内、外层试验值的径向扩张位移分别为 52.5mm、50.5mm，环向膨胀率分别为 7.9%、18.3%，膨胀后的管径范围分别为 573～626mm 和 557～618mm，固化后固化管内壁出现较大褶皱；第二次试验，内衬软管内、外层幅宽设计分别为 1770mm、1700mm 时，内、外层

模拟的径向扩位移分别为 46.4mm、51.4mm，环向膨胀率分别为 8.2% 和 18.8%，可修复管径范围分别为 564～610mm 和 541～602mm；内、外层试验值的径向扩张位移分别为 44.0mm、49.0mm，环向膨胀率分别为 7.8% 和 16.6%，膨胀后的管径分别为 564～608mm 和 541～600mm，固化后固化管内壁光滑，满足施工使用要求。因此，软管内、外层幅宽按 1770mm、1700mm 进行制备。

（3）内衬软管制备及接缝力学性能检测

内衬软管属于管状非织造布复合材料，通常为多层结构，内层为无纺布层，外层防渗层。多层软管制备流程如图 3-18 所示；成品及结构如图 3-19 所示。

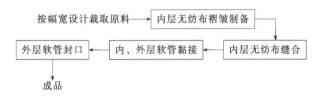

图 3-18 软管制备流程

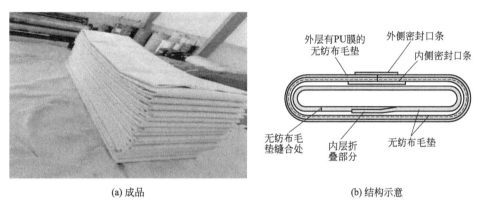

(a) 成品　　　　　　　　　　　　(b) 结构示意

图 3-19 软管成品及结构示意

在软管的制作工艺中，接缝作为软管制备的关键环节，决定了软管的整体质量。相关研究表明：软管在施工过程中应力最高可达 6.87MPa，ASTM F1216、ASTM F174、ASTM D5813—04、CJJ/T 210—2014 等标准指出：软管主材横、纵向拉伸强度不低于 5MPa，接缝拉伸强度应与主材一致，确保软管质量，对软管主材及接缝处分别按照《纺织品 织物拉伸性能 第 1 部分：断裂强力和断裂伸长率的测定（条样法）》（GB/T 3923.1—2013）进行力学性能的检测，如表 3-19 所列。

表 3-19 软管模拟值与试验值对比

项目		最大拉伸强度/MPa	最小拉伸强度/MPa	断裂伸长率/%
主材	横向	7.06	6.39	167.88
	纵向	7.93	7.66	132.97
接缝处	内封口条	8.34	7.45	50.48
	外封口条	35.36	25.54	34.75

由表 3-19 可知，主材横纵向最小拉伸强度为 6.39MPa，接缝处外封口条及内封口条最小拉伸强度为 7.45MPa，接缝处的拉伸强度高于主材，均满足高于 5MPa 的要求。

3.6.1.3 CIPP 翻衬法排水管道修复施工过程

（1）施工工艺流程

施工工艺流程如图 3-20 所示。

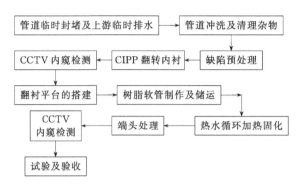

图 3-20　施工工艺流程示意

首先，对病害管道的上下游进行封堵和临时排水，冲洗管道、清理管道内的杂物，对管道缺陷（如破裂、渗漏、错口等）进行预处理，CCTV 检测，确定满足施工要求；搭建翻衬平台，将树脂填充进软管，通过储运车将树脂软管运到翻转施工现场，将树脂软管另一端固定在翻转头上，进行水压翻转，翻转完成后进行热水循环加热固化；固化完成后切除头端和检查井底部的固化管，在检查井底部处取样检测初始结构性能，同时对修复后的管道内表面进行 CCTV 内窥检测，主要观察固化管内壁表观形貌；通过闭水试验，检验固化管密封效果。质量检验全部合格后，恢复通水。

（2）管道临时封堵及临排管道的安装

通过 CCTV 对排污管道进行检测，将有问题的管段位置信息都收集起来，并做好相应的预处理工作，以免影响翻衬施工。图 3-21 为管道临时封堵及临排管道的安装示

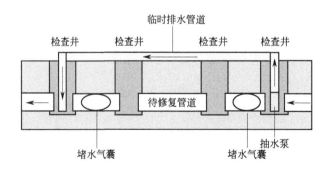

图 3-21　管道封堵及临时排水安装示意

意。在封堵前对管道进行降水、通风、有毒有害气体检测，确认达到安全标准后，操作人员下井进行管道的封堵。采用专用管道封堵气囊对上下游管道进行封堵，操作气囊气压保持在 0.15MPa 以上。在井口放置工字钢，把气囊牵引绳、进气阀门及进气管都固定在工字钢上完成封堵。为了及时把上游的污水排到下游的管道内，防止污水从井口溢出，造成二次污染，采用消防软管作为临时排水管道，同时准备一定量的备用管道，以应对特殊情况。

（3）管道内表面清洗及障碍物清理

高压清洗是利用高压水射流，将管壁上的结垢、泥沙冲洗干净。清洗过程中，根据原管道的病害情况调节水压，防止因水压过高损害原管壁；高压喷头在管壁内同一位置停留时间不宜过长，以免破坏管壁。冲洗完成后应及时清理掉污水及污物。

（4）原管道缺陷预处理

针对管道内存在破损、管道材料脱落、缺口孔洞、接口错位、腐蚀瘤局部缺陷，采用灌浆、点位加固、机械打磨、人工修复等进行预处理；针对错位小于管径 10% 以内的缺陷，采用聚合物水泥砂浆填补磨平；对于外露尖锐物体（如钢筋、尖锐突出物、树根等）采用人工或机械打磨方式去除，需要表面磨平的部位用聚合物水泥砂浆进行预处理；对于管道缺口问题，主要采用点位加固、灌浆进行处理；对于渗漏位点，采用堵漏王进行封堵，确保在施工阶段不出现漏水。

（5）翻转内衬作业

1）翻转工作平台

将待修复管道上游检查井作为工作井，在上部采用钢管支架作为翻转作业平台，翻转作业平台搭建高度为 6m。同时在修复管道的末端安装一个可调节挡板，防止因翻转水压过大，软管拉伸过长，给固化管末端处理带来困难。

工作平台如图 3-22 所示。

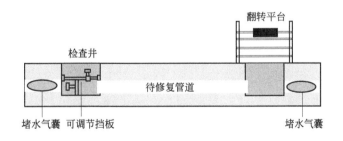

图 3-22 翻转平台的搭建及挡板的安装

2）树脂填充及储运

按待修复管段两检查井中心距离、检查井井深、两端部所需长度、施工时静水压力所需高度以及固定在翻转头上的长度，确定软管长度并进行裁切；浸渍树脂前，对软管进行抽真空，抽真空时间根据软管的长度确定，在整个填充过程也要保持抽真空状态。根据制造商提供的热固性树脂、固化剂等试剂混合比例，结合软管的长度、厚度及孔隙率相关参数，计算出树脂用量；考虑到树脂的聚合作用及渗入待修复管道缝隙和连接部位，增加 5%～15% 树脂填充。树脂和固化剂混合后应及时进行浸渍，停留时间不超过 20min，不能及时浸渍的则应冷藏，冷藏时间不超过 3h。

浸渍过程中由于树脂量较大，采用隔膜泵向软管中灌注树脂。通过压料平台对软管进行定厚压料，填充后软管采用塔吊进行牵引，折叠进入软管存放车。当室内温度≥20℃时，将树脂软管叠放到冰水槽中或冷柜中储藏，防止树脂发生提前反应。

采用冷藏车运输树脂软管，避免日光或者强光照射，在树脂软管固化前运到施工地并完成翻转。

3）翻衬作业

树脂软管运至施工地点，将树脂软管一端固定在翻转头上，根据设计的翻转静水压力确定绑扎匝数及箍紧程度；另一端将控制绳和热水管紧箍在封闭端，随树脂软管翻转进入待修复管道内。翻转过程中，注水流量和树脂软管翻转保持匀速，通过控制绳和注水量来控制翻转速度和翻转水压，采用 CCTV 在另一端实时观测翻转进度。当翻转树脂软管露出管道末端口时，立即固定控制绳，应避免树脂软管伸出待修复管道末端口。

4）固化成型

树脂软管翻转送入目标管道内后，将管内热水输送管与水泵、锅炉设备连接，开始加热固化。此次固化采用一台锅炉加热（锅炉功率为 1.2MW），通过潜水泵与锅炉回水处相连接的方式进行热水循环。翻转时在井中预埋温度传感器，分别布置在翻转头处、管道中部和管道末端，监测软管固化过程中软管 3 个部位的温度。经过 6h 的热水循环加热，入水温度及回水温度达到 80℃，保温 2h，确保树脂固化完成。

确认固化完成后，缓慢降温。采用常温水替换固化管内部热水，当冷却至 38℃ 时开始排水，排水后进行 CCTV 检测。修复前后管道如图 3-23 所示（书后另见彩图）。

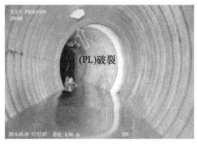
(a) 修复前

(b) 修复后

图 3-23 修复前、后管道内壁形貌

采用专用的切割工具对内衬管端部切割，切割一定量固化管送检。整个工作完成以后，将工地现场恢复到原貌。

5）闭水试验

修复完成后进行闭水试验，验证固化管的密封性。控制试验水头为 50kPa、时间为 40min。经检测实际渗水量为 0.0023L/(min·m)，折合平均实测渗水量为 3.31m³/

（24h·km），符合国家标准《给水排水管道工程施工及验收规范》（GB 50268—2008）无压管道闭水试验的有关规定。试验完成后，撤去气囊恢复通水，完成管道修复。

6）固化管初始结构性能

专业机构对送检试样的检测结果如表3-20所列。

表 3-20 CIPP 内衬软管的强度检测结果

检测项目	技术指标	检测结果	单项判定	检测方法
弯曲强度	≥31	47	合格	GB/T 9341—2008
弯曲模量	≥1724	3172	合格	
拉伸强度	≥21	24	合格	GB/T 1040.2—2006

由表3-20可知，初始固化管的弯曲强度为47MPa，弯曲模量为3172MPa，拉伸强度为24 MPa，均满足各项技术指标，检测结果合格。

3.6.1.4 经验总结

（1）内衬层软管幅宽设计

主要结合 ABAQUS 有限元模拟和实际的翻转试验进行验证，确定内衬软管在一定翻转水压下的膨胀率，进而确定内衬软管可修复旧管道的尺寸范围，避免固化成型后固化管内表面出现褶皱、管壁变薄等问题，保证施工质量。

（2）待修复管道预处理阶段

应保证管道内壁光滑，无尖锐突出物，同时确保堵渗漏处的质量，在内衬软管固化成型前，若出现再次渗漏，会导致内衬软管出现严重的变形，影响管道的过流能力。

（3）内衬管翻转阶段

针对翻转过程中翻衬软管过重、工作人员很难将翻转过来的软管导入待修复管道内的问题，可以设计与传送带类似的滚动斜面，安装在工作井井底，有利于软管进入待修复管道内。

（4）固化反应阶段

固化反应是一个剧烈的放热过程，若这部分热量不能及时移走，将在内衬软管的内壁聚集，导致内衬软管内壁防渗膜被烫坏，影响固化管表观形貌，因此循环加热前对加热锅炉及管道进行排空，防止空气进入循环水管道，同时加快循环水流速，增大内衬软管内壁与热水接触面积，及时带走这部分热量。此外，在热水循环加热固化过程中应该缓慢升温，有利于内衬软管材料浸润和黏附，改善界面形成。

（5）其他阶段

在循环加热、固化成型及管内水温冷却至常温前，水压高度必须满足设计要求，确保内衬软管完全胀开且与待修复管道内壁黏结，防止固化管内壁出现褶皱，以及固化管与待修复管道之间存在间隙，保证施工质量。

3.6.1.5　结论

随着非开挖修复技术的不断发展，在城镇排水、管道修复中应用越来越广泛。本研究采用自主研发和生产的内衬软管，达到验收标准，施工质量可靠。用多种手段优化软管设计并进行有效的质量监控，保证软管质量。实际工程应用表明，内衬软管内壁无鼓胀、裂纹、褶皱现象，内衬软管与原管道内壁黏结紧密，力学性能满足《城镇排水管道非开挖修复更新工程技术规程》（CJJ/T 210—2014）的要求。

3.6.2　案例二：多管径排水管道 CIPP 修复

3.6.2.1　工程概况

该工程修复的排水管道位于上海市静安区，有一批地下排水管道年数已久，在对该区域排水管网检测和养护工作过程中，发现管道存在多处破损。CCTV 检测结果表明，管道总长约 187m，其中管径为 DN1350 部分为 119.2m，DN1400 部分为 57.9m，部分管道出现功能性缺陷（障碍物、沉积），如图 3-24 所示（书后另见彩图）。由于该管道是主管，收集附近其他管道雨水排放，如果不及时修复，将在暴雨天气下有严重影响。

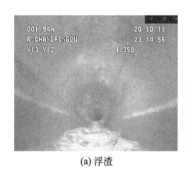 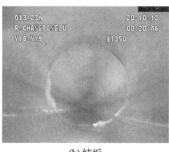 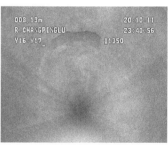

(a) 浮渣　　　　　　　　(b) 结垢　　　　　　　　(c) 支管暗接

图 3-24　典型缺陷形貌

由于本次施工地点位于上海市地铁沿线居民密集区等，若使用开挖方式进行管道修复，工程期长，同时会造成市区路面交通拥堵，造成噪声污染，给市民的生活造成极大的不便。经业主单位考虑，采取非开挖修复技术最终决定使用英普瑞格紫外光固化技术。该技术相对于其他非开挖技术，具有修复快速、清洁高效、碳排放少等优势。

本次施工采用专用紫外光固化系统，配置全自动紫外灯，使用双核两串灯架组成 8 盏灯，每盏灯最大功率 1500W，紫外灯总功率 12000W（8×1500W），该系统可自动记录气压、温度、速度等参数（图 3-25）。同时配备鼓风机，由操作面板直接控制。可以精准控制固化过程中的风量，从而达到控制温度和压力。

英普瑞格管道修复技术（苏州）有限公司对本次工程高度重视，项目前期安排专业技术人员，到客户基地进行实地培训，固化了 DN300/3.0 和 DN1500/12.8 两段软管，对客户理论指导和实践操作（图 3-26）。

(a) 控制系统

(b) 紫外灯架

图 3-25 紫外光固化系统

(a) 软管

(b) 送灯架

(c) 紫外光固化

图 3-26 施工人员实操培训

同时现场服务技术人员和施工单位去现场进行实地考察（图 3-27），测量了下料井口的尺寸以及确认井下实际操作空间（图 3-28），提出该项目的注意事项和必要的准备工作。

图 3-27 现场考察

图 3-28 测量检修井口径

3.6.2.2 管道设计

为了满足管道修复后的力学和过水能力的要求，采用原位固化法进行管道半结构性修复，进行内衬管结构的设计，考虑地下水压和动载荷的测量等影响因素，根据 CJJ/T

210—2014 设计要求，内衬管最小壁厚应符合下列计算公式：

$$t = \frac{D}{\left[\dfrac{2KE_{\mathrm{L}}C}{P_{\mathrm{W}}N(1-\mu^2)}\right]^{\frac{1}{3}}+1} \tag{3-2}$$

$$C = \left[\frac{\left(1-\dfrac{q}{100}\right)}{\left(1+\dfrac{q}{100}\right)^2}\right]^3 \tag{3-3}$$

式中　t——衬管壁厚，mm；

　　　D——内衬管外径，mm；

　　　K——原管道及周边土体对内衬管的圆周支持率，宜取 7.0；

　　　E_{L}——内衬管的长期弹性模量，MPa，此处取英普瑞格 GL16 长期弹性模量 13000MPa；

　　　C——原管道的椭圆度折减系数；

　　　P_{W}——原管道管顶位置处的地下水压力，MPa；

　　　N——管道截面环向稳定性抗力系数，取值不应小于 2.0；

　　　μ——CIPP 内衬管的泊松比，宜取 0.3；

　　　q——原管道的椭圆度，%，可取 2%。

　　　输入对应参数，计算出壁厚如表 3-21 所列。

表 3-21　参数和计算壁厚结果

参数	D_0	μ	K	P_{W}/MPa	E_{L}/MPa	N	t/mm
结果 1	1400	0.30	7.0	0.03	13000	2.0	10.3
结果 2	1350	0.30	7.0	0.03	13000	2.0	10.0

　　　同时，检验内衬软管对过水能力的影响，使用如下公式进行核算：

$$B = \frac{n_{\mathrm{e}}}{n_1} \times \left(\frac{D_1}{D_2}\right)^{\frac{8}{3}} \times 100\% \tag{3-4}$$

式中　B——管道修复前后过流能力比；

　　　n_{e}——原有管道的曼宁系数；

　　　n_1——内衬管的曼宁系数；

　　　D_1——内衬管管道内径，m；

　　　D_2——原有管道平均内径，m。

　　　查 CJJ/T 210—2014 中表 5.3.3 曼宁系数，取内衬管曼宁系数 0.010，水泥管 0.013，计算得出结果如表 3-22 所列。

表 3-22　参数和过水能力结果

参数	D_1	D_2	n_{e}	n_1	B
结果 1	1389	1400	0.013	0.010	127.29%
结果 2	1339	1350	0.013	0.010	127.19%

确定 11.0mm 的壁厚，相对原来管道壁厚损失不到 1%；由于内衬软管内表面摩擦系数小，不但不影响管道的过水能力，相反修复后管道过流能力提升 27%。

3.6.2.3 施工过程

由于此次施工的软管管径大，进入管道的检修井口仅有 60 多厘米，因此下料过程的难度很高；同时天气条件严峻，实测夜间地面温度为 -9℃。再加上夜间施工时间限制严格，晚 21:00 至次晨 5:00 止，施工时只允许占用一个车道，非施工时间必须立即恢复道路畅通，施工的挑战很大。考虑到此次夜间环境温度低，超出软管正常存储温度范围（5～25℃），因此在使用材料前，不宜将材料裸露放在寒冷的外界环境。施工地点距离英普瑞格工厂的车程不到 1h，按照要求，将货物在指定时间发到施工现场，保证软管可折叠的状态。紫外光固化软管施工工艺流程：临排堵水、管道冲洗、缺陷预处理、CCTV 内窥检测、CIPP 紫外光内衬拉入软管、打气送入灯架、开紫外光固化、端头处理、CCTV 内窥检测、验收取样。

首先清洁所有检修井，对待修复管道的上下游和支管，使用带压力显示的封堵气囊进行封堵和排水，在封堵前需对管道进行抽水、通风等措施，做好有毒有害气体检测。再对管道进行冲洗，完成后及时清理掉污水及污物。若有大型砖块等障碍物，宜采取人工进入管道清除处理。该过程要求具有相应资质的施工人员进入下水道内部检查，须确认管内流速不得大于 0.5m/s，水深不得大于 0.5m。例如对于尖锐突出物，采用人工或机械打磨方式去除。

21:00 施工开始前设置区域，同时协调好进场材料货运车、随车吊、固化车辆的进场和离场顺序（图 3-29、图 3-30）。

图 3-29 保护安全施工现场

图 3-30 装载软管的木箱

21:30 检查光固化车的功能，紫外灯架开灯试验，准备扎头以及其他工具（图 3-31、图 3-32）。

此次施工配备拉力为 5t 的卷扬机以及吊机等装备。由于此次材料管径大，将检修井口径拓宽到 1m 以上，方便大管径软管拉入（图 3-33、图 3-34）。

图 3-31　紫外灯开灯试验

图 3-32　准备两端金属扎头

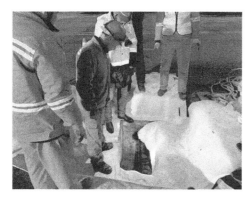

图 3-33　拓宽检修井

图 3-34　卷扬机

22:00 将宽 1.5m 的底膜拉入，拉动底膜并仔细检查底膜是否扭曲，确认铺平后紧紧将底膜固定于地面（软管拉入端），在检修井内安装导向轮。

22:30 将材料折叠到合适的宽度，将钢丝绳拉入并和软管连接，借助绞车牵引机拉入软管，使用前应检查钢丝绳状态，绞动时应慢速转动，当遇阻力时要及时停止，排除故障。

本次修复软管跨 3 个中间井整段修复 Y12～Y16，总长 69.1m，其中 Y13、Y14 管段 11m 处左上角，以及在 Y15～Y16 管段约 13m 处正上方均有暗井。采取在这两处的软管外安装带拉链的扎头布的措施，使得此处软管在打气过程中得到"支撑"（图 3-35、图 3-36）。

图 3-35　拉入底膜

图 3-36　拉入软管

23:30 对两端扎头进行捆绑，进行第一次打气，由于环境温度偏低，软管尺寸大，该过程持续时间较长。待软管撑起，通过灯膜将紫外灯送进软管，该过程需要特别小心不能损伤内膜。完成送灯后，切断空气锁并松开，封上扎头盖板，连接所有空气管路并安装电缆导向轮（图 3-37、图 3-38）。

图 3-37　安装两端扎头

图 3-38　通过空气锁送入灯架

1:30 给软管进行第二次打气加压，该过程缓慢进行，使得内衬软管贴合待修复管道。每次逐渐增加的气压约为 30mbar（1mbar＝100Pa），通过 6～8 次连续增压，直至达到操作压强，保持约 15min。再拉动绳索，将灯架拉到管道的另一端，通过监控屏幕观察软管内部情况（无破损、无扭曲、无褶皱）（图 3-39、图 3-40）。

图 3-39　安装盖板

图 3-40　充气保压

按照英普瑞格安装手册预热紫外灯，第一个灯核的 4 盏紫外灯同时开启，预热 2min，将第二个灯核的 4 盏紫外灯同时开启，同样预热 2min 后，再静止 4min 拉动灯架。起始速度为 0.15m/min，然后灯架速度每分钟增加 0.15m/min，直到 T2 和 T3 的温度符合要求，保持该速度继续固化。紫外光固化过程中，检测到的反应材料温度是最核心的要素，保证材料充分反应，检测到材料的温度在 100～140℃之间；监测温度必须在整个光固化过程实时进行；若超出最佳温度范围，固化巡航速度必须做相应调整

（图 3-41、图 3-42）。

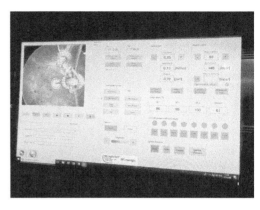

图 3-41 预热紫外光灯   图 3-42 紫外光固化

固化完成后，保持风机继续运行 10min，缓慢降温。去掉两端扎头盖板，使用专门的气动切割设备对内衬管道端部和中间井处进行切割。

5:00 拉出内膜并进行 CCTV 闭路电视检查，撤离现场，恢复交通。

3.6.2.4 结论

UV CIPP 紫外光固化修复技术施工速度快，一般可在 8h 内完成；同时施工噪声小，对环境影响小；并且修复后的管道断面损失小，显著提高原有管道的过水能力。

3.6.3 案例三：DN1800 混凝土管道 CIPP 修复

3.6.3.1 工程概况

修复项目位于广东省深圳市坪山区联坪路，路面常有大型运输车辆通过，由于使用年限较长，管道内部存在多处裂纹以及破损，经过前期的 CCTV 检测，全段管道判定为纵向引裂 2 级，有塌陷风险，亟待整体修复。该段管道管径为 DN1800，材质为混凝土管道，埋深 5m。总长为 256m，坪山区周边雨水管网支线汇聚于该雨水管道后，直接排入坪山河（图 3-43）。

经过前期的 CCTV 检测和预处理，已具备光固化修复条件。项目主体位于交通主干道上，周边为居民楼，紧邻一楼盘施工工地，人流密集，交通复杂。施工现场采用半封闭措施，尽量减少对交通的干预，加强人员引导和指示牌警示。为在施工过程中合理安排使用大型机械的时间，减少路面的占用，将该段管道分成五段，修复时间为 7d。

3.6.3.2 修复材料的计算与设计

考虑到该改修复项目的混凝土管道结构总体完好，能够独立承担结构自重、覆土荷

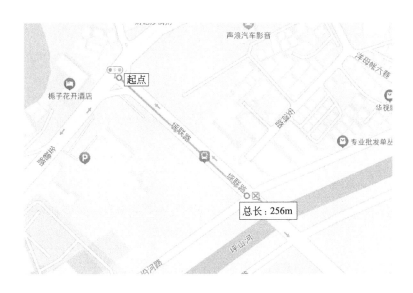

图 3-43 待修复管段所处位置

载、路面活荷载的情况下可采用半结构性修复。雨水管道属于重力流，无真空压力，内衬管在半结构状态下，因现状混凝土管道裂缝，仅承受地下水压力，考虑内衬管壁整体受力情况，壁厚计算如下式所列：

$$t = \cfrac{D}{\left[\cfrac{2KE_LC}{PN(1-\mu^2)}\right]^{\frac{1}{3}}+1} = \cfrac{1800}{\left[\cfrac{2\times7\times5000\times0.836}{0.015\times2\times(1-0.3^2)}\right]^{\frac{1}{3}}+1} = 13.85(\text{mm}) \qquad (3-5)$$

式中　D——内衬管管道外径，mm，取 1800mm；

　　　K——圆周支持率，取值为 7.0；

　　　E_L——内衬管的长期弹性模量，MPa，取短期模量的 50%；

　　　C——椭圆度折减系数，按椭圆度计算，取 0.836；

　　　P——内衬管管中地下水压力，MPa，$P=(0.00981\times1.5)\text{MPa}=0.015\text{MPa}$；

　　　N——安全系数，取值为 2.0；

　　　μ——泊松比，原位固化法取值为 0.3。

玻璃纤维织物内衬软管（俗称玻纤软管）的结构从内到外为透紫外光的内膜，浸渍树脂的多层玻璃纤维织物，防渗外膜，防紫外光外膜。各层结构的铺设幅宽及结构形式如下。

（1）内膜

DN1800 直接选用内膜的幅宽为 2705mm，由于目前碾胶产线幅宽有限，所以将内膜进行折叠处理，叠料方式如图 3-44 所示。

（2）玻璃纤维

设置 10 层玻璃纤维织物，分成两种幅宽，分别为 3300mm 和 2542mm。玻璃纤维叠料方式，玻纤 3300mm，搭接 2542mm 的玻纤，玻纤的叠料的原则是：3300mm 和

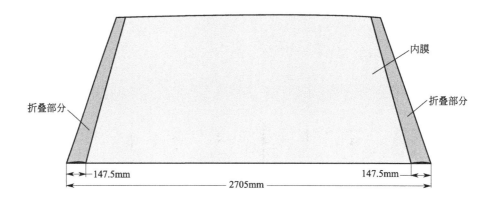

图 3-44　DN1800 内膜叠料方式

2542mm 的搭接的接头，分别是置于内膜上半面和下半面，便于后续施工中更加均匀地膨胀变化，搭接方式如图 3-45 所示。

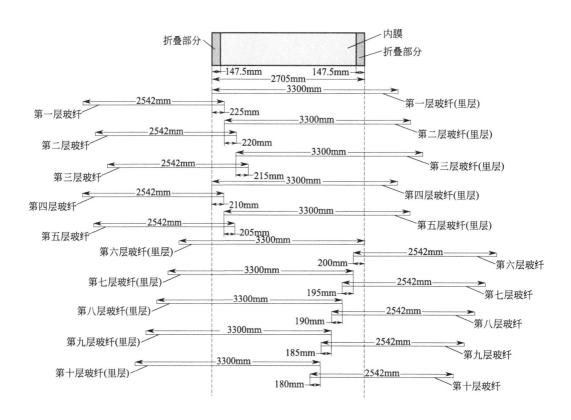

图 3-45　DN1800 玻璃纤维叠料方式（10 层）

（3）防渗外膜

采用 3150mm＋3150mm 的防渗外膜进行焊接，为方便作业和焊接，保证防渗外膜作业完成不影响其强度，防渗外膜的焊接处需离开两侧的边缘至少 300mm 以上，以确保作业和焊接处的稳定性（图 3-46）。

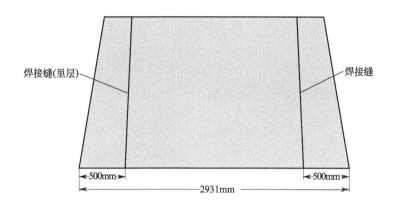

图 3-46　防渗外膜叠料方式

（4）防紫外光外膜

采用 3000mm＋3000mm 的防紫外光外膜进行焊接，为方便作业和焊接，保证防紫外光外膜作业完成不影响其强度，防紫外光外膜的焊接处需离开两侧的边缘至少300mm 以上，以确保作业和焊接处的稳定性，防渗外膜与防紫外光外膜的叠料方式如图 3-47 所示。

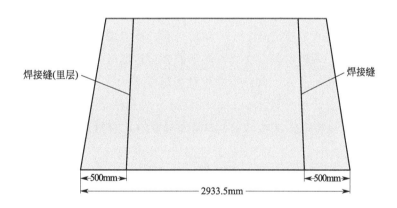

图 3-47　防紫外光外膜叠料方式

综上所述，玻璃纤维内衬软管的规格参数如表 3-23 所列。

表 3-23　玻璃纤维内衬软管规格参数表

规格	层数	内膜幅宽/mm	玻纤规格/mm	外毡宽度/mm	外膜宽度/mm	备注
DN1800	10	2705	3300＋2542	3150＋3150	3000＋3000	玻纤搭接 外膜焊接

本次修复采用的是自主研发的"紫舰系列-DN1800"固化设备车进行施工作业。自主知识产权的新型灯泡、功率新型 DN1800 灯架（单灯功率 1500W，12 个灯头组合）、

三瓣式新型扎头,对比普通紫外灯可提高30％固化效率,同时开发了施工技术参数的自动适配技术和图形化处理技术,使用全新的操作系统和硬件配置,嵌入多模态环境感知信息的采集和处理等集成芯片,大大地提高了DN1800修复的成功率。普洛兰高弹系列内衬软管如图3-48所示。

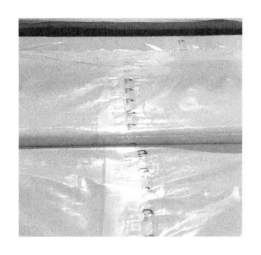

图3-48　普洛兰高弹系列内衬软管

3.6.3.3　施工过程

紫外光固化修复法适用于交通繁忙、新建道路、环境敏感等地区的排水管道的非开挖修复、加固与防渗。该种修复方法具有如下优势:施工时间短,节省资源,从内衬材料运至施工现场、准备、拉入、紫外线固化只需每段5～6h;设备占地面积小,不开挖路面,对交通影响小,现场无需水源;内衬管具有耐腐蚀、耐磨损的优点,使用寿命50年;在管道内30°以内的弧度可以进行少褶皱修复,适合管道截面可为圆形、方形及卵形等特殊形状。

紫外光原位固化修复施工作业流程如图3-49所示,依次为项目中标或签合同,了

图3-49　紫外光原位固化修复通用施工作业流程

解施工图，现场勘察，CCTV 检测，修复施工方案编制，进入施工现场，管道预处理，UV 软管定制，设备材料进场，设备调试，湿软管拉入，安装扎头、拉灯绳，紫外光架进入软管，紫外光固化，管口处理，现场清理，自检。

（1）进入施工现场

进入施工现场后，根据现场环境合理规划施工场地，在作业区域应设置安全警示标志、交通导向标牌等防护设备，在夜间作业时要在作业区域周边明显处设置警示灯。

路面作业时，作业人员应穿戴有反光标志的安全警示服并正确佩戴和使用劳动防护用品；未按规定穿戴安全警示服及佩戴和使用劳动防护用品的人员，不得上岗作业；作业车辆应顺行车方向停泊且在来车方向，打开警示灯、双跳灯，并做好路面围护警示工作（图 3-50）。

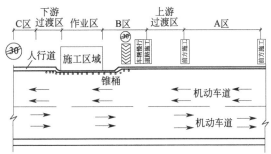

图 3-50　设备材料进场

（2）安全通风

打开两端检查井井盖，在井口处用轴流风机对管线进行强制通风。一侧为供风，一侧为排风。利用气体检测仪检测井内空气质量，确定井内空气质量符合施工人员下井作业要求。

气体检测专员必须在地面进行检测作业；在井内空气质量不达标前严禁施工人员下井作业；下井人员应携带便携式气体检测仪同时对井下空气质量进行检测；应提前对空气检测仪进行校准、检查，确保空气检测质量与真实情况一致。

（3）封堵导水

首先管线内污水进行初步排水（水量较大时需要下游污水处理厂协助降水），使用气囊将上游管道口进行封堵，使其上游污水不再能进入待修管道。然后在上游检查井搭建临时管道向下游管道导水。使用污水泵将管线内部污水进行排空处理，抽出的污水排放至下游管道之中，使管线内部符合内衬施工要求。

（4）管道预处理

抽完管道里面的水以后，开始对管道进行预处理，包括清除管内沉积物、结垢、污物、腐蚀瘤等，消除管道沉降、变形、破损和接头错位等影响固化施工的不利因素。将清理完的垃圾和杂物移出，并分类包装好，然后集中处理。

高压水枪车在清理污泥的时候，一定要将管道内部的杂物彻底地清理干净，如有需要，高压水枪需要多次进行清洗管道，配合污水泵抽出污水，如污泥较多则需使用泥浆泵操作（图 3-51）。

图 3-51　高压水枪车进行管道预处理

（5）设备调试

为保证设备固化期间能稳定运行，固化施工前需选择对应灯架、检查控制系统与发电机情况并结合 UV 设备操作手册进行调试，调试期间需注意以下几点：a. 灯架电缆连接；b. 灯泡、摄像头安装；c. 灯架支腿调试至相应管径；d. 灯泡试灯；e. 观察触摸屏显示温度及各项数据是否正常；f. 摄像头显示是否正常；g. 做好下灯前准备工作。

（6）湿软管拉入

井口防护装置、牵引设备、下料架与滑轮组安装后，铺设垫膜（宽幅是管径周长的1/3）、拆除木箱下料口、拉出软管做多次折叠、捆绑拉料头，使用吊车吊臂将潮湿料缓缓送入工作井。禁止软管玻纤树脂层进水，注意保护外膜，防止外膜划伤破损，软管进入管道需拉直不可淤积，钢丝绳与拉料头必须加装万向旋转器，防止软管在拉的过程中扭转（图 3-52）。

（7）安装扎头、充气加压

扎头安装与拉灯绳替换，要结合试件的制作考虑，结合管道的大小，内衬软管的规格选择对应合适的扎头。待软管顺利拉入管道内部，切除软管多余部分，安装遇水膨胀胶条连接拉灯绳与替换绳。随后捆绑扎头至紧密，并在扎头与原有管道口处的内衬材料划破多个 20～30mm 的小透气口，安装好扎头布，连接气管并充气，替换耐高温拉灯绳（图 3-53）。

图 3-52　湿软管拉入

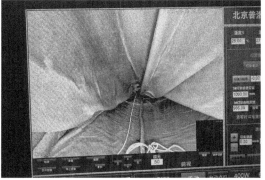

图 3-53　湿软管充气加压

（8）拉入紫外灯架

紫外光灯架进入软管之前应完全组装，紫外光灯的规格与数量需满足固化的需要。紫外光灯架进入软管时应在关闭充气装置后打开扎头端盖，灯架进入软管内的过程需操作人员配合细致，避免灯架将内膜划破或拉灯绳缠绕灯腿导致出现固化过程中的不利因素，下灯前先确保绑好下灯膜，确保灯架电缆及拉灯绳连接完好。随后启动风机并套膜充气下灯，待灯架完全进入到待修复管段内部，安装扎头盖并连接充气管与测压管，安装井口、井下滑轮（图 3-54）。

充气、稳压参照生产厂家提供的安装技术参数表，充气开始阶段以 $0.005 \sim 0.01$ bar/min 的速度增压，直至管内传感器显示压强为 $0.16 \sim 0.18$ bar（1bar $= 10^5$ Pa，下同），稳压时间为 $20 \sim 30$ min，观察扎头捆绑完好。

图 3-54　拉入紫外光灯

（9）紫外光固化

紫外光固化期间，操作人员需严格按照 UV 设备操作规程，结合灯架摄像头与各项传感器数据，掌握实时固化效果。将灯架牵引另一端前，收紧电缆，触摸屏计米数字清零并标记电缆；灯架牵引另一端过程中，仔细观察管内内膜漏气、软管褶皱等状态（内膜漏气会造成玻纤分层、麻面、发白色，软管褶皱，这些问题会造成固化后内衬管验收不合格），发现后要及时处理，直至达到软管固化前的要求，否则停止固化；根据参数表设置固化速度，开灯固化；从第 1 盏灯打开开始，间隔 45s 依次开灯，直至所有灯打开后，灯组速度为 0.10~0.15m/min，然后以 0.10~0.12m/min 的速度，不断增速直到达到 0.3~0.4m/min 的固化速度（实际操作请参考厂家提供的规格对照表）。在到达终点前 1.5m 时，速度以 0.10~0.15m/min 降低，直到到达终点前 1.0m，到达终点检修口，完成固化（图 3-55，书后另见彩图）。

图 3-55　紫外光固化

检查端部是否完全固化后开始行走灯，观察屏幕上灯泡熄灭、气压变化、温度变化与视频图像并记录储存。电缆标记与触摸屏的数据剩余 0.5～1m 时，采用人工拉电缆，直至结束管端完全固化；固化完成后，关灯，收缩灯腿，气压应按照 0.04～0.05bar/min 的速度降压。

（10）端头处理

固化完成后去除扎头同时取出灯架，将管口多余部分切除整齐，并应露出管口 30～50mm，取出内膜，做好内衬管与原管道管口密封。期间需对固化后的管道切片取样。针对内衬管突发情况做好预案（图 3-56）。

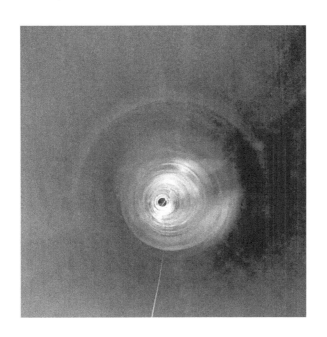

图 3-56　紫外光固化后效果

（11）现场清理

施工完成后，对灯架、扎头、工具等清理清点，关闭控制柜、发电机；施工完成后，对现场进行清理，恢复原有路面状况，撤离现场。

3.6.3.4　施工总结

当大于 DN1500 的材料施工时，在开始阶段向软管内少量充气，在能够拉紧紫外光灯架时，迅速拉出全部牵引绳；再次充气时，控制好充气速率，若充气过快，由于软管顶部和底部的膨胀速率不同，将会导致软管出现大量纵向的淤痕。

同时，在大管径管道吹气时，一定要控制好充气的速率，参照生产厂家提供的安装技术参数表，如果为了施工效率过快充气则会造成上部和下部的玻纤的膨胀的速率不一样，上部的玻纤已经膨胀开了，但是下部的玻纤仍然淤积，从而造成下部出现大量纵向的淤痕。

DN1800 管径国产化施工在该地区尚属首例，超大口径需要材料有很好的弹性模量和弯曲强度，产品采用进口原材料和定制化工业设计，充分考虑不同环境下的运输和使用要求，在分层灌胶等工艺做了充分的改进和测试。同时，我们在现场施工打压过程中以循序渐进的方式进行逐级调压，对管内压力进行实时监控，以保证深圳 DN1800 雨水管道项目的顺利完工。大管径大壁厚的修复也给非开挖修复行业积累了大量的施工数据，为后续的大管道施工提供了坚实的基础。

参考文献

[1]   CJJ/T 210—2014. 城镇排水管道非开挖修复更新工程技术规程 [S]. 中华人民共和国住房和城乡建设部.

[2]   马保松. 非开挖管道修复更新技术 [M]. 北京：人民交通出版社，2014.

[3]   李子朋. 吕耀志. CIPP 内衬管屈曲临界荷载分析 [J]. 非开挖技术，2021（000-004）.

[4]   T/CUWA 60052—2021. 城镇排水管道原位固化修复用内衬软管 [S]. 北京：中国标准出版社，2022.

[5]   STM F1216. Standard practice for rehabilitation of existing pipelines and conduits by the inversion and curing of a resin-impregnated tube [S]. ASTM International，2016.

[6]   ASTM F 1743. Standard practice for rehabilitation of existing pipelines and conduits by the in-place installation of cured-in-place thermosetting resin pipe (CIPP) [S]. ASTM, Philadelphia, PA, USA.

[7]   ASTM F 2019. Standard practice for rehabilitation of existing pipelines and conduits by the pulled in place installation of glass reinforced plastic cured-in-place (GRP-CIPP) using the UV-light curing method [S]. ASTM, Philadelphia, PA, USA.

[8]   T/CECS 559—2018. 城镇给水排水管道原位固化法修复工程技术规程 [S]. 中国工程建设标准化协会.

[9]   曹井国，张文宁，杨婷婷，等. 城镇排水管道原位修复内衬软管产品标准研究 [J]. 中国给水排水，2019（02）.

[10] 田琪，叶建州，闻雪，等.《城镇排水管道原位固化修复用内衬软管》团标解读 [J]. 中国给水排水，2022，38（08）：108-113.

[11] 田琪，曹井国，杨宗政，等. 浅析紫外光固化修复技术国内外标准 [J]. 非开挖技术，2021（2）：40-45，14.

[12] 石东优，张军，曹井国，等. 城镇排水管渠原位固化内衬管树脂浸润特性研究 [J]. 天津建设科技，2021，31（03）：1-6.

[13] 周永娜. 原位固化法（CIPP）软管浸渍树脂过程控制研究 [J]. 四川建材，2020，46（09）：174-175.

[14] 张文宁. 排水管道原位修复无纺布内衬软管制备与性能研究 [D]. 天津：天津科技大学，2019.

[15] 石东优. 排水管道原位修复内衬软管制备及应用研究 [D]. 天津：天津科技大学，2020.

[16] 曹井国，张文宇，贾挺挺，高留意，张大群. 原位固化无纺布软管的力学性能研究 [J]. 特种结构，2018，35（01）：64-67.

[17] 曹井国，石东优，董泽樟，等. 翻转式原位固化（CIPP）技术用于城市排水管道修复 [J]. 中国给水排水，2021，37（06）：128-133.

[18] DB33/T 1076—2011. 翻转式原位固化法排水管道修复技术规程 [S]. 浙江省住房和城乡建设厅.

[19] 褚同伟. 非开挖管道修复技术在市政管道改造中的应用 [J]. 城镇供水，2018（05）.

[20] T/CECS 717—2020. 城镇给水排水管道非开挖修复工程施工及验收规程 [S]. 北京：中国建筑工业出版社，2020.

第4章
机械制螺旋缠绕修复技术及材料

4.1　机械制螺旋缠绕修复技术

机械制螺旋缠绕法发明于 1985 年，最初是由东京城市排水服务公司（TGS）、Sekisui Chemical 公司和 Adachi Construction & Industry 公司在 TMG 的指导和合作下共同开发的一种排水管道修复工法[1]。1985 年，三个研发单位对该工法开始联合研究，1986 年，排水管道更新方法研究小组成立，正式进行了实地测试。1987 年，该工法可修复 DN250～800 的排水管道，1988 年可修复 DN900～1200 的排水管道，1989 年可修复 DN1200～1350 的排水管道。

最初，螺旋缠绕法只能通过顶进式进行施工，在检查井内设置一台顶进式缠绕机，将滚筒中抽出的型材缠绕成一个内衬管，并向前推进到原有排水管道内部。

随着小直径管道修复项目数量的增加，对大直径管道修复技术的需求也逐渐增长，1994 年，随着大直径管道修复技术的研究和发展，开发了一种适用于 DN1650～2200 管道的新技术，称为"超级 SPR 工艺"，为了提高内衬管的刚度，用钢带对 PVC-U 型材进行加固。

在顶进法中，螺旋缠绕内衬管被顶入原有管道，因此限制了修复管道的长度和直径。为此，进一步研究开发了一种移动式缠绕机，在将型材缠绕成衬管的同时自行向原有管道内部推进。

1998 年，移动式螺旋缠绕法开发完成，并在排水管道修复项目中得到应用，不仅可以修复圆形结构，还可以修复矩形、马蹄形等形状的排水管道。目前，移动式螺旋缠绕法可用于修复宽达 6m，高达 3m 的矩形排水管道。在移动式螺旋缠绕法中，边缘连接装置的运动路径由与现有管道内部空间相适应的轮廓框架引导。

随着螺旋缠绕法的发展，现有管道与内衬管之间的环形空间内的注浆液也得到了发展，注浆液要高强度，要有足够的流动性、抗离析性、抗收缩性和与旧混凝土良好的黏合性。

在全球范围内，螺旋缠绕法已广泛应用于排水管道修复项目，包括大直径、自由截面以及弯曲管道。目前，螺旋缠绕法已在亚洲、欧洲、北美多个国家获得批准和施工许可。天津倚通是国内首批引进螺旋缠绕设备和材料并进行国产化的国内企业。

4.1.1 螺旋缠绕工艺介绍

螺旋缠绕内衬法（spirally wound lining，简称缠绕法）是使用带联锁边的加筋PVC或PE条带在原有管道内部螺旋缠绕制成管道形状，随后在缠绕管与原有管道之间的环形间隙灌浆，形成复合管道，从而实现旧管道修复目的的方法。该方法适用于结构性或非结构性的修复，多用于下水管道的修复。目前主要有固定直径法、扩张工艺和自行式缠绕机 SPR 工艺三种工法。

（1）固定直径法

固定直径法是将带状聚氯乙烯（PVC）型材（图 4-1），通过专用的缠绕机，在原有的管道内螺旋旋转缠绕成一条固定直径的新管，并在新管和原有管道之间的空隙灌入水泥砂浆。所用型材外表面带有 T 形肋，以增加其结构强度和刚度，而作为新管内壁的表面则光滑平整。型材两边各有公母锁扣，型材边缘的锁扣在螺旋旋转中互锁，在原有管道内形成一条连续无缝的结构性防水内衬管。

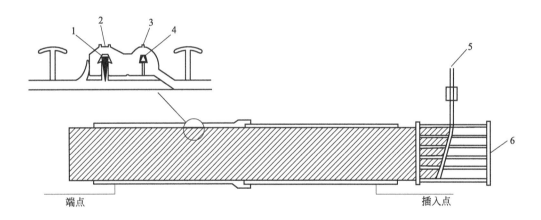

图 4-1　固定直径机械制螺旋缠绕工法

1—密封胶；2—主锁扣；3—次锁扣；4—黏结剂；5—型材；6—缠绕机

（2）扩张工艺

扩张工艺（图 4-2）是将带状聚氯乙烯（PVC）型材通过专用的缠绕机，在原有的管道内螺旋旋转缠绕成一条内衬管。型材两边各有公母锁扣，型材边缘的锁扣在螺旋旋转中互锁，在原有管道内形成一条连续无缝的结构性防水内衬管。当一段扩张管安装完毕后，通过拉动锁扣内预置钢线，将二级锁扣拉断，使新管径向扩张，直到新管紧紧地贴在原有管道的内壁上（图 4-3）。

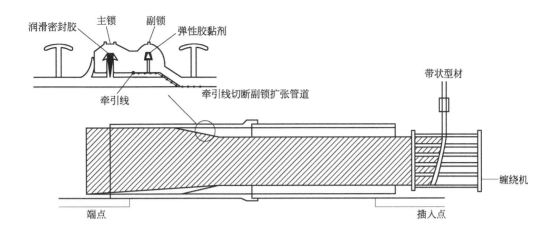

图 4-2　可扩张机械制螺旋缠绕工法

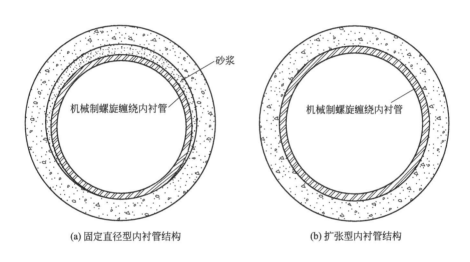

(a) 固定直径型内衬管结构　　　　　(b) 扩张型内衬管结构

图 4-3　扩张前后管道内视图

（3）自行式缠绕机 SPR 工法

自行式缠绕机 SPR 工艺（图 4-4）中，导向框架根据管道的内径尺寸和形状设计，滚轮系统沿着框架行走，液压马达推动带状型材送进并使型材互锁[2]。

4.1.2　螺旋缠绕技术优点

缠绕法主要用于修复排水管道，缠绕法的优点如下：

① 可长距离施工，施工速度快，所需设备可放置在卡车上，便于移动。一般情况下无需开挖，只需利用现有检查井，对周边环境的影响小。

② 耐腐蚀，缠绕带为 PVC 或 PE 材料，抗化学腐蚀能力强。

③ 流动性好，修复后 PVC 内表面的平均粗糙度系数只有 0.001，补偿了管径减小导致的流量降低，修复后能达到主管道原来的输送能力。

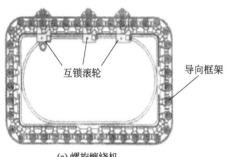

(a) 螺旋缠绕机

(b) 施工现场

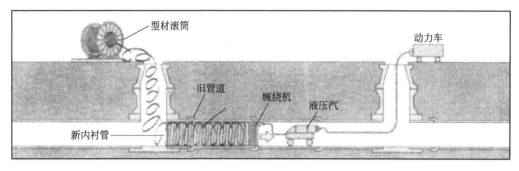

图 4-4　自行式缠绕机 SPR 工艺

④ 管道可带水作业，水流低于 30％管道截面通常可正常作业。新管道与原有管道之间可不注浆，形成了复合管结构，PVC 肋骨在注浆之后与主管道间形成增强的黏结体，缠绕管、肋骨和主管道共同承载外力；

⑤ 防渗性好，每一圈缠绕带间有严密的机械锁定，注浆后，缠绕带和旧管道间密封性能好；

⑥ 抗震性好，缠绕形成的复合结构具有较好的强度与韧度，能够抵抗震动；

⑦ 延长了管道寿命，缠绕管的寿命可达 30 年以上。

4.1.3　主要施工设备

主要施工设备见表 4-1[3]。

表 4-1　主要施工设备

序号	机械或设备名称	数量	主要用途	备注
1	闭路电视检测系统	1 套	用于施工前后管道内部的情况确认	
2	发电机	1 台	用于施工现场的电源供应	
3	鼓风机	1 台	用于管道内部的通风和散热	
4	空气压缩机	1 台	用于施工时压缩空气的供应	
5	液压动力装置	1 台	用于向专用缠绕机提供动力	

序号	机械或设备名称	数量	主要用途	备注
6	密封剂泵	1台	用于将润滑密封剂注入主锁中	
7	专用缠绕机	1台	用于在入孔井中制作新管	
8	缠绕模具	多头	用于控制不同口径的新管	
9	电子自动控制设备	1台	用于控制设备	
10	输送型材装置	1台	用于输送型材	
11	拉钢线设备	1台	用于卷入高抗拉的预处理钢线	
12	滚筒和支架	1台	用于放置型材	
13	钢带机	1台	用于钢带的制作	
14	电动提升机	1台	用于缠绕模具下井安装	
15	三相水泵	2台	用于水位过高时临时降水	
16	其他设备	1套	用于施工时的材料切割等需要	
17	长管呼吸装置	1套	用于保证施工人员的安全	

4.2 机械制螺旋缠绕修复材料

4.2.1 聚氯乙烯（PVC）带状型材

ASTM F1697 和 F1741 给出了 PVC 带状型材结构（见图 4-5～图 4-7），将 PVC 带状型材分为 A 型和 B 型结构；A 型分为扩张型和固定直径型；B 型是标准带状型材[4,5]。其中 A 型可扩张型内安装有牵引线，其主要作用是在未拉出时对内衬管起牵制作用，使其保持原有管径，拉出时割断副锁，主锁向后滑动使得内衬管扩张并紧密贴合原管道。也可参见附图 4X-1、附图 4X-2、附表 4X-1、附表 4X-2。

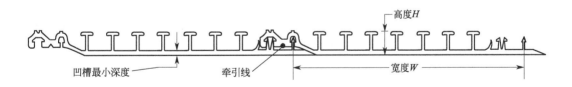

图 4-5 扩张型带状型材剖面结构（双锁扣）

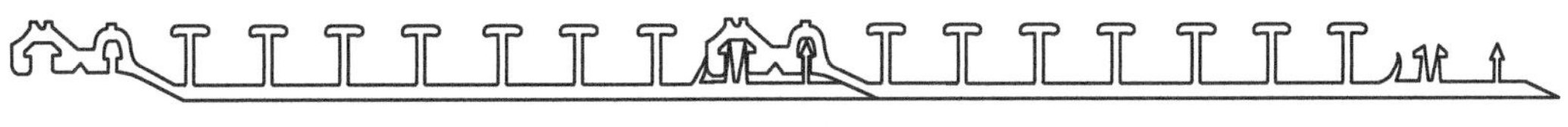

图 4-6 固定直径带状型材剖面结构（双锁扣）

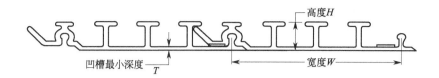

图 4-7　标准带状型材剖面结构（单锁扣）

ASTM F1697 给出 A、B 两种型号，共计 12 种尺寸的带状型材参数，包括最小宽度、高度、凹槽深度、刚度系数等。施工方对任何管道修复都有与之相适应的型材尺寸可供参考。可以看出带状型材的高度与刚度系数成正比（表 4-2）。

表 4-2　A 型和 B 型材料剖面尺寸和刚度系数

型号	型材种类	最小宽度 W/mm	最低高度 H/mm	凹槽最小深度 T/mm	最小刚度系数 /(MPa·mm³)
A 型	1	51.0	5.5	1.60	$21.2×10^3$
	2	80.0	8.0	1.60	$63.4×10^3$
	3	121.0	13.0	2.10	$242.7×10^3$
	4	110.0	12.2	1.00	$180.8×10^3$
	5	203.2	12.4	1.50	$180.8×10^3$
	6	304.8	12.4	1.50	$180.8×10^3$
B 型	1	81.0	8.10	1.44	40955
	2	78.3	10.71	1.62	84127
	3	72.0	14.67	2.34	219900
	4	71.1	19.35	3.06	448656
	5	71.28	28.53	3.69	1594900
	6	91.44	14.22	1.44	171042

ASTM F1697 规定聚氯乙烯（PVC）型材应符合 D1784 的分类中 13354（A 型）或 12344（B 型）的要求，不同类型 PVC 带状型材的尺寸大小和刚度系数要求如表 4-3 所列。

表 4-3　硬质聚氯乙烯的质量要求标准对比

标准	弹性模量	拉伸强度	断裂伸长率	弯曲强度
ASTM D1784	≥1930MPa	≥34.5MPa	—	—
ISO 11296-7—2019	≥2000MPa	≥35MPa	≥40%	—
T/CECS 717—2020	≥2000MPa	≥35MPa	≥40%	58kPa

总体来看，美国标准并未对材料断裂伸长率和弯曲强度做出明确规定，国内标准要

求较为全面，且在弹性模量、拉伸强度、断裂伸长率和弯曲强度上均略高于美国标准。国标 T/CECS 717 是 2020 年发布的最新标准，结合了国内外工程实践和我国国情所制定的质量要求标准。

4.2.2　钢带

ASTM F1697 规定机械制螺旋缠绕增强钢带应由镀锌钢或不锈钢制成，并符合 A879/A897M、A924/A924M、A653/A653M 的规定。镀锌钢具有较强的力学性能，耐腐蚀、耐热、耐冲击，从而增加了修复材料的拉伸强度。T/CECS 717 规定增强型钢带材质为不锈钢，Ni 含量大于 1%，弹性模量大于 193GPa[6]。

机械制螺旋缠绕钢带的结构有两种，分别如图 4-8 和图 4-9 所示。

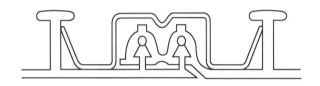

图 4-8　M 型钢加固带

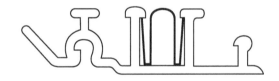

图 4-9　W 型钢加固带

4.2.3　密封胶和胶黏剂

ISO 11296-7 规定胶黏剂由 PVC 带状型材制造商提供[7]。胶黏剂不得对螺旋缠绕管的性能产生不利影响，也不得引发修复管道质量缺陷。ASTM 标准中则未对密封胶和胶黏剂进行规定。胶黏剂还可参考国内标准 QB/T 2568—2002 硬聚氯乙烯（PVC-U）塑料管道系统用溶剂型胶黏剂[8]。

4.2.4　注浆材料

ASTM F1741 规定注浆材料包括硅酸盐水泥、水和制造商推荐的粉煤灰、石灰、外加剂、膨润土和砂子（其中除硅酸盐水泥和水以外任何成分比例都可为零）。T/CECS 717 规定采用钢塑加强法工艺时，注浆材料中使用的水泥应符合《通用硅酸盐水泥》（GB 175）的有关规定。采用自行式螺旋缠绕 SPR 法时，注浆材料性能应符合《水泥基灌浆材料应用技术规范》（GB/T 50448）的规定。

4.3 螺旋缠绕关键材料——PVC 带状型材

4.3.1 带状型材的原料选择

带状型材挤出成型生产前要核实一下材料的牌号及生产厂，检查是否符合生产工艺要求。聚氯乙烯热稳定性差，塑化熔融加工温度很窄，主原料中必须加入一定比例的稳定剂、润滑剂、增塑剂等辅助材料，否则将无法使其挤出成型。原料必须过筛清除杂质，多组分要混合搅拌均匀。

具体来说，挤出成型带状型材前，需要进行原料验收检查、筛选、干燥、辅助料细化研磨，以及组合料混合搅拌等工作。

4.3.1.1 原料的验收

原料的验收工作是型材生产原料准备的第一道工序。验收工作包括下列内容[9]：

① 根据挤出机挤出型材用原料的工艺要求，核实进厂原料的名称、牌号及数量，查看是否与带状型材要求的工艺参数条件相符；

② 抽检原料的外观质量，如原料的色泽、颗粒大小的均匀性等；

③ 抽查原料是否纯净、有无杂质；

④ 检查原料的包装是否完好；

⑤ 抽样检验原料的熔体流动速率、含水量等与工艺条件有关的原料性能参数；

⑥ 抽样验证原料的密度、玻璃化温度及成型收缩率，查看是否与设计原料的性能相符。

4.3.1.2 硬质聚氯乙烯带状型材原料配方

进行硬质聚氯乙烯带状型材成型用料组合配方选择时应注意下列几点：

① 选用悬浮法疏松型聚氯乙烯 SG4～SG6 型树脂；

② 一般不加增塑剂，以避免降低制品的耐热性和耐腐蚀性；

③ 为了抑制 PVC 树脂因在塑化成型和使用中受热、受光作用而引起降解和变色，配方中必须加热稳定剂和二碱式亚磷酸铅等光稳定剂，稳定剂用量小于 1%（质量分数）；

④ 为防止 PVC 树脂熔体与设备工作表面黏附，方便熔体加工，提高加工速率，配方中必须加入硬脂酸或石蜡润滑剂；

⑤ 加入填料能提高型材硬度，方便工艺控制，使熔料容易成型；要求韧性较好的制品中加入填料，以降低制品收缩率；要求流动性好、抗冲击韧性高时，一般加入钛白粉填料；

⑥ 对于一些有特殊要求的型材配方，还要加入一些专用改性剂，如用于排污的管道，为提高螺旋缠绕型材的抗冲击韧性，应加入抗冲击改性剂。

4.3.1.3　配方设计

硬质 PVC 是一种多组分塑料，对其配方的设计是一项较复杂的技术工作，它涉及主要原料和辅助料的应用性能、型材规格和质量、生产设备、模具及各种生产辅助设备的使用性能与聚氯乙烯生产工艺及工艺参数的控制等各方面因素。所以，要求聚氯乙烯带状型材用料配方设计人员对原料、设备和生产工艺等都有较全面、系统的了解，既要有较全面的理论知识，又要有生产实际工作经验。这样的用料配方设计人员，能从原料、设备及工艺等各方面因素考虑，设计出较合理的用料配方。

带状型材用料配方设计应注意下列几点。

① 配方设计前，要了解带状型材的使用条件，分清型材质量要求条件中的主次项目。在满足其质量要求的情况下，尽量选用原料来源方便、料源充足、售价低、性能比较稳定的原料组成配方。

② 拟选用的原料要注意到各原料间的相互影响和工艺操作的可行性[9]。例如，为了保证型材有较好的机械强度，准备选用分子量较高的 PVC 树脂，这时要注意这样的原料生产时需要较高的工艺温度，会给生产操作带来一定的难度，增加制造成本，因此设计配方时应注意配方中的用料选择一定要全面衡量，不要片面强调某一点而忽略原料间的相互影响。

③ 注意配方中原料对工艺操作条件的要求是否苛刻，那些对工艺温度变化敏感，不易与其他原料混合、容易分解、析出的原料应尽量少用或不用。

4.3.1.4　配方的应用

设计完成的聚氯乙烯带状型材用料配方，工艺技术设计人员考虑了多方面因素，理论上讲是按最佳方案条件确定的配方，但配方的操作生产可行性如何、型材是否能达到质量要求条件，这些还要通过生产实践去验证考核。通常按下列程序进行。

① 首先在试验室挤出机上按生产工艺条件试生产型材小样，对其进行检测，找出样品质量与设计要求的质量间的差距，不足之处重新调整修改配方（反复几次试小样、检测），直至完全达到产品质量要求。

② 通过试生产型材小样验证修改后的配方，可批量生产制品投入市场。通过一段时间对带状型材的使用，可验证其质量的稳定性，再结合用户对修复后管道服役状况的反馈意见，再一次适当调整配方，最后这个配方才是聚氯乙烯螺旋缠绕型材用料较成熟的配方。

对于采用上述方法确定的、笔者认为较成熟的配方，配方设计者应注意：这个配方并不是唯一理想的配方，配方设计者要经常注意对新产品原料和代用品原料的应用。因此，对于一个年产几千吨甚至几万吨的企业，每一项小的工艺调整变化，每一个配方用料调整都可为企业节省几万元甚至几百万元，为企业带来可观的经济效益。

4.3.1.5　原料的配色

挤出成型带有颜色的塑料制品时，原料的配色方法有浮染着色法、色母料着色法和液态色料着色法三种。

（1）浮染着色法

浮染着色法中，首先把 PVC 树脂、颜料和分散剂按一定比例要求计量，然后把树脂和分散剂混合搅拌均匀，再把颜料和搅拌掺混均匀的树脂料加入到混合机内，搅拌混合均匀后投入到挤出机中生产。

注意：主原料树脂中加入颜料量应不超过树脂主原料质量的 2%～3%、分散剂（白油或松节油）的加入量约占树脂质量的 1%。

（2）色母料着色法

色母料是指此种颜色的浓色颜料。色母料着色法是把主原料与色母料按一定比例配比，经计量后混合，搅拌均匀后再投入生产。这种既方便、清洁，又经济的染色操作，目前已得到广泛应用。

为了保证带色塑料制品的质量和得到较好的染色效果，采用色母料染色配料生产时应注意下列几点：

① 为了使颜料进入机筒内能尽快地熔化扩散、与原料较好地掺混，应使机筒的加料段温度比塑化不带颜色的 PVC 树脂所用温度略高些；

② 为了改善原料塑化混炼质量，应适当提高螺杆混炼塑化原料时的背压力；

③ 对几种色母料的混合、配比和计量，要认真审核和计量；

④ 注意降低和保持机头口模内表面粗糙度数值，以达到型材表观色泽的最佳效果。

（3）液态色料着色法

液态色料着色法与浮染着色法比较，其主原料与颜料的配比虽然相同，但液态法着色的生产操作环境较好，没有颜料的飞扬，也减少了对环境的污染，染色制品的质量又可得到较好的保证。

液态色料着色法的配色操作顺序为：把颜料和分散剂（PE 蜡）按配比要求计量→混合→加热搅拌均匀→在三辊研磨机上把混合均匀的色浆颗粒磨细→把研磨细化的色浆与树脂按配比计量、加入混合机、混合搅拌均匀→投入挤出机中生产。

PVC 树脂与颜料的混合，可使用混合机。混合机的规格选用，应视成型机（挤出机或注射机）生产用料量而定。

4.3.2　带状型材用原料和助剂

根据聚合方法，分为悬浮法聚氯乙烯、乳液法聚氯乙烯、本体法聚氯乙烯、溶液法聚氯乙烯。悬浮法聚氯乙烯是目前产量最大的一个品种，占 PVC 总产量的 80% 左右。根据螺旋缠绕内衬修复型材的性能要求，通常选用 SG4～SG6 型 PVC 树脂（表 4-4）。

表 4-4　PVC 型号及用途 [《悬浮法通用型聚氯乙烯树脂》（GB/T 5761—2018）]

型号	聚合度	K 值	用途
SG-1	1800～1650	77～75	高级绝缘材料
SG-2	1650～1500	75～73	绝缘材料、软制品

型号	聚合度	K 值	用途
SG-3	1500～1350	73～71	绝缘材料、膜、鞋
SG-4	1350～1200	71～69	膜、软管、人造革
SG-5	1150～1000	68～66	硬管、型材
SG-6	950～850	65～63	硬管、纤维、透明片
SG-7	850～750	62～60	吹塑瓶、透明片、注塑

（1）悬浮法聚氯乙烯

悬浮法聚氯乙烯树脂结构分紧密型和疏松型两种，目前应用的聚氯乙烯树脂都是疏松型结构。国内引进氯碱装置生产的聚氯乙烯树脂是按聚合度大小来命名树脂的牌号的。

性能特征如下：

① 外观为白色无定形粉末，粒径在 $60～250\mu m$ 范围内，堆密度为 $400～600kg/m^3$，制品密度硬质为 $1.4～1.6g/cm^3$，软质为 $1.2～1.4g/cm^3$；

② 聚氯乙烯没有明显的熔点，在 $80～85℃$ 开始软化，$130℃$ 左右变为黏弹态，$160～180℃$ 变为黏流态，分解温度为 $200～210℃$，脆化温度为 $-60～-50℃$；

③ 对光和热的稳定性差，在 $100℃$ 以上或长时间阳光暴晒下会分解产生氯化氢；

④ 与其他类热塑性塑料相比，有较高的机械强度，耐磨性能超过硫化橡胶，硬度和刚性优于聚乙烯；

⑤ 难燃烧，离开火源能自熄；

⑥ 介电性能很好，对直流、交流电的绝缘能力与硬质橡胶相似，是一种介电损耗较小的绝缘材料；

⑦ 不溶于水、酒精、汽油，在醚、酮、氯化脂肪烃和芳香烃中能膨胀和溶解；在常温下耐不同浓度盐酸、90% 以下的硫酸、$50\%～60\%$ 的硝酸及 20% 以下的烧碱溶液，对盐类相当稳定。

（2）PVC 的成型工艺特点

聚氯乙烯树脂成型制品时需要有多种助剂加入到树脂中，否则聚氯乙烯树脂将无法生产成型任何一种制品。生产时树脂内加入不同类型和数量的助剂，其塑化熔融时的工艺条件和成型塑料制品的性能也就各有特点，挤出硬聚氯乙烯型材时应注意下列几点：

① 聚氯乙烯树脂的吸水性较小，如果原料出库包装袋完好，制品成型无特殊要求，树脂投产前一般不需要干燥处理；

② 树脂中加入不同量的增塑剂，可使型材性能有较明显的改变；

③ 聚氯乙烯树脂在高温环境中塑化时没有明显的熔点温度，在 $80℃$ 以上温度开始变软，在 $130℃$ 左右呈高弹态，在 $160℃$ 以上呈黏流态，在 $200～210℃$ 时开始降解变色，同时逸出腐蚀性气体 HCl；

④ 对于硬质聚氯乙烯型材的成型生产，为改善熔料的流动性，原料塑化温度较高；

但要注意原料配方中选用高效稳定剂；同时，为避免出现熔体破裂现象，必要时应适当降低运行速度；

⑤ 生产中注意，某些金属离子和氧会促使树脂降解，在高温条件下会更明显；

⑥ 聚氯乙烯加工塑化生产过程中分解出的 HCl 气体，对模具和设备有腐蚀性，应选用耐高温、不变形、耐腐蚀的合金钢材制造设备和模具。

4.3.2.1 PVC 热稳定剂

钙锌稳定剂通常分为固体钙锌稳定剂与液体钙锌稳定剂。钙锌稳定剂由钙盐、锌盐、润滑剂、抗氧剂等为主要组分采用特殊复合工艺而合成。它不但可以取代铅镉盐类和有机锡类等有毒稳定剂，而且具有相当好的热稳定性、光稳定性和透明性及着色力。实践证明，在 PVC 树脂制品中加工性能好，钙锌复合热稳定作用相当于铅盐类稳定剂，是一种良好的无毒稳定剂。

（1）固体钙锌稳定剂

钙锌稳定剂外观主要呈白色粉状、片状、膏状。粉状的钙锌稳定剂是作为应用最为广泛的无毒 PVC 稳定剂使用，常用于食品包装、医疗器械、电线电缆料等。目前国内已经出现可用于硬质管材的 PVC 钙锌稳定剂。

粉状钙锌稳定剂的热稳定性不如铅盐，自身具有一定的润滑性、透明性差、易喷霜等特点。为了提高其稳定性及透明性，常常加入受阻酚、多元醇、亚磷酸酯与 β-二酮等抗氧剂来改善。钙锌稳定剂的两大体系主要分为水滑石体系和沸石体系。

（2）液体钙锌稳定剂

液体钙锌稳定剂外观主要呈浅黄色油状液体。粉体与液体的稳定性的差别不大，液体钙锌稳定剂通常具有较大的溶解度，并且在 PVC 树脂粉中有良好的分散性，对透明度的影响也远远小于粉体稳定剂。但是液体稳定剂存在析出的风险较大，需要选择适合的溶剂。液体稳定剂通常用于增塑剂总量大于 $10\sim20$phr❶ 的 PVC 制品。

金属皂类及助剂在溶剂中有较大的溶解度；低挥发性、高闪点、低黏度、无色或浅色、无异味、无毒或低毒。值得注意的是，部分溶剂存在多环芳烃，根据《德国食品和商品法（LMBG）》第 30 节的相关规定，PAH 总量的最大允许限量是 10mg/kg，苯并芘的最大允许限量是 1mg/kg，欧盟一些国家也准备采用此标准。辅助稳定剂本身并不具备热稳定功能，但是它能改善稳定效率，因为没有镉单组分辅助，主要的亚磷酸酯类、环氧化合物和酚类抗氧化剂、β-二酮等辅助物质就显得尤为重要。

4.3.2.2 PVC 润滑剂

润滑剂是在塑料加工中保证制品顺利脱模的助剂，防止在挤出机内或模具内因黏着而产生缺陷，一般加在塑料中或口模表面。常用润滑剂有脂肪酸及其盐类，长链脂肪烃。根据润滑剂作用的机理不同可分为外润滑剂和内润滑剂。

---

❶ phr 指每 100 份中添加的含量。

① 外润滑剂：这种润滑剂与 PVC 树脂的相容性较差，因此常用在挤出机或模具上，它与树脂之间形成一润滑层，便于树脂流动和制品脱模，如石蜡。

② 内润滑剂：此类润滑剂与树脂的相容性好，常掺入树脂之中，降低树脂的熔体黏度，改善其流动性，如硬脂酸丁酯等。硬脂酸盐类既是良好的润滑剂，又是有效的稳定剂。

4.3.2.3　PVC 抗冲助剂

氯化聚乙烯（CPE）是用 HDPE 树脂经氯化制成的白色粉末产品，主要采用水相悬浮法生产。早在 1960 年就有美国、德国、日本等国家相继投产了 CPE 产品，并广泛用于塑料和橡胶行业。我国从 1976 年着手 CPE 的开发和应用。最早是安徽化工研究所，芜湖化工厂、星火化工厂、潍坊化工厂等先后试产了 CPE，对 PVC 的抗冲改性起了关键作用，从而拓宽了 PVC 的应用。后期又有淄博塑料助剂厂、临朐化工厂等十几个工厂投产了 CPE 产品。到目前我国约形成 15000 吨/年的 CPE 生产能力，基本能够满足我国 PVC 型材、管材、板材等行业的需求。

4.3.3　硬 PVC 的共混改性

聚氯乙烯（PVC）是一种用途广泛的通用塑料，其产量仅次于聚乙烯而居于第二位。PVC 在加工应用中，因添加增塑剂量的不同而分为"硬制品"与"软制品"。其中，PVC 硬制品又称硬质 PVC 制品，不添加增塑剂或只添加很少量的增塑剂。硬质 PVC 若不经改性，其抗冲击强度甚低，无法作为结构材料使用。因而，带状型材使用的硬质 PVC 都要进行增韧改性。增韧改性以共混的方式进行，所用的增韧改性聚合物包括氯化聚乙烯（CPE）、MBS、ACR、EVA 等。

此外，为改善 PVC 的热稳定性，需在 PVC 配方中添加热稳定剂；为降低成本，需添加填充剂等。这些也可视为广义的共混。

（1）PVC/CPE 共混体系

在 PVC 硬制品中添加 CPE，主要是起增韧改性的作用。CPE 是聚乙烯经氯化后的产物。氯含量为 25%～40% 的 CPE 具有弹性体的性质。其中，氯含量为 35% 左右的 CPE 与 PVC 的相容性较好，可用于 PVC 的共混改性。通常采用氯含量为 36% 的 CPE 作为 PVC 的增韧改性剂[10]。在 PVC/CPE 共混体系中，体系的组成、共混温度、共混方式、混炼时间等因素都会影响增韧效果。据刘晓明等的研究结果，当 CPE 的用量为 10 份，即 PVC/CPE＝10/1 时，在 160℃ 条件下用开炼机进行混炼，获得的 PVC/CPE 共混物具有较高的抗冲击性能。

作为相容剂的应用，由于 PE 在氯化时，反应主要发生在非晶区，所以 CPE 是由含氯较高的链段与含氯较低的链段组成的。其中，含氯较高的链段与 PVC 的相容性较好；含氯较低的链段则与聚烯烃等非极性聚合物相容性较好。CPE 的这一特性，使它不仅可以单独与 PVC 共混，而且可以与 PVC 及其他聚合物构成三元共混体系，譬如 PVC/CPE/PE 体系。在此体系中，CPE 可在 PVC 与 PE 之间起相容剂的作用。PVC 与 PE

是不相容体系,加入 CPE 后,可使相容性得到改善。

（2）PVC/ACR 共混体系

作为一种通用塑料,PVC 有不少需要克服的缺点,其中包括加工流动性差。因而,对 PVC 的加工流动性进行改性,就成了 PVC 制品配方设计中需考虑的重要问题。ACR 是 PVC 最重要的高分子加工助剂。ACR（丙烯酸酯类共聚物）是一大类不同组成的含有丙烯酸酯类成分的共聚物的总称。用在 PVC 制品中的 ACR 有两种类型:其一是用作加工流动改性剂,其二是用作抗冲改性剂。

ACR 用于加工流动改性,其主要品种为甲基丙烯酸甲酯-丙烯酸乙酯乳液法共聚物。在硬质 PVC 中加入少量 ACR,可明显改善其加工流动性。研究结果表明,在硬质 PVC 配方中加入 1.5% 的 ACR,即可使塑化时间明显缩短。加入量增至 3%,则塑化时间进一步缩短。ACR 能够缩短 PVC 的塑化时间,其主要原因在于 ACR 在混炼过程中可以在 PVC 粒子之间产生较大的内摩擦力,促进 PVC 多重粒子的破碎和熔融。

ACR 不仅可以缩短塑化时间,而且可以改善 PVC 的塑化效果,使材料的均匀性提高。此外,ACR 还可以提高 PVC 在加热状态下的伸长率。ACR 可以与 MBS 并用。其中,ACR 起加工流动改性剂作用,MBS 作为抗冲改性剂。

用于加工流动改性剂的 ACR,其分子量在 30 万～60 万范围内为宜,分子量过小,可能会影响共混物的冲击性能;分子量过大,则会使加工流动性变差,不能发挥流动改性剂的作用。ACR 对 PVC 的抗冲改性作用与 ACR 的用量有关。在 ACR 用量为 10 份时,已可产生显著改性效果。进一步再增加 ACR 的用量,抗冲性能的提高已不明显。此外,由于 ACR 分子链中不含双键,因而具有良好的耐候性。

4.4 带状型材的挤出成型技术

塑料挤出成型（plastics extrusion molding）可以实现连续化生产,生产设备容易维护,生产效率高。大部分热塑性塑料都可以挤出成型,挤出成型制品总量约占国内塑料制品总量的 1/3,因此挤出成型是重要的成型方法之一。螺杆挤出机（screw extruder）是非开挖修复用螺旋缠绕型材挤出成型工艺的核心设备,配上合适的口模、冷却定型、牵引、切割、卷曲等辅助设备后,就可以实现正常生产。螺杆是挤出机的心脏,在塑化挤出过程中起关键作用。成型过程中,挤出机的选择非常重要,单螺杆挤出机、啮合型异向双螺杆挤出机建压能力较强,主要用于成型制品。其中,单螺杆挤出机占绝对优势;而同向啮合自洁型双螺杆挤出机由于具有优异的混合性能和大产量操作特性,主要用于聚合物共混、填充改性及反应挤出等领域,螺旋缠绕型材的生产采用锥形双螺杆挤出机。

4.4.1 PVC 型材生产

螺旋缠绕内衬管材料一般选取 PVC、PVC-U、HDPE。目前螺旋缠绕型材大多采用 PVC-U 型材料，原因是 PVC-U 是以卫生级 PVC 树脂为主要原料，加入适量的稳定剂、填充剂、润滑剂、增色剂等经塑料挤出机挤出成型和注塑机注塑成型，通过冷却、固化、定型、检验、包装等工序以完成管材、管件的生产（图 4-10）。物化性能优良，耐化学腐蚀，冲击强度高，流体阻力小，较同口径铸铁管流量提高 30%，耐老化，使用寿命长，使用年限不低于 50 年，是建筑给排水的理想材料。

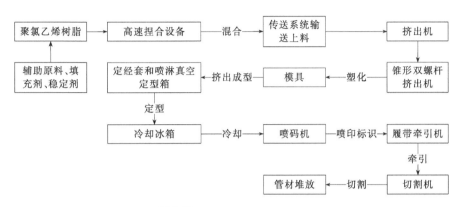

图 4-10　PVC-U 型材生产工艺流程

4.4.2　双螺杆挤出机

虽然双螺杆挤出技术早在 1900 年前后就已经出现在一些专利中，但真正用于聚合物加工的双螺杆挤出机却是 30 年后在意大利首先研制成功的。R. Colombo 首先研制成功同向旋转双螺杆挤出机，20 世纪 60 年代，开发出了适合双螺杆挤出机的专用推力轴承组，使得双螺杆机械的可靠性大幅提升。1978 年，杜邦公司的 Booy 第一个研究了同向自扫型双螺杆挤出机螺纹结构几何学。现代的双螺杆挤出技术是随着 RPVC 制品及聚合物改性的发展而发展起来的。前者以异向锥形双螺杆挤出机为代表，适合加工热敏、剪敏材料，能够实现共混、排气、化学反应等。物料停留时间短且控制均匀。此类机器的转速范围为 3～60r/min。长径比已达 24～26。当然。异向双螺杆也在不断改进结构的基础上追求高转速；后者以同向旋转自洁型双螺杆挤出机为典型代表，由于采用积木式组合结构，在啮合区存在局部高剪切及界面更新作用，还可以应用捏合块及反向螺纹元件等结构控制挤出过程，此类机械被认为是优异的混合器。由于啮合区不存在压延效应，因而螺杆转速可以大幅度提高。新一代大扭矩同向双螺杆挤出机的螺杆转速高达 600～1500r/min，长径比也越来越大，目前可达 48～70。这类机器广泛应用于聚合物填充、改性、共混及反应挤出领域。如今，双螺杆挤出机以其优异的性能与单螺杆挤出机竞相发展，在塑料加工中占有越来越重要的地位。

双螺杆挤出机的零部件组成见图 4-11。

与单螺杆挤出机相比，双螺杆挤出机主要有以下特点。

① 计量加料方式。这是由于双螺杆挤出机具有正位移输送物料能力，在单螺杆挤出机上难以加入具有很高或很低黏度，以及与金属表面之间有很宽范围摩擦因数的物

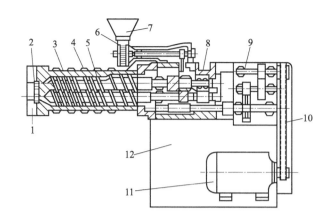

图 4-11 双螺杆挤出机的零部件组成

1—法兰盘；2—分流板；3—机筒；4—电阻加热；5—双螺杆；6—螺旋加料；
7—加料斗；8—螺杆轴承；9—齿轮减速箱；10—传动带；11—电动机；12—机架

料，带状料、糊状料、粉料及玻璃纤维等皆可加入，玻璃纤维可在不同部位加入。双螺杆挤出机特别适于加工聚氯乙烯粉料，可由粉状聚氯乙烯直接挤出管材。目前，双螺杆挤出机主要采用计量加料的方式。

② 物料在双螺杆中停留时间分布较窄。由于双螺杆挤出机具有正位移输送能力或者自清洁能力，保证物料在挤出机内经过的热历程、剪切力场作用历程相似，停留时间分布比较窄，更接近塞流特征，因此适于加工那些对停留时间要求苛刻或敏感的材料，也适合对一旦停留时间过长就会固化或凝聚的物料的着色和混料，例如热固性粉末涂层材料的挤出。

③ 优异的排气性能。双螺杆挤出机啮合部分的有效混合，排气部分的自清洁功能以及强剪切力场效应，使得物料在排气段能够获得完全的表面更新。

④ 优异的混合、塑化效果。这是由于两根螺杆互相啮合，物料在挤出过程中进行着比在单螺杆挤出机中更复杂的运动，双螺杆之间的边界运动带来界面再取向作用及拉伸力场效应，使物料经受着纵横向的剪切混合。

⑤ 更低的比功率消耗。据介绍，若用相同产量的单、双螺杆挤出机进行比较，双螺杆挤出机的能耗要少 50％。这是因为双螺杆挤出机以外加热为主，混炼塑化能力强，在加工过程中产生了复杂流场，同向双螺杆还存在着部分混沌混合能力，强化了加工过程的传质、传热过程，提高了能量的有效利用率。

⑥ 双螺杆挤出机的容积效率非常高，其螺杆特线比较硬，挤出产量对口模压力的变化不敏感，用来挤出大截面的制品比较有效，特别是在挤出难以加工的材料时更是如此。

4.4.3 异向双螺杆挤出机应用

异向双螺杆挤出机主要用于 PVC 加工、挤出造粒、挤出成型管材、板材及异型材等，同时，也应用于对聚合物的物理改性和化学改性及反应挤出等。锥形双螺杆挤出机是在平行异向双螺杆挤出机的基础上发展起来的，它曾经解决了双螺杆间距过小、推力轴承难以设计的问题。随着技术的不断进步，现代的平行双螺杆挤出机比20世纪80年代初期机型的扭矩提高了80％，产量提高了1倍。长久以来一直存在着异向锥型双螺杆和平行异向双螺杆挤出机哪个更好的争议，奥地利的Cincinnati公司和德国Battenfeld公司各持己见，涉及加料预热能力、计量性能、温控、耐磨损、制造费用等多方面，加深了人们对异向双螺杆挤出机的认识（表4-5）。目前，一般认为，当产量在50kg/h以下时，建议采用锥形双螺杆挤出机；当产量超过200kg/h时，建议采用平行双螺杆挤出机；当产量在50～200kg/h时，既可选用锥形双螺杆挤出机，也可以选用平行双螺杆挤出机。例如，挤出成型大口径管材时采用的就是平行双螺杆挤出机，螺旋缠绕型材采用异向锥形双螺杆挤出机。

表4-5 产品良好条件下异向双螺杆挤出机的性能比较

制品种类	同向双螺杆生产率/(kg/h)	异向双螺杆生产率/(kg/h)
50％专用白色浓缩物	249.5	277
20％润滑剂LDPE浓缩物	87.6	111
橡胶/液体黏结剂共混	93	109
25％有机蓝PE浓缩物	104	122.5

4.4.4 型材挤塑模具

异型材挤塑模结构形式可分为板孔式挤塑模、多级式挤塑模、流线形挤塑模等数种。

板孔式挤塑模结构最简单，其不足是由于流道断面有急剧的变化，不可避免地在许多地方形成死角而停料，因此只适用于热稳定性好的塑料型材的挤出。

多级式挤出模的流道断面形状和尺寸由于挤塑机相连接的入口到型材出口采用逐级变动的形式，虽然停料死角大大地减少，但仍不能适用于热敏性塑料。流线形挤塑模指模内的流道完全呈流线形逐渐变化，无停料死角，因此适用于热敏性的RPVC及各种热塑性塑料，是目前应用最广的一类异型材挤塑模。

流线形异型材挤塑模如图4-12所示，流道内没有任何死点（停滞点），物料从进入模具一直到达口模前方，其断面尺寸逐渐变小，直至达到所要求的熔体速度和断面尺寸，图示的异型材断面形状的变化如a-a至e-e所示，这种结构的机头流道若用传统的切削方法加工是非常困难的，今天由于数控和电加工技术的进步，只要设计得当，其加工已没有什么问题[11]。

螺旋缠绕带状型材从口模挤出后进入定型模，定型模决定型材的最终形状和尺寸，型材进入定型模并进行冷却，型材通过定型模的速度与定型模的长度和型材的厚度有关。

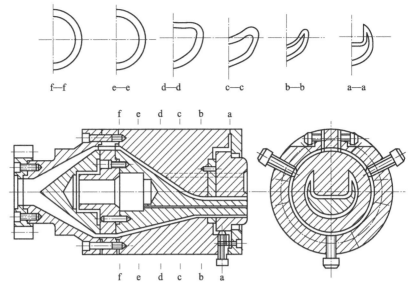

图 4-12　流线形挤塑模具

4.5　螺旋缠绕法修复施工

4.5.1　缠绕方式

ASTM F1741规定在使用固定式安装时，应在工作坑内放置缠绕机并定向，使PVC型材条螺旋缠绕进入现有管道内。当型材条在缠绕机中制管时，应将所需的密封胶或胶黏剂放置在型材条边缘的主锁和副锁内。当衬管需要展开时，在主锁和副锁之间放置牵引线以限位（图 4-13）。

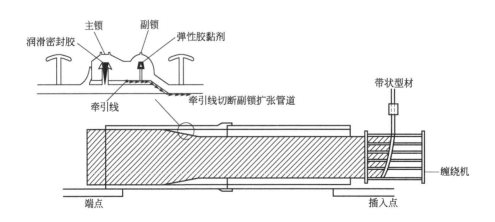

图 4-13　可扩张螺旋缠绕内衬管的插入

当内衬管扩径时，应对内衬管末端处进行扭转，将牵引线从联锁接头中拉出从而切断副锁，使得衬管膨胀紧贴原有管道，最后在衬管与现有管道之间的环隙内注浆。CJJ/T 210 也采用同样规定进行固定式安装。

4.5.2 移动缠绕施工

ASTM F1741 规定移动式缠绕机放置在插入点并定向，卷绕过程从型材条送入缠绕机开始，移动缠绕机环向缠绕并沿现有管道移动到终点（图 4-14）。当型材条在缠绕机中形成内衬管时，若未预置密封胶和胶黏剂，应将密封胶或胶黏剂放置在型材条边缘的主锁内。

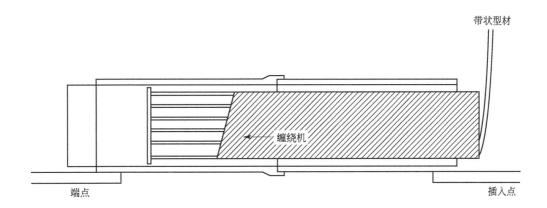

图 4-14 移动式安装设备螺旋缠绕制管

当内衬管需要紧贴现有管壁时，应调整移动缠绕机使衬管直接贴合在原有管壁上。

4.5.3 注浆

ASTM F1741 规定可采用多种方式在环形空间内注浆。为防止浆液进入螺旋缠绕内衬管，须在注浆作业前将内衬管密封（图 4-15）。当内衬管以固定直径进入原有管道时注浆还需在适当的位置放置灌浆管或通气管。CJJ 210 规定当衬管不足以承受注浆压力时，注浆前应对内衬管采取支撑保护措施；当有支管存在时，浆液不得进入支管；注浆孔或通气孔应设置在两端密封处或支管处，也可在内衬管上开孔；要求浆液具有较强的流动性、固化过程收缩小、放热量低的特性，固化后具有一定的强度；注浆完成后密封内衬管上的注浆孔，并对管道端口进行处理，使其平整[12]。T/CECS 717 规定除扩张法以外注浆应符合下列规定：在管道两侧环形间隙 2 点、10 点、12 点的位置分别埋设注浆管，一侧可用于注浆，另一侧可用于放气和观察；注浆压力宜为 0.1～0.15MPa，不得超过最大注浆压力；注浆应分步进行，首次注浆量应根据内衬管自重、管内水量进行计算，控制首次注浆量，不得超过计算量；第二次注浆至少在首次注浆浆液初凝后进行，与首次注浆的时间间隔不宜小于 12h；注浆总量不应小于计算注浆量的 95%，并做好记录；注浆在内衬管一侧进行，当观察到另一侧 12 点观察孔冒浆时，停止注浆；当管道距离大于 100m 时，宜在管道中间位置的顶部进行开孔补浆；注浆完成后应密封注浆孔，并对管道端头进行平整处理。

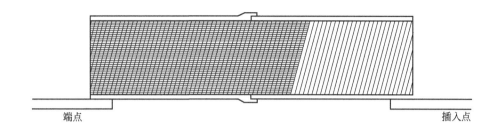

端点

插入点

图 4-15　环形空间注浆

4.6　螺旋缠绕内衬管质量控制与验收

4.6.1　材料测试方法

4.6.1.1　PVC 带状型材性能测试

（1）外观

ASTM F1741 规定螺旋缠绕内衬管在整个管道内是连续的，具有良好的密封性。CJJ/T 210 规定接缝嵌合严密、连接牢固，并无明显凸起、凹陷、错台等现象，不得出现纵向隆起、环向扁平、接缝脱离等现象。一般通过 CCTV 或直接目测检查内衬管安装情况。T/CECS 717 规定型材内表面光滑、平整、无裂口、凹陷和其他影响型材性能的表面缺陷，外表面布设 T 形加强肋，内表面喷码，喷码内容至少包括实时米数、产品规格。按照内衬管外径和型号的不同，管壁的厚度应符合设计的规定，带状型材的凹槽最小深度不小于 1.5mm。

（2）刚度系数

刚度系数是材料弹性形变难易程度的表征，也是衡量材料强度的关键指标。ASTM F1697 规定了测试方法，采用一个长度不小于 300mm 的平面（图 4-16）将矩形截面的试样平放在两个支座上，通过位于支座中间的加载头进行试验。支撑跨度与深度之比为 16∶1，试样发生形变后至试样外表面发生破裂或达到 5.0% 的应变，根据载荷大小计算获得刚度系数，刚度系数满足表 4-2 要求。CJJ/T 210 中刚度系数测试方法和计算公式也是参照该标准，不同之处是规定型材样品的宽度不小于 305mm。

（3）气密性

ASTM F1697 规定：气密性通过试验段测试，其长度为内衬管外径的六倍，分别在直管状态下的测试（图 4-17）和荷载状态下的测试（图 4-18）。闭水试验和闭气试验压

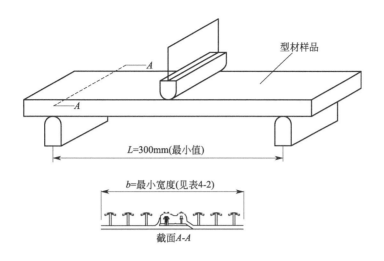

图 4-16　刚度系数测试方法

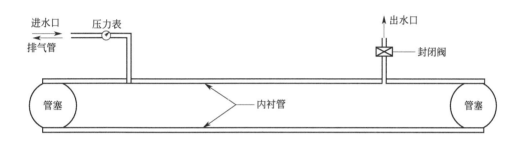

图 4-17　自然状态气密性测试

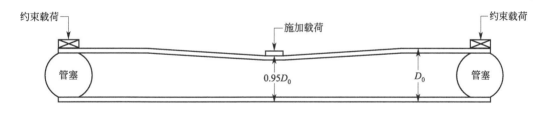

图 4-18　荷载状态气密性测试

力均为 74kPa，保压时间为 10min，接头处不能有明显渗漏，或内部压力损失不超过 3kPa。CJJ/T 210 也采取上述方法进行气密性测试。

施加荷载状态下的气密性测试需在两端约束内衬管，并在内衬管中部施加载荷直到载荷施加点向下变形 5%，在此状态下进行测试。

弯曲状态下的接口紧密性测试，适当地约束内衬管，使其在制造商规定的弯曲半径处形成最小 10°的角度，在此状态下进行气密性测试（图 4-19）。

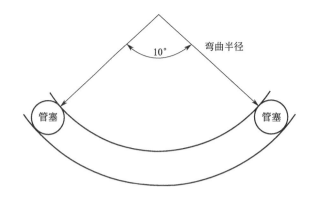

图 4-19　弯曲状态测试

4.6.1.2　钢带性能测试

ASTM F1697 规定加固钢带应按照 ASTM A879/A879M 或 ASTM A240/A240M 中定义的镀锌钢或不锈钢制成；ASTM A879/A879M 规定镀锌钢板的规格和表面涂层质量，ASTM A240/A240M 规定铬、镍不锈钢板的化学成分、机械测试、夏比冲击试验和 1% 偏移下的屈服强度。T/CECS 717 规定钢带表面无裂纹、麻面、凸泡和脱皮，钢带的厚度均匀，允许偏差为 ±0.05mm；钢带弹性模量测试方法采用国标《金属材料 弹性模量和泊松比实验方法》（静态法）（GB/T 22315），材质测试方法采用行业标准《不锈钢 多元素含量的测定 电感耦合等离子体原子发射光谱法》（YB/T 4396）。

4.6.1.3　注浆材料性能测试

ASTM F1741 规定从环形空间的混合浆料中收集样品，并按照试验方法 ASTM C39/C39M 进行抗压强度测试，采集环形空间注浆的每个检查孔样品并进行测试，抗压强度的测量值需满足工作要求。国家标准《水泥基灌浆材料应用技术规范》（GB/T 50448）规定了水泥基灌浆材料基本性能测试方法，包括抗压强度、截锥流动度和流锥流动度等，其中抗压强度测试方法见表 4-6。

表 4-6　灌浆材料抗压强度测试标准

序号	灌浆材料最大骨料粒径/mm	试样尺寸/mm	测试标准
1	≤4.75	40×40×160	《水泥胶砂强度检测方法（ISO 法）》
2	4.75~25	100×100×100	《普通混凝土力学性能实验方法标准》

4.6.2　施工质量验收

4.6.2.1　一般项目

螺旋缠绕型材外观应均匀，无明显裂纹、孔洞、杂物和其他损伤性缺陷；注浆固结体应充满间隙，无松散、空洞等现象。一般通过 CCTV 检测内衬管安装情况，修复后管径大于 800mm 时可进入管道人工检查。T/CECS 717 规定材料进场时现场抽检，数量应不少于进场总量的 1/3。

4.6.2.2 渗漏测试

ASTM F1741 规定渗漏测试按如下方式进行：首先堵住螺旋缠绕内衬管两端，随后向内部灌水；管道内注满水且无空气的条件下，试验时间不低于 1h，每 200mm 内衬管允许渗水量不应超过 0.9269m³/(24h·km)。CJJ 210 规定内衬管安装完成冷却到周围土体温度后，应按照 GB 50268 重力管道闭水试验的有关规定进行测试，参考式(4-1)计算[13]。

$$q = 0.0046D_i \tag{4-1}$$

当管道内径大于 2000mm 时，参考式(4-2)计算。

$$q = 1.25\sqrt{D_i} \tag{4-2}$$

式中　q——允许渗水量，m³/(24h·km)；

　　　D_i——管道内径，mm。

4.7　工程案例

4.7.1　案例一：　DN1000 雨污水重力管螺旋缠绕修复

（1）工程概况

该项目由天津倚通科技发展有限公司负责实施，所需修复的管道为 DN1000 的雨、污水重力管，总长为 46m，原管道为钢筋混凝土管，管道周围有供水主干管、燃气主干管、电力电缆、电信电缆等多种管线，待修复的污水管道横跨机动车道，无法开挖修复；由于北京市施工特殊要求，只能在夜间 00:00 至次日凌晨 5:00 进行；而且无法停水施工，需带水作业。本工程为配合"纪念中国人民抗日战争暨世界反法西斯战争胜利 70 周年"阅兵活动，要求管道修复后强度必须有所保障，能够承载特种重型车辆通过；由于机械制螺旋缠绕管道非开挖带水修复技术是通过型材在现场物理咬合形成新管道，在保证施工人员安全的条件下可以带水作业，在凌晨到来前，将型材切断，将设备和型材放在检查井中，撤离现场，白天不会影响正常通行，夜间再将型材焊接后继续施工，灵活方便快捷；而且修复后管道强度高，具备其他修复工法无法比拟的优势，经业主方综合比较，最终选用了机械制螺旋缠绕管道非开挖带水修复技术进行管道修复施工[14]。

（2）技术优势

① 真正的非开挖修复。修复所需设备和材料全部通过现有检查井进入管道内，无需开挖路面，即可完成全部修复工作。

② 可带水作业。整个修复过程没有化学反应过程，所以原管道中有部分水流时（20～30cm 水量为宜），在不影响工人安全的前提下仍可进行修复作业。

③ 施工简便。施工条件要求低，无需对管皮缺失、钢筋裸露、麻面等原管道缺陷进行预处理，无需洁净的原管壁，缠绕制管速度快，工期短。

④ 机动性强。施工过程可按要求随时中断，保证在 1h 内撤场，条件具备后可随时进场继续作业。随时可以将型材切断，将设备和型材放在检查井后撤离现场，不会影响正常通行，随后再将型材焊接后继续施工。

⑤ 超高强度。修复后形成的衬管按独立结构管设计，以此工程为例，不考虑注浆的情况下，衬管环刚度达 8.6kN/m^2。

⑥ 质量可靠。型材在工厂预制，质量符合行业标准 CJJ/T 210—2014 要求；施工全程采用机械物理操作，质量不受人为、环境因素干扰。衬管完全无渗漏，密闭性好。

⑦ 过水能力提升。衬管内壁平整光滑，曼宁系数低（$n=0.010$），与原有混凝土管道相比，提升了过水能力。

（3）施工要点

① 施工准备。封闭有限作业空间，在现有检查井下组装缠绕笼。必须确保装载钢带自动成型装置和缠绕设备的卡车顺利到达检查井。一辆卡车上装有发电机、液压动力机组、自动成型装置，同时另外一辆卡车用来运送/卸载缠绕设备和 PVC 型材/钢带，只需占用一条车道，长 20m 左右。

② 井下制管。将 PVC 型材及不锈钢带导入现有检查井至缠绕笼，以螺旋缠绕方式形成钢塑复合型衬管逐渐被旋转进入原管道内，直至抵达目标检查井。

③ 环形间隙注浆。封堵原管道与新管道之间环形间隙的两端并注浆以完成整个施工过程。

（4）质量控制

① 重视工程开工前的信息收集。修复工程开工前要收集相关信息，这是前期准备工作中的重中之重，需要收集的信息包括管道总长度、管道直径、相邻检查井最大长度、是否有地下水渗漏、管道用途、管道材料、管道现状、管节长度、管道是否有弯曲、管道是否错台、管道是否有支管、人孔尺寸、管道流量、人孔附近是否可以停车、工作时间是否受限制。

② 做好设备安装后的检查。缠绕设备安装后，项目经理要亲自下井复核，确认设备安装符合要求。

③ 严格检查原材料质量。机械制螺旋缠绕非开挖管道带水修复技术对型材、钢带质量的要求较高，每一批次材料入场前，都需检查产品的型号、尺寸、外观是否符合要求，并检查产品合格证，不符合要求的不得使用。

④ 做好缠绕的监控。井下作业人员要时刻关注材料的咬合情况和钢带的压合情况，保证公母锁扣咬合紧密。

⑤ 注浆质量控制。为了严格控制浆液质量，每一步、每罐浆液均按技术要求配合比投料；浆液的流动性要求达到无压灌浆要求。

开始注浆时，要检查注浆管连接是否严密，注浆顺序严格遵循先使用底部注浆管，再使用上侧注浆管，严禁直接使用上侧注浆管。

（5）实际效果

实际效果见图 4-20（书后另见彩图）。

(a) 修复前 　　　　　　　　　　　　　　(b) 修复后

图 4-20　修复前、后效果对比

4.7.2　案例二：天津津塘路 DN1200～1500 排水管道螺旋缠绕修复

天津津塘路 DN1200～1500 排水管道始建于 1958 年，管道埋深 6m，管道上方相关管线纵横交错，且有轻轨经过，管道破损十分严重，上侧管皮已经全部脱落（图 4-21），管顶上方形成了不同大小的空洞，空洞最大处直径达到了 2m，仅靠道路结构层进行支撑。在检查井内进行观测时发现，管道内淤塞物较坚硬（图 4-22），淤塞高度达到了 0.9m（约占管道直径的 3/4），当车辆经过时不断有碎石落下，曾多次发生塌方，情况十分危急。本次修复总长度为 1020m，其中 DN1200mm 长度 220m，最长相邻检查井距离 150m，且需要穿过一座暗井，DN1400 长度 270m，DN1500 长度 530m，总工期 40d。该项目由天津倚通科技发展有限公司负责实施[15]。

图 4-21　管顶脱落 　　　　　　　　　　图 4-22　严重淤塞

（1）施工方案的确定

在进行现场勘察时发现，病害管道位于交通主干道，管道埋藏深，地面交通流量大，四周建构筑物较多，地面沉降控制严格，如进行开挖修复，不但会给居民生活带来诸多不便，而且进行管线切改和土方支护开挖造价高昂，不满足技术经济性要求。加之被修复管道口径大、距离长、破损严重，管道始终有水流动，不仅需要进行带水作业，对新管道自身刚度要求也高，经过技术经济比较分析后，确定采用钢塑加强型工法进行修复。

（2）施工过程

按照施工平面布置图对施工现场进行布置后（通常为一条车道，长 20m 左右，安放型材和钢带的车分别停在检查井的两端），首先，在现场按照修复管道的直径对缠绕笼和钢带机进行调试，将调试好的缠绕笼进行分拆，分块下井，在井内完成安装。然后同步将型材和钢带送入检查井进行缠绕施工（图 4-23、图 4-24）。

图 4-23　布设好的施工现场

图 4-24　进行缠绕笼调试

在修复过程中，由于管道破损严重，管道内的渗水无法完全排干，因此，只能进行带水作业修复，修复速度为每米 3～5min。在新管到达另一端检查井后，在环向间隙内布设注浆管，进行管道注浆，注浆完成后，修复结束（图 4-25、图 4-26，书后另见彩图）。

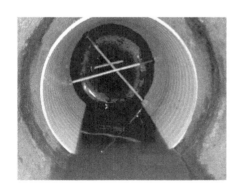

图 4-25　带水修复

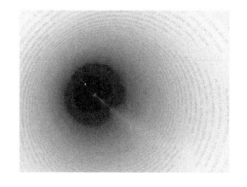

图 4-26　修复后管道内壁

修复分为两个阶段，第一阶段对 DN1400～1500 管径修复用时 20d，修复长度 800m；第二段对有坍塌的 DN1200 管径修复用时 6d，修复长度 220m，共用时 26d，提前完成了修复任务，满足总工期 40d 的修复要求。

（3）实际应用效果

管道修复完成后，及时进行了 CCTV 管道内窥，内窥资料显示，管道内壁光滑整洁、咬合严密。管道投入使用后，津塘二泵站和周边企业及居民排水顺畅，新管内水位高度约为管道直径的 3/4，被修复段未再次出现溢水和塌方情况。

（4）螺旋缠绕内衬修复注意事项

工程开工前的信息收集十分重要，是所有前期准备工作中的重中之重，需要收集的信息包括管道总长度、相邻检查井最大长度、管道直径（需要测量最小直径）、最大可接受缩径、管道用途、管节长度、管道材料、管道现状、管道是否有弯曲、管道是否有支管、管道是否错台、管道流量、检查井尺寸（具体包括横向、顺向）、检查井高度（指与底面直径相近部分）、检查井底面情况、检查井内是否有梯子（或台阶）、检查井最小直径、是否可以封道、检查井附近是否可以停车、工作时间是否受限制。以上信息收集准确与否直接决定修复工作能否顺利进行，例如检查井尺寸如测量不准确，则可能会在缠绕笼安装时出现问题，因此以上信息的收集必须由有经验的技术人员亲自进行，以保证施工的顺利进行。

由于型材在运输过程中可能受到损坏，而咬合部位型材的变形不但会因咬合不严造成质量隐患，还可能出现型材偏离预定轨道，致使缠好的管道末端与缠绕机头脱离，造成质量事故。因此，地面型材控制人员应根据井内缠绕速度，控制型材支架转速，并检查型材是否有破损，如有破损，在时间允许的情况下可迅速进行修复，修理后的型材应满足缠绕要求；如破损严重，短时间无法修复，则应立即通知井口指挥人员，井口指挥人员立即向井下人员和钢带机控制人员发出暂停施工指令，进行修复。

当缠绕开始时，驱动头需要进行连续不断的监视和必要的调整，需要注意的因素有：a. 型材进入驱动头的质量；b. 型材（钢带）进入检查井的路径；c. 型材和钢带送入缠绕笼的匹配情况；d. 钢带准确地插入 PVC 型材（适用于钢塑加强型）；e. 公母锁扣的咬合情况；f. 缠绕笼的位置应处于检查井的中心，与原管道平行。

型材的焊接质量影响施工的顺利进行，如焊接不牢固，则可能在缠绕时出现断裂，不但会影响整体的严密性，还有可能造成型材偏离预定轨道。因此，焊接一定要在专用的焊接台上进行，接头处一定要将毛刺清理干净，并用丙酮擦拭干净，焊接压力应控制在 20~40kPa，不得太大或太小，太大容易改变型材的坡度，太小容易造成黏结不牢固。若气温较低，还应在型材进入缠绕笼前对接头处进行预加热。

参考文献

［1］ 李子明. 软土地基排水管道螺旋缠绕修复理论研究［D］. 北京：中国地质大学（北京），2020.

［2］ 马保松. 非开挖管道修复更新技术［M］. 北京：人民交通出版社，2014.

［3］ 安关峰. 城镇排水管道非开挖修复工程技术指南［M］. 北京：中国建筑工业出版社，2016.

［4］ ASTM F 1697. Standard specification for poly（vinyl chloride）（PVC）profile strip for machine spiral-wound liner pipe rehabilitation of existing sewers and conduit [S]. ASTM, Philadelphia, PA, USA.

[5] ASTM F 1741. Standard practice for installation of machine spiral wound poly (vinyl chloride) (PVC) liner pipe for rehabilitation of existing sewers and conduits [S]. ASTM, Philadelphia, PA, USA.

[6] T/CECS 717—2020. 城镇排水管道非开挖修复工程施工及验收规程 [S]. 中国工程建设标准化协会.

[7] Plastics piping systems for renovation of underground non-pressure drainage and sewerage networks—Part 7: Lining with spirally-wound pipes [S]. ISO, GER.

[8] QB/T 2568—2002. 硬聚氯乙烯 (PVC-U) 塑料管道系统用溶剂型胶粘剂 [S]. 中华人民共和国国家经济贸易委员会.

[9] 周殿明. 塑料管挤出成型 [M]. 北京:机械工业出版社,2011.

[10] 吴培熙. 聚合物共混改性 [M]. 北京:中国轻工业出版社,1996.

[11] 申开智. 塑料成型模具 [M]. 3 版. 北京:中国轻工业出版社,2013.

[12] CJJ/T 210—2014. 城镇排水管道非开挖修复更新工程技术规程 [S]. 中华人民共和国住房和城乡建设部.

[13] GB 50268—2008. 给水排水管道工程施工及验收规范 [S]. 中华人民共和国住房和城乡建设部.

[14] 王刚,王卓. 机械式螺旋缠绕管道非开挖带水修复技术应用案例 [J]. 中国给水排水,2018,34 (06):120-122.

[15] 王卓. 机械式螺旋缠绕管道非开挖带水修复施工技术要点 [J]. 非开挖技术,2017 (3):38-42.

第5章
热塑成型修复技术及材料

5.1 热塑成型修复技术

原位热塑成型（formed-in-place pipe，FIPP）修复技术是指将工厂预制衬管加热软化，牵引置入原有管道内部，通过加热加压使其与原管紧密贴合，然后冷却形成内衬管。FIPP能够针对混凝土管、铸铁管、HDPE管等不同材料的排水、供水、燃气管道在使用过程中造成的腐蚀、错位、变径等问题进行有效修复，适用于对各类型重力和压力管道进行非开挖结构性修复。

FIPP修复技术主要利用热塑性高分子材料可多次加热成型、重复使用的特点。在工程现场中应用加热装置，将工厂生产的内衬管拉入待修管道内部，以原管道为支撑，然后加热加压，最终形成和原管道紧密贴合的管道，如图5-1所示[1]。

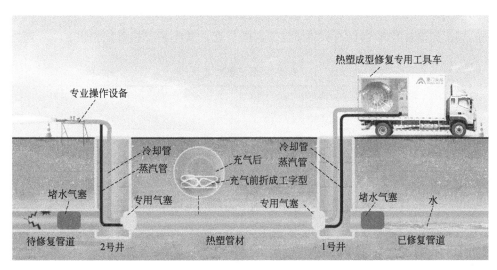

图5-1 FIPP修复技术

原位热塑成型修复技术可用于给排水管道的整体修复，内衬管耐腐蚀性能好，对水体运动阻力很小。成型后强度高，可单独承受地下管道外部荷载，包括静水压力、土压力和交通荷载；其中，有些产品可以应用于低压管道的全结构修复。由于管道的密闭性能较好，在高压管道的母管强度没有严重破坏的情况下，可用于高压管道的修复。若采用 PE 材质，可修复内压 1MPa 以内压力管道。

5.1.1 热塑成型修复技术的特点

① 内衬管可工厂预制生产，无需现场固化，大大提高了非开挖管道修复的工程质量；

② 衬管安装前可在常温下长时间贮存，贮存成本低；

③ 内衬管与原有管道紧密贴合，无需灌浆处理；

④ 抗化学腐蚀性能好，高分子材料的抗腐蚀性能远高于其他金属类和水泥类管材；

⑤ 可用于修复非圆形管道，内衬管连续，表面光滑，有利于减少阻力损失；

⑥ 施工设备简单，占地面积小，施工速度快，工期短；

⑦ 适用范围广，可用于变径、带角度、错位、腐蚀的管道；

⑧ 内衬管强度高，韧性好，修复后管道质量稳定性好，使用寿命长；

⑨ 一次性修复管道距离长，减少开挖工作井数量；

⑩ 如果现场施工质量发生问题（非材料本身质量问题），可在原位，通过对原有材料再次加温加压再次施工，无需抽出更换材料，减少工程风险和成本。

5.1.2 热塑成型修复技术适用范围

① 适用于多种用途管道修复，例如给水、排水和燃气管道；

② 适用于管径有变化、接口错位较大的管道修复；

③ 适用于交通拥挤地段的管道修复；

④ 适用于动荷载较大、地质活动较活跃地区的管道修复。

热塑成型修复技术综合了多种修复工艺的优点，其与各工艺对比如表 5-1 所列。

表 5-1　各工艺对比

项目	FIPP 热塑成型内衬修复法	CIPP-UV 紫外光固化	CIPP 水翻转热固化
与原管道贴合度	较好	一般	较好
膨胀方式	热蒸汽	气压	水压
使用寿命	40 年以上	40 年以上	40 年以上
适用管径	100～900mm	100～2400mm	100～2700mm
材料形状	成品，可直接施工	半成品，需现场加工	半成品，需现场加工
变径修复	过渡部分平滑	过渡部分不平滑	过渡部分不平滑
施工环境影响	不受季节和气温影响	不受季节和气温影响	无法在寒冷天气进行
施工难易程度	现场操作简单	需要专业设备调试,难度适中	需要专业设备调试,难度较高

5.2 热塑成型修复管道设计

《排水管修复用折叠/成型聚氯乙烯管标准》（产品标准）（ASTM F1871）[2]、《排水管修复用折叠/成型聚氯乙烯（PVC）管安装技术规程》（工程标准）（ASTM F1867）[3]、《地下无压排水管网非开挖修复用塑料管道系统　第3部分：紧密贴合内衬法》（ISO 11296-3）[4] 及《地下供水管道修复用塑料管道系统　第3部分：紧密贴合法》（ISO 11298-3）[5] 对热塑成型内衬管的壁厚做出了规定。ASTM F1871 仅给出最小壁厚（表 5-2），ISO 11296-3、ISO 11298-3 则规定了常用公称外径的壁厚范围（表 5-3、表 5-4）。T/CECS 717 规定衬管安装前的平均厚度不应小于出厂值[6]。也可参见附表 6X-1、附表 6X-4。

表 5-2　ASTM F1871 成型管尺寸

公称外径/mm	最小壁厚/mm			
	DR26	DR32.5	DR35	DR41
102	3.91	3.12	—	—
152	5.87	4.70	—	—
203	7.82	6.25	5.8	—
229	8.79	7.04	6.5	—
254	9.78	7.82	7.3	—
305	11.73	9.37	8.7	—
381	14.63	11.73	10.9	—
457	—	—	—	11.15

表 5-3　ISO 11296-3 成型管尺寸（PVC 材质）

公称外径/mm	壁厚范围/mm			
	SDR 51	SDR 41	SDR 34	SDR 24
100	—	—	3.0～3.9	4.2～5.2
150	—	3.7～4.7	4.5～5.6	6.3～7.5
200	4.0～5.0	4.9～5.9	5.9～7.1	8.3～9.9
225	4.5～5.6	5.5～6.7	6.7～8.0	9.4～11.1
250	4.9～6.0	6.1～7.3	7.4～8.8	10.4～12.2
300	5.9～7.1	7.4～8.8	8.9～10.5	12.5～14.5
350	6.9～8.2	8.6～10.2	10.3～12.1	14.6～16.9
400	7.9～9.4	9.8～11.5	11.8～13.8	16.7～19.2
450	8.9～10.5	11.0～12.9	13.3～15.4	18.8～21.5
500	9.8～11.5	12.2～14.2	14.7～17.0	20.8～23.9

表 5-4　ISO 11298-3 成型管尺寸（PE 材质）

公称外径/mm	壁厚范围/mm			
	SDR 11	SDR 17	SDR 26	SDR 33
100	9.1～10.7	5.9～7.1	3.9～4.9	—
125	11.4～13.3	7.4～8.8	4.8～5.9	—
150	13.7～15.9	8.9～10.5	5.8～7.0	4.7～5.8
200	18.2～20.9	11.9～13.9	7.7～9.2	6.2～7.5
225	20.5～23.5	13.4～15.6	8.6～10.2	7.0～8.4
250	22.7～26.0	14.8～17.1	9.6～11.3	7.7～9.2
300	27.3～31.1	17.7～20.4	11.6～13.5	9.3～11.0
350	31.9～36.3	20.6～23.6	13.5～15.6	10.8～12.6
400	—	23.7～27.1	15.3～17.7	12.3～14.3
500	—	29.7～33.5	19.1～21.9	15.3～17.7
600	—	—	23.1～26.4	18.5～21.2
700	—	—	—	21.6～24.7
800	—	—	—	24.5～28.0
1000	—	—	—	30.6～34.8
1200	—	—	—	36.7～41.7

采用热塑成型技术修复管道后，所承受地下水压、土压，与原位固化本质上相同。详细计算公式见 2.2.2.3 部分式(2-3)～式(2-11)。

5.3　热塑成型修复材料生产质量控制

PVC 材质热塑性修复材料的生产一般采用 PVC-U 树脂，生产聚合方法为悬浮法聚氯乙烯。PVC（聚氯乙烯）是一种难燃、耐化学腐蚀、耐磨、电绝缘性较好、机械强度较高、价格低廉的一种综合性能优良的塑料，但聚氯乙烯具有热稳定性差、易分解、对应变敏感和低温环境下变硬的缺点。

5.3.1　助剂及配方

热塑成型管道制备时需要有多种助剂加入树脂中，否则聚氯乙烯树脂将无法生产成型管道。生产时按加入各种助剂的类型及数量的多少，其塑化熔融时的工艺条件和成型管道的性能也就各有特点。助剂的选择应用是否合理，对管道要求的性能改变程度及热塑管道成本的高低影响很大。

（1）助剂

常用助剂有以下几种。

1）增塑剂

增塑剂多数是高沸点的液态酯类。聚氯乙烯树脂的原料配方中加入的增塑剂低于5%，能改变热塑管道的性质，如增加管道的柔软性，降低PVC熔料的黏度，使树脂变得比较容易加工成型。

2）稳定剂

稳定剂是指按一定比例加入到聚氯乙烯树脂中的某些助剂，能抑制PVC树脂在高温条件下的分解、延长热塑管道的使用寿命或阻止、抑制PVC制品因受工作环境中各种因素影响而加快老化降解的一种辅助料。目前主要使用钙锌稳定剂。

3）润滑剂

润滑剂能改善原料塑化后熔融态时的流动性，管道成型后顺利脱模使熔料不粘设备。主要作用是能在熔料中降低或减少熔料与设备及熔料分子间的摩擦（即产生润滑作用），从而改善原料的加工性能。

4）阻燃剂

阻燃剂是一种能够降低管道起燃的程度和火焰传播速率的助剂。

5）着色剂

着色剂是一种能够改变管道颜色或使无色的制品着色的物质。

在热塑管道中应用较多的无机颜料有钛白、钛黄、铬钛黄、黄色氧化铁、锌铁颜料、铁丹、群青等。

热塑管道中常用有机颜料有立索尔宝红BK、塑料红GR、酞菁绿、酞菁蓝等。

6）填充剂

热塑成型管道的树脂中加入填充剂主要是为了增加容量、降低树脂的单耗，从而使管道的生产成本降低。

热塑成型管道常用树脂中常用填充剂有炭黑、白炭黑、碳酸钙、高岭土、硫酸钡、石膏、滑石粉、木粉、石棉等。

7）其他助剂

具有其他特殊功能的助剂在热塑管道生产中常有应用，如能够提高管道的冲击强度并增加其韧性的MBS（氯化聚乙烯CPE和甲基丙烯酸酯-丁二烯-苯乙烯共聚物）；为了加快原料的塑化而改变PVC性能的丙烯酸酯共聚物ACR；为了降低管道表面层的电阻、防止静电危害而在原料中添加的抗静电剂季铵硝酸盐SN和烷基酰胺ECH等。

（2）配方设计

热塑成型管道是一种多组分PVC，对管道材料配方的设计是一项较复杂的技术工作，它涉及主要原料和辅助料的应用性能、产品的规格和质量、生产设备、模具及各种生产辅助设备的使用性能和聚氯乙烯生产工艺及工艺参数的控制等各方面因素。

热塑成型管道用料配方设计应注意下列几点。

① 配方设计前，要了解管材的应用条件，分清管道质量要求条件中的主次项目。在满足产品质量要求的情况下，尽量选用原料来源方便、料源充足、售价低、性能比较稳定的原料组成配方。

② 拟选助剂时要注意PVC树脂与各助剂间的相互影响和工艺操作的可行性。例

如，为了保证制品有较好的机械强度，准备选用分子量较高的 PVC 树脂，可是，这样的原料生产时需要较高的工艺温度，结果给生产操作带来一定的难度，又增加了产品制造成本；而且，管道质量还难以保证。所以，这样的原料就不可取。设计配方时应注意：配方中的用料选择一定要全面衡量，千万不要片面强调某一点，而忽略原料间相互影响的后果。

③ 注意配方中原料对工艺操作条件的要求是否苛刻，那些对工艺温度变化敏感、不易与其他原料混合、容易分解、析出的原料尽量少用或不用[7]。

5.3.2 生产工艺

热塑成型法是一种新型的非开挖管道修复技术，采用高分子材质衬管，将工厂预制衬管加热软化，牵引置入原有管道内部，通过加热加压与原管紧密贴合，然后冷却形成内衬管。瑞好牌给水用聚乙烯（PE）管材通过高温高压挤出成型。原料分配可通过电脑实时监控的计量系统，将 HDPE、色母按照配方比例计量，自动混合后进入挤出机，通过螺杆的挤压成型，再经过特殊设备将管子压成"U"形，最后在管盘上完成收卷。

内衬管适用范围如表 5-5 所列。

表 5-5　内衬管适用范围

序号	标准号	适用范围/mm
1	ASTM F1871	102～457
2	ISO 11296-3	100～500
3	ISO 11298-3	100～1200
4	T/CECS 717—2020	100～1200

ASTM F1871 和 ISO 11296-3 规定的适用范围相近，ISO 11298-3、T/CECS 717 规定的适用范围相同。

5.3.2.1 生产工艺流程

PVC-U 管材、PE 管材的生产工艺流程分别如图 5-2、图 5-3 所示。

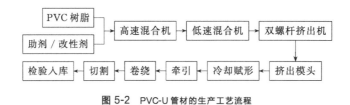

图 5-2　PVC-U 管材的生产工艺流程

5.3.2.2 生产设备及装备[8]

热塑成型管道生产用主要设备有挤出机、成型模具、冷却定型装置、牵引机、卷绕机和切断机等。

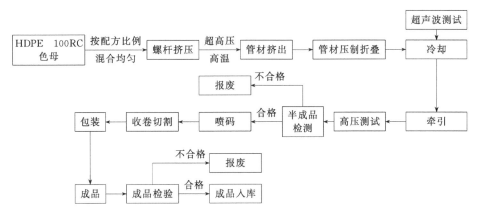

图 5-3　PE 管材的生产工艺流程

（1）挤出机的选择

聚氯乙烯管的挤出成型可用单螺杆通用型挤出机，如果树脂为粉料，多采用双螺杆挤出机。螺杆的结构为等距不等深渐变型，长径比为（20～25）：1，压缩比为 2.5～4。双螺杆挤出机可用圆锥形双螺杆挤出机，也可用异向旋转啮合型双螺杆挤出机。

（2）辅助设备的选择

PVC 在挤出机料筒内熔融塑化，通过管材模具挤出成型管坯，管坯再经冷却定型、牵引和切割后成为热塑管材；有些管材由于安装连接的需要，还需在管端用扩口机把直径扩大。这些在管坯制成管材生产工序中用的装置，就是挤出成型管材用辅机。

1）冷却水槽

冷却水槽的结构形式如图 5-4 所示，这是挤出成型较小直径塑料管常应用的一种冷却水槽结构。

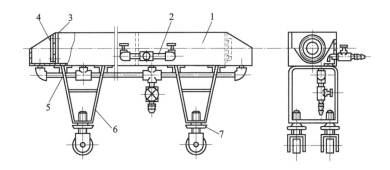

图 5-4　管坯冷却降温用水槽结构

1—水槽体；2—上水管；3—隔板；4—密封胶圈；5—出水管；6—水槽支架；7—滚轮

水槽在定型套之后，由定型套挤出的成型管浸入水中，进一步为管材降温冷却、固化定型。图中的水槽结构适合于管径小于 100mm 时应用。对于管材直径较大时的冷却，浸在水中浮力大，则管材冷却不均匀、易弯曲。所以，此种大直径管的冷却应采用喷淋法，在管材的圆周上同时喷冷却水，使管材得到均匀冷却。

2）管材挤出模具

直通式大型挤管机头如图5-5所示，机头芯棒、支架、压缩段和机头连接体分段用螺栓连接在一起，可减少机头的外径，适用于大型挤管模。

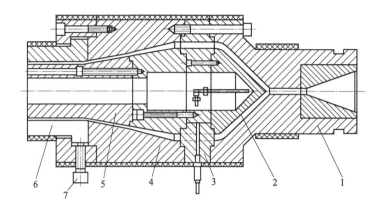

图 5-5　直通式大型挤管机头

1—机头连接体；2—分流锥；3—芯棒支架；4—模体；5—芯棒；6—口模套；7—调节螺栓

3）牵引机

牵引机的结构形式常应用的有滚轮式和履带式，这两种牵引机结构如图5-6和图5-7所示。

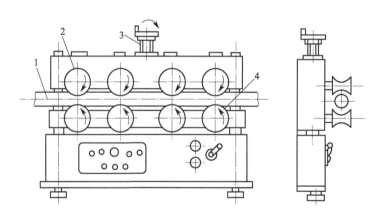

图 5-6　滚轮式牵引机结构示意

1—管材；2—上辊；3—调距螺杆；4—下辊

滚轮式牵引机工作时，用调距螺杆按被牵引管的直径大小来调节上下压辊的中心距离。当上辊下移把管材压紧后，主动辊为下辊的牵引速度与管材从模具口的挤出速度应匹配（按管材牵引比的要求，一般对管的牵引速度比管坯从模具口的挤出速度略快些），平稳牵引管材，输送至切割机部位。

4）切割机

挤出成型管材有标准规定的固定长度。管材挤出成型生产线上的切割机主要是用来

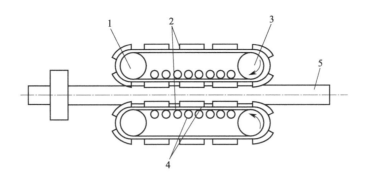

图 5-7　履带式牵引机结构示意

1—胶带牵引被动辊；2—胶带；3—胶带牵引主动辊；4—托辊；5—管材

按要求长度切断管材。

管材的切断方式有以下几种。生产的管材直径较小时（<50mm 的管材），通常用锯手工切割。较大直径的管材用切割机切割。切割机上的刀具可用圆锯片或用圆形砂轮切割。锯片或砂轮由电动机和 V 带直接传动高速旋转。当挤出向前运行的管材达到要求长度时，切割机上的夹紧装置把管材夹紧，锯片即启动、切割管材。此时，整个夹紧切割机构随着管材前移的挤出牵引推力，在切割机的轨道上一起向前滑动。当管材切断后，锯片停止旋转，夹紧装置张开，切割夹紧装置沿原前进轨道退回原位，准备下一次切割动作。

生产较大直径管材时，管材的切割应选用行星式自动切割机。行星式自动切割机的切割锯片由多个小直径锯片组成，围绕着被切割的管材组成圆形。当管材需要切割时，这些小直径锯片既能高速自转又能围绕管材外圆公转。用这种方法切割大直径管材，切割速度快、切割口端面平整。

5.3.2.3　工艺控制要点

（1）混合工艺控制要点

物料的混合质量直接影响到管道质量。混合的目的是使各种物料充分地均匀混合，并达到一定程度的塑化和排除物料中夹杂的水分。高速混合机的混料温度一般控制在 100～110℃之间，物料中的水分越大，混料温度需相应提高，但必须防止因物料温度过高结块成团。

（2）挤出工艺控制要点

挤出工艺条件如温度、挤出速度、压力等条件的控制与相互间的匹配是控制管道质量的关键，一般加工温度为 180～200℃，随挤出量的增加，加工温度应升高。

（3）排气要点

双螺杆挤出机排气装置的设置，是控制管道质量不可缺少的条件。只有将夹杂在物料中的水分及其他小分子物质充分除掉才能确保管材的内在质量，一般排气孔处物料温度控制在 150～160℃，真空度大于 66.7kPa。

（4）冷却赋形控制要点

真空冷却成型是借助于真空泵将真空槽抽成真空，使管坯外壁吸附在定型套的内壁上而达到冷却定型的目的。真空定型的工艺条件一般为：真空度 20.0～53.3kPa，水温 15～25℃，真空槽中的水成雾状为最佳。若真空度偏小，则导致管外径偏小，低于标准尺寸；反之，若真空度偏大，则管径偏大，甚至出现抽胀现象。若水温过低，则定型不完全，且会使管材脆性增大；若水温过高，则会造成冷却不良，致使管材易发生变形。

（5）牵引速度控制要点

牵引速度的大小应与挤出速度相匹配，若过分地依赖提高牵引速度调薄壁厚，会引起管材发生纵向裂纹。

在材料的挤出过程中，需要完成对加工温度的有效控制，加工工艺中温度为自高向低变化，整个温度变化幅度在 150～195℃ 之间，在完成对所有物料的加工后，从机头区域将物料挤出，即获取了需要制造的管材，在机头区域的处理中，要求该区域的温度较高，通常维持在 165～210℃ 之间，同时需要控制管材的挤出速度，通常为最大速度的 60% 左右。

具体的操作中，加工工艺的初始阶段机头温度需要达到正常运行中的最大值，在后续的运行中该数值逐渐下降，并且在一定压力环境中完成制造。

5.3.2.4　PVC热塑管成型工艺要点

① 计量后的各种原料用高速混合机混合时，一定要按工艺要求的加料顺序混合搅拌，以保证 PVC 树脂与其他辅助料的混合质量。

② 成型白色 PVC 管时，配方中的钛白粉（TiO_2）应在高速混合工序结束前 2min 内投入，以避免降低钛白粉白度效果。

③ 注意配混料时高速混合机的加热温度应不高于 110℃；降温冷搅拌后的混合料应是无结团块松散状态，料温应低于 40℃。

④ 发生停电或生产出现故障需要较长时间停产时，应立即清除机筒和模具中的 PVC 熔融料。将机筒内和模具零件上残存料清理干净后再装配螺杆和模具，准备生产。

⑤ 进行模具调整和清理时，操作工不允许面对出料口方向操作，以防止被熔料分解烫伤。

⑥ 挤出机生产投料后，注意观察从模具口挤出的熔融料，柔软、表面光亮而有弹性说明原料塑化达到质量，否则应适当提高机筒加热温度。

⑦ 如果单螺杆挤出机用粉料挤塑成型管材时，注意螺杆的螺纹槽深和长径比都应比挤塑粒料时螺纹槽深些，长径比应取大值。

⑧ 塑料管成型用料配方中，润滑剂和石蜡用量不宜过大，否则会因料在机筒内易打滑而使挤出成型制品产量下降。如果配方中填料比例过大，则相应地提高些润滑剂的比例。

⑨ PVC 树脂挤出成型制品生产完成后，或连续生产需更换原料时，可用清洗料投

入机筒内，把机筒内剩余的残料清理净，然后再停机或进行换料生产。机筒清洗料配方（质量份）如下：100PVC、$3PbO_6$、$2PbO_2$、$1PbSt_2$、1HSt，$15CaCO_3$、1.5Wax。

5.3.2.5 挤出成型质量问题分析 [9,10]

（1）管材圆周截面壁厚尺寸误差大

成型模具中的口模与芯轴装配后同心度精度差，使两零件间的熔料流道间隙不均匀。应调整两零件的同心度精度。

管材挤出生产工作一段时间后出现圆周截面壁厚尺寸误差超差现象。这是由于调节口模与芯轴间隙的调节螺钉出现了松动，注意调节螺钉的紧固。

（2）管材的纵向截面壁厚尺寸误差大

管坯的运行牵引速度不稳定，应检修牵引机的传动系统，保证牵引机平稳运行。

机筒工艺温度波动大，造成挤出熔料量不稳定，螺杆转速不稳定也同样使挤出熔料量不一致，结果使管材的纵向壁厚不均。工艺温度波动是控温加热系统影响，螺杆转速不稳定是供电和传动系统影响，应对其进行检修。

（3）管材发脆

① 原料塑化质量不符合工艺要求（包括原料塑化不均匀，原料塑化后的熔料温度低）。应适当提高原料塑化温度（即提高机筒温度），必要时应更换螺杆；

② 原料中水分或挥发物过多，应对原料进行干燥处理；

③ 成型模具压缩比偏小，应适当提高熔料成型的压缩比；

④ 口模与芯轴间的平直段尺寸过小，使管坯成型有较明显的纵向熔料熔合线，则管材强度降低，应重新修改模具结构；

⑤ 原料中填料比例过大也是使管材发脆的一个因素，应修改原料配方。

（4）成型模具中的口模部位温度控制不合理

过高或过低的工艺温度都会影响管的外表面质量，应适当调节口模的温度。

（5）口模表面质量

若口模内表面粗糙或有残存料，应及时拆卸模具，修光口模的工作面。

（6）管材的内表面粗糙

① 成型模具中芯轴的平直部分长度不足或温度偏低，应适当改进模具结构，延长平直段尺寸；

② 螺杆的温度过高，应适当降温。挤出 PVC 料时，螺杆降温用导热油温度应控制在 90℃左右；

③ 模具的压缩比较小，使管内表面有纵向熔料结合线，此时应改进模具结构，提高压缩比；

④ 大规格模具的芯轴温度应控制在 150℃（用 PVC 原料时）左右，可改善管材内表面成型质量；

⑤ 原料中的水分或挥发物含量高也会影响管材内表面质量，必要时应对原料进行干燥处理。

（7）管表面有小黑点或小白点及鱼眼现象

① 原料中杂质过多。应在机筒前加过滤网，如装有过滤网，可能是过滤网损坏，应更换；

② 成型模具内有滞料区，少量原料分解，应修光模具清除残料；

③ 原料中有不易塑化的鱼眼或少量低分子化合物，必要时应更换原料。

（8）管材表面有条纹或划痕

① 成型模具中的口模表面划伤或挂料，应修光口模工作面，清除残料；

② 真空定径套的小圆孔分布不合理或孔径规格不统一，出现微小条纹，应改进定径套抽真空孔的布置。

（9）PVC-U管材拉伸屈服强度

根据目前PVC-U管材相关的调查结果，拉伸屈服强度合格率较低。分析原因应是生产过程中会加入一定比例的碳酸钙，导致管材的韧性降低而脆性增加，容易出现管材断裂的情况。因此碳酸钙等填充剂的填充量也是一个重要的影响因素，当填充量较大时，在对管材拉伸的过程中，树脂与填料接触的部分会出现分离现象，最后导致管材断裂。所以将填充剂量控制在合理范围内，管材的拉伸强度才会符合产品标准的要求。

（10）PVC-U管材冲击强度

冲击强度主要是衡量材料韧性的指标，可以作为评价材料的抗冲击能力以及材料的韧性程度。对于PVC管材而言，也需要对成品的PVC管材进行韧性质量的检测。通常采用落锤冲击试验对PVC管材的抗冲击强度进行检测。为得到理想的管材冲击强度，必须对管材的加工以及生产过程进行合理高效的调整，从而达到管材质量提升的目的。

（11）PVC-U管材的纵向回缩率

PVC-U管材在使用中会因为管材内应力的释放而产生纵向回缩，并将纵向回缩的比值称为"纵向回缩率"。管材的纵向回缩率会增加施工难度，纵向回缩率越大施工难度越大。管材的纵向回缩率容易受到PVC树脂、填充材料的填充量以及口模温度、冷却速率等多种原料及工艺过程的控制因素的影响，为有效控制PVC-U管材的纵向回缩率，需要从PVC-U管材的工艺流程进行合理分析调控。

5.3.3　内衬管结构形式

挤出加工的圆形管道，冷却定形后为折叠管道，其结构剖面有"H"形（图5-8）和"U"形（图5-9）。在施工现场将折叠管加热软化后，拉入待修复管道并在通入蒸汽加热和加压使折叠管膨胀，紧密贴合原有管道。

5.3.4　热塑成型修复材料理化性质

聚氯乙烯（PVC）应符合ASTM D1784中12111的要求。不同标准对热塑成型内衬软管的性能要求对比如表5-6所列。也可参见附表6X-2。

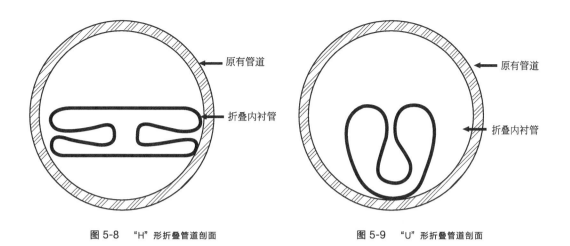

图 5-8 "H"形折叠管道剖面　　　　　　　　图 5-9 "U"形折叠管道剖面

表 5-6　热塑内衬软管性能要求对比

标准号	ASTM F1871	ISO 11296-3	T/CECS 717—2020
拉伸强度/MPa	≥25	≥20	≥30
拉伸模量/MPa	≥1069	≥1200	—
弯曲强度/MPa	≥28	—	≥40
弯曲模量/MPa	≥1000	—	—
热变形温度/℃	≥46	≥55	—
断裂伸长率/%	—	≥70	≥25

ASTM 标准对于内衬软管的性能要求较为全面，但未对断裂伸长率做出要求。ISO 11296-3 缺少对弯曲强度和弹性模量的要求。T/CECS 717 仅对拉伸强度、弯曲强度以及断裂伸长率做出明确规定，且断裂伸长率远低于 ISO 11296-3。

REHAU RAULINER 材料特性对比见表 5-7。

表 5-7　REHAU RAULINER 材料特性对比

材料	PE 100-RC	PVC
分子结构	热塑性	热塑性
可焊性	是	否
黏结性	否	是
可扩展性	5%	50%
弯曲模量	1000N/mm^2	2100N/mm^2
断裂延伸率	>350%	>100%,需预热
拉伸强度	>22N/mm^2	>24N/mm^2
维卡软化点	>75℃	56℃更快安装

ASTM F1871 规定管道所能承受最低冲击强度如表 5-8 所列。

表 5-8　最小冲击强度（23℃）

序号	管道尺寸/mm	冲击强度/J
1	102	203
2	152	284
3	203	284
4	229	299
5	254	299
6	305	299
7	381	299
8	457	299

ASTM 标准根据管道外径的不同，对冲击强度做出了规定。ISO 11296-3 规定真实冲击率 TIR≤10%，未对冲击强度做出规定。

ASTM F1871 对管道环刚度要求如表 5-9 所列（也可参见附表 6X-3）。

表 5-9　挠度为 5%时管道的最小环刚度（DN102～457）

DR	DR 26	DR 32.5	DR 35	DR 41
最小环刚度/kPa	281.9	151.3	113.7	75.6

ISO 11298-3 中对管材的静液压强度要求如表 5-10 所列。

表 5-10　ISO 11298-3 要求管材的静液压强度

项目	要求	试验参数
20℃(10h)下的静水压强度	无破坏,无渗漏	试验温度:20℃ 试验时间:100h PE100 环应力:12.4MPa
80℃(1000h)下的静水压强度	无破坏,无渗漏	试验温度:80℃ 试验时间:1000h PE100 环应力:5.0MPa

《生活饮用水输配水设备及防护材料卫生安全评价规范》（GB/T 17219）规定了饮用水输配水设备及材料的卫生要求[11]，如表 5-11 所列。

表 5-11　卫生评价要求

序号	检测项目	卫生要求
1	色	增加量≤5 度
2	浑浊度	增加量≤0.2 度(NTU)
3	臭和味	浸泡后水无异臭、异味
4	肉眼可见物	浸泡后水不产生任何肉眼可见的碎片杂物等

序号	检测项目	卫生要求
5	pH 值	改变量≤0.5
6	溶解性总固体	增加量≤10mg/L
7	耗氧量	增加量≤1mg/L(以 O_2 计)
8	砷	增加量≤0.005mg/L
9	镉	增加量≤0.0005mg/L
10	铬	增加量≤0.005mg/L
11	铝	增加量≤0.02mg/L
12	铅	增加量≤0.001mg/L
13	汞	增加量≤0.0002mg/L
14	三氯甲烷	增加量≤0.006mg/L
15	挥发酚类	增加量≤0.002mg/L
16	钡	增加量≤0.05mg/L
17	锑	增加量≤0.0005mg/L
18	四氯化碳	增加量≤0.0002mg/L
19	锡	增加量≤0.002mg/L

5.4 热塑成型内衬管施工

5.4.1 预处理

ASTM F1867 规定在进入检查井前，必须对管道内气体进行检测评估，确定是否存在有毒、易燃气体或缺氧等情况。清除修复管道上的沉积物，重力管道应使用液压动力设备、高压喷射清洁器或机械动力设备进行清理（图 5-10）。施工前应仔细检查管道内部病害，如突出、破裂、变形、沉降和错位等，对妨碍施工的情况进行处理，确保管道修复工作正常进行。如果管道内存在障碍物，折叠内衬管在障碍处截断，重新接入。障碍物会妨碍折叠内衬管道的紧密贴合，必要时进行开挖修复。若管道弯曲超过 30°，应咨询生产商是否允许施工。管道如不能断水，则需在其旁设置管道引流。施工时管道应暂停使用。

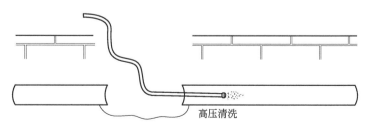

高压清洗

图 5-10 管道预处理

T/CECS 717 规定应对管道进行清洗以及对管道内壁进行清理，保证管道内无沉积、结垢和障碍物，基面平整圆顺。

Rauliner PE 衬管预处理：由于 U 形衬管的弯曲半径较小，不需要挖工作井。衬管通过现有检查井拉入下水道。管道清洗要通过倒灌、超灌水冲洗来保证。对于排水管网，提前清除障碍物，对突出的连接件进行铣削和测量，去除强插口偏移。在外来水大量进入的情况下，建议对这些区域进行密封，例如通过灌浆。截面由下冲洗喷头清洗。对于变形大于 5%、弯度大于 22°的，要根据设计进行评估，往往要提前拆除。在拉入前，需用 CCTV 检查并记录清洁结果。U 形衬管的生产尺寸是为 U 形衬管在旧管中的紧密定位而设计的。通过温度和压力来使 Rauliner 衬管重新变为圆形，直到它贴近旧管子。瑞好 Rauliner 衬管保证了 PE-HD 衬管在成型后紧贴到旧管后所需要的壁厚。

在施工现场，安装 U 形衬管前必须检查旧管的内部尺寸。这可以通过简单的拉过测量卡尺（长度至少 5D）来完成。此外，还可以将变形计量器或口径计量器拉过有缺陷的管道，或进行 CCTV 检查。在安装之前和安装过程中，必须检查衬管是否有损坏。在 PE 管上的划痕、刮痕和表面侵蚀不得超过最小壁厚的 10%。目测检查必须记录在施工现场报告中。

在实际工程中，目前常用气囊和墙体封堵进行管道的封堵。气囊封堵由于安装和拆除方便，被广泛应用于排水管道修复临时堵漏，但气囊所能承受的水头压力减小，风险增大，因此大管径的封堵采用墙体封堵。在管道清淤、预处理及管道修复过程中，需要在无水或少水的环境下施工。因此管道封堵完成后，可采用临近检查井内设置水泵导流，导流施工时需安排专人看管导水设备；当水量增加时，需同步增加导水设备，以保证管道施工的安全性。

临时排水如图 5-11 所示。

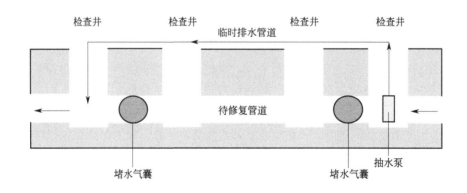

图 5-11　临时排水

针对原有管道漏水小，该管道地下水压力较低，采用喷涂或注浆的方法进行堵漏；当管道漏水严重，管道地下水压较大时，采用进口专用注浆材料进行注浆堵漏。通过 CCTV 确定塌陷的位置，组织施工人员进入管道内，在塌陷位置进行注浆，注意防止塌陷处理过程中出现二次塌陷，再用约小于原有管道扩大头与卷扬机，通过铁链接将塌陷处的碎石和泥土拉到检查井内进行清理，最后采用多功能机器人对塌陷处进行打磨处理。

5.4.2 热塑成型施工

（1）内衬管拉入

ASTM F1867规定折叠管卷盘应安置于检查井附近。折叠管卷盘的端部应为锥形，并设有安装孔，用于连接牵引头。在拉入前将扁平盘管加热至82℃以上。将钢缆穿过原有管道并连接到折叠管的斜切端。折叠管道应用动力绞车和电缆从卷筒直接拉动，通过检查井，再穿过原有管道至终端点，并延长至少1.2m（图5-12）。拉入完成后，将管道固定在终端。

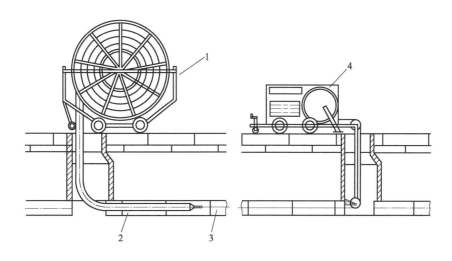

图5-12 衬管拖入原有管道

1—卷盘；2—内衬管；3—牵引绳；4—卷扬机

T/CECS 717未对预加热温度进行规定，衬管预加热时间为1～3h，衬管拖入应在软化状态时完成。

U形衬管直接从滚筒中送出，其形状和位置固定，以便于送料控制。为此，使用带有压力辊的滚筒拖车来固定管盘并控制进料速度。

（2）内衬管膨胀

ASTM F1867规定通过反复加热和加压，使内衬管充分膨胀。膨胀的时间、温度和压力需咨询材料供应商（折叠管膨胀压力通常在20.6～34.4kPa范围内，因现场条件而异），使其与原有管道内壁紧密贴合。成型管道冷却至38℃以下，缓慢释放压力，冷却过程需要0.5～1h。管道冷却后，末端应超过修复管道至少76cm，作为管道冷却后收缩的余量。

T/CECS 717规定衬管成型过程中温度不宜超过95℃，压力不宜超过0.15MPa。修复完成后衬管伸出待修复管道的长度应大于10cm，伸出部分宜呈喇叭状或按照设计要求处理。

Rauliner PE 衬管被拉入后,在衬管段的起始端和尾端安装管堵。对衬管进行密封,并供蒸汽、冷凝水、压缩空气和进水的接口。用蒸汽对 U 形衬管进行加热。恢复成型过程中的压力由压缩空气支持。上述封管堵必须在工作井中用基台或纵向用摩擦锁紧,螺钉连接固定。径向固定的安装夹和拉链不足以实现这种固定。蒸汽在始端工作井引入,在衬管末端工作井排出。热塑成型修复技术如图 5-13 所示。

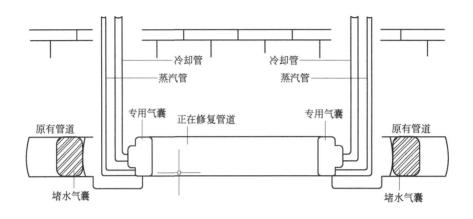

图 5-13　热塑成型修复技术示意

在充分加热材料后 PEHD U 形衬管恢复成型(U 形到圆形)。蒸汽不能超过 150℃。衬管的贯通加热要根据外管壁温度来检测。过程中必须用温度传感器或类似装置测量管壁温度。温度传感器或类似的检测装置测量所有暴露部位的管壁温度,并做好记录。整个过程基本上可以分为如下几个阶段(每个过程与时间无关,完全由内衬管管壁温度决定)。

1)预热

拉入后的衬管要在尽可能小的压力下进行加热。因此末端 B 处的所有阀门都是打开的。通过始端 A 处向衬管输送蒸汽。蒸汽在始端 A 处形成一个动态压力。第一阶段的目的是对衬管进行预热,到衬管 U 形截面在自身应力下放松并展开。

如果蒸汽过程中断,必须重新开始这一阶段。

2)贯通加热

由于 B 处的蒸汽流量减少,内截面的压力和温度升高。内部压力必须增加到 10kPa。第二阶段的目的是通过内衬管加热,U 形截面进一步展开并接近原来的圆形。

3)增加压力和温度

通过进一步控制末端 B 处阀门降低 B 处的蒸汽流量,使内截面的压力和温度再次提高。内部压力要增加 1 倍。第三阶段的目的是通过内衬管加热,直到表面温度达到 U 形截面区域又大致恢复了原来的圆形,并已基本与旧管接触。

4)衬管成型

在这一阶段,必须根据使用的材料(PE 100-RC)进行区分。在蒸汽温度恒定的情况下进行增压,最高温度为 150℃。每隔 10min B 处的流量减少一次,内部压力提高

10kPa。最大内部压力约为 250kPa，并保持到 U 形衬管被加热至 PE-HD 管壁被完全加热。衬管恢复成型，并与外管紧密配合。

5）稳定

在此阶段，也必须根据所使用的材料（PE 100-RC）进行区分。在内部压力增加的情况下，温度缓慢下降是保持衬管紧密贴合的先决条件。压力最初保持不变。另一方面，通过加入更冷的压缩机空气来缓慢降低蒸汽温度。

随着内衬管的进一步冷却，内部压力可以根据现场贴合情况适度增加。

在表面温度冷却到最大 45℃后，可通过加水进行额外冷却。冷却必须保持到表面温度达到 30℃或达到环境温度。以书面形式记录在始端 A 处和末端 B 处所有参数，如压力和温度。工作完成后，可进行 CCTV 检查，以确保是否完全恢复成型，并进行泄漏试验，以确定是否可以使用。

5.5　热塑成型材料质量检验

5.5.1　产品质量控制与验收

（1）外观

ASTM F1871 规定内衬管材应整体均匀，无明显裂缝、孔洞、外来杂质或其他有损修复的缺陷，管道的颜色、不透明性、密度和其他物理特性应一致。ISO 11296-3 及 ISO 11298-3 规定管道内外表面应光洁、无划痕、空鼓和其他缺陷。T/CECS 717 规定热塑成型内衬管表面应光洁、平整，无局部划伤、裂纹、磨损、孔洞、干斑、褶皱、拉伸变形和软弱带等影响管道结构、使用功能的损伤和缺陷。

（2）性能测试

1）尺寸测量

测试方法参照《热塑性塑料管道和管件尺寸的测定方法》（ASTM D2122）的规定[12]。A 使用平砧千分尺或游标卡尺测定管道最小和最大直径，至少进行六次测量，使用圆柱或球砧管千分尺测定最小和最大壁厚，至少进行 8 次测量，取平均值，以百分比计算壁厚范围 E。产品的工程外径和最小壁厚不小于表 5-2 中规定值。

$$E = \frac{A - B}{A} \times 100 \tag{5-1}$$

式中　A——任意横截面处的最大厚度，mm；

　　　B——任意横截面处的最小厚度，mm。

《塑料管道系统 塑料部件尺寸的测定》（GB/T 8806）规定平均外径和平均内径可用 π 尺直接测量，或根据表 5-12 的要求对每个选定截面上沿环向均匀间隔测量的一系列单个值计算平均值[13]。

表 5-12　给定公称尺寸的单个直径测量的数量

管材或管件的工程尺寸/mm	给定截面要求单个直径测量的数量/个
≤40	4
(40,600]	6
(600,1600]	8
>1600	12

壁厚的测量使用管壁测厚仪或其他相同精度等级的测量仪器。在选定的被测截面上，沿环向均匀间隔至少 6 点进行壁厚测量。

2）管道压扁

ASTM F1871 规定管道压扁实验（图 5-14）是将 3 根 152mm 长的试样安装在加压板上，匀速加压至板间距离为管道外径的 40%。卸下荷载，检查试样是否有开裂或断裂迹象。若无可见裂纹，则判定为合格。

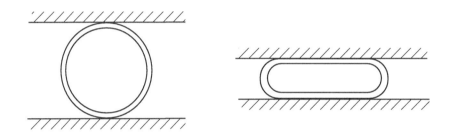

图 5-14　管道压扁示意

3）挤出质量

管材挤出质量可通过丙酮浸提法和热还原法两种方式进行评价。

① 丙酮浸提法参考《丙酮浸渍法测定挤出聚氯乙烯管和管件质量》（ASTM D2152）[14]。将丙酮倒入容器中，放入试样，使其完全浸没。密封容器，静置浸泡 20min，取出试样。如试样外表面材料未发生移动或脱落，则判定为合格。

② 热还原法参考《聚氯乙烯管材质量热还原法测定方法》（ASTM F1057）[15]。试样包括圆形管道试样和条状管壁试样，长度均不小于 150mm，置于烘箱中均匀加热。厚度小于 25.4mm 的试样，在（180±5）℃下放置 30min。厚度大于 25.4mm 的试样，在（180±5）℃下放置 45min。从烘箱中取出后 3min 内，圆形管道试样沿轴向间隔 60°切割，形成 6 个大致相等的试样。管壁试样切割成 3 等份，观察管壁及管筒的形状、材料内外表面的状况及材料边缘切割的情况。

若管壁存在应力则会出现严重鱼鳞现象。若挤出前或挤出过程出现渗出，以及管壁出现污染迹象，则会出现分层。若挤出物中存在水分，则会出现外部起泡现象。若不完全真空，则会出现内表面起泡现象。

4）弯曲性能

弯曲性能测试参考《未增塑、增塑及电绝缘材料的弯曲性能测试方法》（ASTM D790）的规定[16]：将试样置于支架中心，跨度与厚度之比为 16∶1。加压头按规定速率向试样施加荷载，至试样发生断裂或试样外表面最大应变达到 0.05mm/mm 时，终止实验。弯曲应力根据式(5-2)进行计算：

$$\sigma_f = 3PL/(2bd^2) \tag{5-2}$$

式中　σ_f——弯曲应力，MPa；

　　　P——荷载，N；

　　　L——跨度，mm；

　　　b——试样宽度，mm；

　　　d——试样厚度，mm。

应变率为 0.01mm/(mm·min)。测试速度根据式(5-3)进行计算。

$$R = ZL^2/(6d) \tag{5-3}$$

式中　R——十字头速率，mm/min；

　　　Z——应变率，mm/(mm·min)；

　　　L——跨度，mm；

　　　d——厚度，mm。

《塑料 弯曲性能的测定》（GB/T 9341）参照 ISO 178 进行编制，应变速率与 ASTM 相同[17]，如表 5-13 所列。

表 5-13　试验速度推荐值

速度 v/(mm/min)	允差/%
1①	±20②
2	±20②
5	±20
10	±20
20	±10
50	±10
100	±10
200	±10
500	±10

① 厚度在1~3.5mm之间的试样，用最低速度。

② 速度1~2mm/min的允差低于GB/T 17200—2008的规定。

5）拉伸性能

《塑料 拉伸性能测试方法》（ASTM D638）[18]、《塑料拉伸性能测试 第2部分：模塑和挤塑塑料的试验条件》（ISO 527-2）[19] 以及《热塑性塑料管材 拉伸性能测定 第2

部分：硬聚氯乙烯（PVC-U）、氯化聚氯乙烯（PVC-C）和高抗冲聚氯乙烯（PVC-HI）管材》（GB/T 8804.2）[20] 中拉伸试样都为哑铃形，在符合长度的管材中部进行切割，但试样尺寸略有不同。ASTM D638 根据材料及样品类型对测试速度进行了规定，如表 5-14 所列。

表 5-14　ASTM D638 测试速率

分类	样品类型	测试速率 mm/min	实验开始时的应变率 /[mm/(mm·min)]
刚性和半刚性	Ⅰ,Ⅱ,Ⅲ型	（5±25）%	0.1
		（50±10）%	1
		（500±10）%	10
	Ⅳ型	（5±25）%	0.15
		（50±10）%	1.5
		（500±10）%	15
	Ⅴ型	（1±25）%	0.1
		（10±25）%	1
		（100±25）%	10
非刚性	Ⅲ型	（50±10）%	1
		（500±10）%	10
	Ⅳ型	（50±10）%	1.5
		（500±10）%	15

ISO 527-2 规定测试速度为 1mm/min，低于 ASTM 标准中规定的测试速率。GB/T 8804.2 规定所有试样不论壁厚大小，试验速度均取 5mm/min±0.5mm/min。拉伸试样见图 5-15。

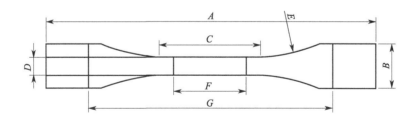

图 5-15　拉伸试样

A—最小总长度；B—端部宽度；C—平行部分长度；D—平行部分宽度；
E—曲率；F—标线间长度；G—夹具间距离

6）抗冲击性

《落锤法测试热塑管及配件标准操作规程》（ASTM D2444）[21] 规定一组试样包括 6 个 152mm 的试样，在表 5-8 规定的冲击条件下进行测试，每个试样仅冲击一次。所有样条均应通过测试，若有一个样条不合格，则测试下一组试样。测试的 12 个样条中，

通过 11 个样条视为合格。《热塑性塑料管材耐外冲击性能试验方法》（GB/T 14152）[22]
等效采用 ISO 3127，根据不同管材的公称外径确定画线数，对所画线依次进行冲击，
直至试样破坏或全部标线都冲击一次。落锤冲击测试如图 5-16 所示。

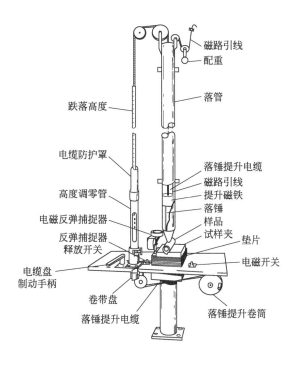

图 5-16　落锤冲击测试

7）环刚度

环刚度可参照《平行板荷载法测定塑料管环刚度标准操作规程》（ASTM D2412）
进行测试[23]，内衬管试样长度为（150±3）mm。以最小壁厚线为基线（若无最小壁厚
线，则任意线为基线），试样轴线与试验台平行，将试样旋转 0°、35°、70°，以（12.5
±0.5）mm/min 的恒定速率进行压缩，测量并记录挠度。当荷载不再随挠度增加而增加
时，或者当试样挠度达到平均内径的 30% 或要求的最大挠度时，停止试验。环刚度按
式(5-4)进行计算：

$$S_P = F/\Delta y \tag{5-4}$$

式中　S_P——管道环刚度，kPa；

　　　F——管材变形时的负荷，N；

　　　Δy——管材变形量，mm。

对于排水管道原有管路不能起到结构支持的，热塑成型管的环刚度应≥SN4。

（3）热塑成型管检测国内参考标准

① 热塑成型管的检测试样状态调节和检测室的环境，应按 GB/T 2918 标准规定，
检测室温为（23±2）℃，状态调节时间不少于 24h。

② 热塑成型管的外观质量，如颜色等要求均匀一致，管的外壁光滑、平整，不允

许有气泡；内壁平整，不允许有气泡、裂口及明显的波纹、凹陷、杂质和分解变色线等。这些质量要求，用肉眼在自然光下检查。

③ 管材的几何形状尺寸测量，如外圆、壁厚尺寸及偏差应符合 GB 10002.1—2006 的标准规定。按 GB 8860 规定，用精确度为 0.05mm 的游标卡尺和壁厚测厚仪检测管的外圆直径和壁厚尺寸。管的长度一般为 4m 或 6m，用钢卷尺检测。

④ 管材的密度按 GB 10331—2008 标准规定检测。

⑤ 管材维卡软化温度按 GB/T 8802—2001 标准规定试验。

⑥ 纵向回缩率按 GB/T 6671—2001 标准规定。

⑦ 曲度测量方法按 QB/T 2803—2006 标准规定。

⑧ 管的扁平检测按 GB 8804.1 标准规定：取 3 根长（50±2）mm 管，在（23±2）℃室温状态下调节时间不少于 24h，然后用两平板，以 105mm/min 速度压管外圆直径尺寸至 1/2，后立即卸荷，管材无破裂、无裂纹为合格。

⑨ 拉伸屈服应力试验按 GB 8804.1—2003 标准规定。

⑩ 落锤冲击试验按 GB/T 8801—1988 标准规定，无破裂为合格。

⑪ 液压试验按 GB/T 6111—2003 标准规定进行。以不破裂、不渗漏为合格。

⑫ 耐腐蚀度试验按 QB/T 3801—1999 标准规定检测。

5.5.2　施工质量验收

（1）现场抽样测试

ASTM F1867 规定在施工的同时，设置模具管。模具管道的直径应与修复管道的直径相同，长度不小于直径。施工结束后从模管中取出内衬管，以便于对管道尺寸、壁厚、弯曲、拉伸等性能进行测试。ISO 11296 和 T/CECS 717 规定样品管现场取样应在原有管道封堵处取样。

（2）外观验收

ASTM F1867 规定通过 CCTV 进行检查，成型管道应在整个修复长度上连续，无裂缝，并贴合现有管壁。

T/CECS 717 规定安装后热塑成型内衬管表面不得有裂缝、孔洞、脱落、灼伤点、软弱带和可见的渗漏现象；应紧贴原有管道，内壁顺滑，无明显环形褶皱；内衬管褶皱应满足设计要求，当无设计要求时，非原有管道引起的褶皱最大高度不应超过 6mm；内衬管两端处理应符合设计文件的规定，且密封良好。图 5-17 为管道修复前图片（书后另见彩图），图 5-18 为原位热塑成型技术修复后管道的图片（书后另见彩图）。

（3）渗漏测试

ASTM F1867 规定管道渗漏测试在成型管道冷却至环境温度后进行。该试验仅限于无支流的管段或具有尚未恢复支流的管段，可采用闭水试验或闭气试验。

闭水试验应进行至少 1h，计算 24h 渗水量，不得超过 0.118m³/km。《城镇排水管道非开挖修复更新工程技术规程》（CJJ/T 210）规定实测渗水量小于或等于允许渗水量[24]。允许渗水量计算公式如下：

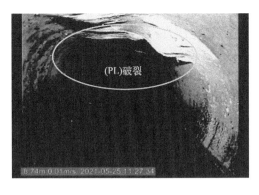
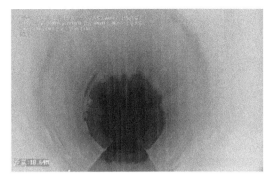

图 5-17　热塑成型技术修复前　　　　图 5-18　热塑成型技术修复后

$$Q_e = 0.0046D_1 \tag{5-5}$$

式中　Q_e——允许渗水量，$m^3/(24h \cdot km)$；

　　　D_1——试验管道内径，mm。

《低气压下无压排水管道安装验收标准操作规程》（ASTM F1417）规定了闭气试验方法[25]。使用气囊堵住管道两端，试验中所有支管、三通、短管的端部应堵塞，以防漏气。调节供气装置，使压力维持在 24.13～27.58kPa 至少 2min。压力稳定后，记录压力从 24.13kPa 降至 17.24kPa 或从 24.13kPa 降至 20.69kPa 所需时间，与规定值进行对比，如果不低于规定最小时间，则认为符合要求。允许最短时间应按式(5-6)、式(5-7)计算：

$$T = 0.00708DK/Q \tag{5-6}$$

$$K = 3.24 \times 10^{-3}DL \tag{5-7}$$

式中　T——气压下降 7kPa 允许最短时间，s；

　　　D——管道平均内径，mm；

　　　K——系数，不小于 1.0；

　　　Q——渗漏速率，$m^3/(min \cdot m^2)$；

　　　L——测试段长度，m。

5.6　工程实例

5.6.1　案例一：　DN600 钢管 FIPP 修复

该项目由安越环境科技股份有限公司负责实施，厦门市嘉禾路—仙岳路路段 DN600 给水管道，管材为钢管，管道建设使用年限较长，待修复段全长 30m，管道有约 30°转角。经 CCTV 检测，发现该段管道有渗漏、腐蚀、严重结垢的情况，影响了管道过流能力，管道内部检测情况如图 5-19 所示。为保障居民用水安全，延长管道使用寿命，需立即对该段管道进行修复。待修管道周边道路交通繁忙，大面积开挖更换新管施工难度大，成本较高，最终决定采用原位热塑成型修复技术进行修复。

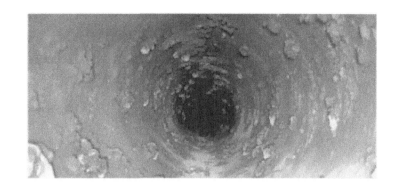

图 5-19　修复前管道内部检测

　　计算内衬管道壁厚，本工程内衬管道外径为 600mm，管道顶部埋深约 0.85m，不考虑地下水压力。椭圆度 q 取 2%，椭圆度折减系数 C 经计算为 0.836。计算结果为 8.872mm，取 9mm。计算修复后管道过流能力，计算得管道修复前后过流能力比为 138.30%，过流能力显著增加。修复后管道经 CCTV 检测，内壁表面光滑，与原管道贴合紧密，对原管道断面影响非常小，且保证了供水管道的水质安全，减少供水企业的损失。修复后管道内部 CCTV 检测情况和接头翻边处理效果如图 5-20 所示（书后另见彩图）。

(a) 管道接头处理

(b) 修复后管道内部

图 5-20　修复后管道检测图

施工完成后，通过 CCTV 检测对修复后的管道进行检查，按照《城镇给水管道非开挖修复更新工程技术规程》（CJJ/T 244—2016）和《城镇排水管道非开挖修复更新工程技术规程》（CJJ/T 210—2014），修复更新后的管道内应无明显渗水，内衬管道不应出现裂缝、孔洞、褶皱、起泡、干斑、分层和软弱带等影响管道使用功能的缺陷。修复完成后需进行水压试验、水质检验、内衬管材力学性能取样检测。经检测，各项指标均符合标准规定。

5.6.2 案例二：重庆永川区 FIPP 修复

（1）工程概况

修复工程位于重庆市永川区，由于运行年代久远、维护不及时管道出现严重的结构性缺陷和功能性缺陷，管道总长度为 1.2km，管径 DN600，管道材质为双壁波纹管和混凝土管，经 CCTV 检测，管道缺陷结果统计如表 5-15 所列。

表 5-15　管道缺陷统计表

管径/mm	结构性缺陷数/处							合计/处
	变形	错口	腐蚀	破裂	渗漏	脱节	进口材料脱落	
	3	6	10	28	7	5	1	60
600	功能性缺陷数/处							合计/处
	沉积	障碍物	结垢	浮渣	树根	残墙、坝根		
	30	4	6	6	21	1		68

管道以破裂、腐蚀、渗漏、脱节、错口缺陷为主，其中，破裂、腐蚀、渗漏、脱节、错口缺陷总计占结构性缺陷的 93%。部分管道病害情况如图 5-21 所示（书后另见彩图）。

该施工区域位于商业中心、人流量大、可作业面小，交通拥挤地段不具备开挖条件。结合几种非开挖修复技术特点和适用范围，经比选，确定采用原位热塑成型（FIPP）非开挖修复技术对其进行修复。

（2）修复质量控制

1）内衬管材料质量控制

严格做好内衬管材料的进场检验及验收工作，确保产品合格证及出厂检测报告齐全，产品标识完好，外观完好无缺损。同时，现场随机抽取内衬管进行取样，复检结果满足规定要求。

2）内衬管预热软化

根据现场实际管道修复长度制作内衬管，将内衬管送入加热箱加热，加热温度及加热时间根据厂家提供的参数来确定。内衬管预热软化如图 5-22 和图 5-23 所示。

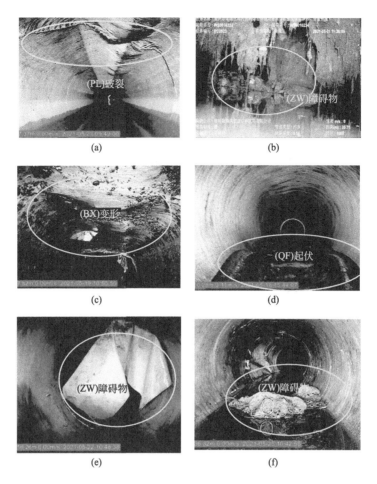

(a)

(b)

(c)

(d)

(e)

(f)

图 5-21　部分管道病害情况

图 5-22　内衬管预热软化　　　　　　　图 5-23　内衬管拉入过程软化

3）内衬管拉入待修复管道

将预热好的内衬管拉入原有管道，通过铁链连接卷扬机和卷盘上的内衬管，施工人员通过步话机联系相互配合，确保将内衬管顺利拖入待修管道之中。

在施工过程中，由于管道距离较长，材料发生提前冷却硬化，通过对内衬管内加热使其保持软化，最后顺利将内衬管完全拉入待修管道。内衬管拉入原有管道如图 5-24 所示。

(a) 内衬管拉入原有管道　　　　　　　(b) 切除多余内衬管

图 5-24　内衬管拖入施工现场图

4）内衬管膨胀及冷却定型

对内衬管加热软化，用专用堵头在送料检查井与接收检查井分别将内衬管两端堵住，开始向内衬管通入水蒸气加热加压，使内衬管膨胀直至紧贴待修管道内壁。衬管膨胀成型过程中，一定要控制好加热温度和内衬管内部的压力。待内衬管完全与待修复管道内壁紧密贴合后，在保持压力不变的情况下，向内衬管内部输入冷空气冷却，当内衬管内部的气体温度降为常温后可以释放压力。

施工完成后，通过 CCTV 检测对修复后的管道进行检查，竣工验收指标按 CJJ/T 210—2014 标准进行验收。

（3）修复后排水管道功能性评价

1）外观评价

修复完成后，采用 CCTV 设备对修复后的管道进行检测，内衬管内壁表面光滑无鼓胀，无明显划伤、褶皱、裂纹及渗漏水，效果好。同时，内衬管与待修复管道贴附紧密，符合《城镇排水管道检测与评估技术规程》（CJJ 181—2012）的标准规定。

2）内衬管结构性能

对于修复后的内衬管进行取样，并委托专业机构对送检试样进行检测，检测结果如表 5-16 所列。

表 5-16　FIPP 内衬软管的强度检测结果

检测项目	检测条件	技术指标	检测结果	单项判断	检测方法
拉伸强度/MPa	（23±2）℃	≥21	36.2	合格	GB/T 1040.2—2006
弯曲强度/MPa		≥31	55.6	合格	GB/T 9341—2008
弯曲模量/MPa		≥1724	2455	合格	

由表 5-12 可知，初始固化管的拉伸强度为 36.2MPa，弯曲强度为 55.6MPa，弯曲模量为 2455MPa，均满足各项技术指标，检测结果合格。

3）内衬管壁密实性试验

密实性试验是检验修复后内衬材料的均匀度和管壁的抗渗性能，测试方法参照《给水排水管道原位固化法修复技术规程》（T/CECS 559—2018）中管壁密实性测试试验，经实际测试均未发生渗漏，试验结果合格。

4）修复后管道过流能力

管道修复完成后，内衬管的曼宁系数为 0.010；待修复管道的材质为混凝土管，曼宁系数为 0.013；原管道的内径为 601mm；内衬管的内径为 581mm。经计算得管道修复前后过流能力比为 118.8%，过流能力显著增加，满足工程验收规定。

5.6.3 案例三：石棉水泥管 FIPP 修复

Zengergraben 河道旁的石棉水泥管在使用数十年后，被当地供水管理局工程师发现有多处开裂渗水。待修复管道靠近河流，地下水水位高。开挖基坑需要额外做排水措施，增加时间和成本的支出；对取出的旧石棉水泥管的处置需符合当地环境和健康要求；取出旧石棉水泥管工程耗时长。

为了不影响居民正常生活，不破坏当地环境，且尽可能地以最短工期完成修复，负责该项目管理的工程师们最终决定采用德国瑞好 Rauliner 非开挖管道修复技术和预制管道，对内尺寸 190 的旧管道进行翻新。该工程中，待修复管道总长度 2300m，埋深 1.5m，被分成 7 段修复，起到了尽可能减少作业井开挖数量的效果。整个工程工期仅用了 14 个工作日，包括旧管道修复耗时 9 个工作日，管道连接耗时 5 个工作日。即便是其中最长的一段 350m 管道，施工队也只用了 1d 时间便修复完成。

（1）施工过程

① 在作业井内，将 Rauliner 非开挖管道修复预制管道放入旧管道（图 5-25）。

图 5-25 衬管拉入施工现场图

② 送入加压蒸汽，使 Rauliner 预制管道和旧管道紧密贴合（图 5-26）。

图 5-26 衬管加压蒸汽膨胀

③ 待冷却后成型（图 5-27）。

图 5-27 内衬管冷却成型

（2）Rauliner 优势

① 减少工程量：开挖面积小，施工空间最小化；

② 降低环境影响：降低施工时的噪声污染，二氧化碳和颗粒排放；

③ 紧密贴合无缝隙；

④ 缩短安装时间；

⑤ 新管道使用寿命长达 100 年。

参考文献

［1］ 廖宝勇 . 原位热塑成型修复技术在给排水管道非开挖修复中的应用 ［J］. 建设科技，2019（23）：60-63.

［2］ ASTM F1871. Standard specification for folded/formed ploy（vinyI chloride）type a for existing sewer and conduit rehabilitation ［S］. ASTM，Philadelphia，PA，USA.

[3] ASTM F1867. Standard practice for installation of folded/formed ploy (vinyI chloride) (PVC) pipe type a for existing sewer and conduit rehabilitation [S]. ASTM, Philadelphia, PA, USA.

[4] Plastics piping systems for renovation of underground water supply networks—Part 3：Lining with close-fit pipes [S]. ISO, GER.

[5] Plastics piping systems for renovation of underground non-pressure drainage and sewerage networks—Part 3：Lining with close-fit pipes [S]. ISO, GER.

[6] 中国工程建设标准化协会. 城镇排水管道非开挖修复工程施工及验收规程：T/CECS 717—2020 [S]. 北京：中国建筑工业出版社，2020.

[7] 苏殿明. 塑料管挤出成型 [M]. 北京：机械工业出版社，2011.

[8] 申开智. 塑料成型模具 [M]. 北京：中国轻工业出版社，2013.

[9] 赵建华. PVC-U 管材生产工艺与质量问题分析 [J]. 石化技术，2018，25（10）：238-263.

[10] 钟县楼. PVC-U 管材生产工艺与质量提升探究 [J]. 低碳世界，2019，9（06）：324-325.

[11] 中华人民共和国国家卫生健康委员会. 生活饮用水输配水设备及防护材料卫生安全评价规范：GB/T 17219—1998 [S]. 北京：中国标准出版社，2001.

[12] ASTM D2122. Standard test method for determining dimensions of thermoplastic pipe and fittings [S]. ASTM, Philadelphia, PA, USA.

[13] 全国塑料制品标准化技术委员会. 塑料管道系统 塑料部件尺寸的测定：GB/T 8806 [S]. 北京：中国标准出版社，2008.

[14] ASTM D2152. Standard test method for adequacy of fusion of extruded poly (vinyl chloride) (PVC) pipe and molded fittings by acetone immersion [S]. ASTM, Philadelphia, PA, USA.

[15] ASTM F1057. Standard practice for estimating the quality of extruded poly (vinyl chloride) (PVC) pipe by the heat reversion technique [S]. ASTM, Philadelphia, PA, USA.

[16] ASTM D790. Standard test methods for flexural properties of unreinforced and reinforced plastics and electrical insulating materials [S]. ASTM, Philadelphia, PA, USA.

[17] 全国塑料制品标准化技术委员会. 塑料弯曲性能的测定：GB/T 9341 [S]. 北京：中国标准出版社，2008.

[18] ASTM D638. Standard test method for tensile properties of plastics [S]. ASTM, Philadelphia, PA, USA.

[19] ISO 527-2. Plastics—Determination of tensile properties—Part 2：Test conditions for moulding and extrusion plastics [S]. ISO, GER.

[20] 全国塑料制品标准化技术委员会. 热塑性塑料管材 拉伸性能测定 第 2 部分：硬聚氯乙烯（PVC-U）、氯化聚氯乙烯（PVC-C）和高抗冲聚氯乙烯（PVC-HI）管材：GB/T 8804.2 [S]. 北京：中国标准出版社，2003.

[21] ASTM D2444. Standard practice for determination of the impact resistance of thermoplastic pipe and fittings by means of a tup (falling weight) [S]. ASTM, Philadelphia, PA, USA.

[22] 全国塑料制品标准化技术委员会. 热塑性塑料管材耐外冲击性能试验方法：GB/T 14152 [S]. 北京：中国标准出版社，2001.

[23] ASTM D2412. Standard test method for determination of external loading characteristics of plastic pipe by parallel-plate loading [S]. ASTM, Philadelphia, PA, USA.

[24] 中华人民共和国住房和城乡建设部. 城镇排水管道非开挖修复更新工程技术规程：CJJ/T 210 [S]，北京：中国建筑工业出版社，2014.

[25] ASTM F1417. Standard practice for installation acceptance of plastic non-pressure sewer lines using low-pressure air [S]. ASTM, Philadelphia, PA, USA.

第6章
喷涂修复技术及材料

管道喷涂修复法是指在管道内壁喷涂一定厚度的修复材料，凝固后形成内衬，从而修复补强原有管道的方法。该法既能够实现管道防腐、堵漏，同时还能够满足结构性补强的要求。和其他非开挖技术一样，该技术能极大地减少对路面及绿化的破坏，能够最大限度地避免废弃材料的产生，对自然环境和人文环境影响较小。

市政管道喷涂修复法始于 20 世纪 30 年代，美国 Centriline 公司采用水泥砂浆作为喷涂修复材料，水泥砂浆喷涂修复技术问世，在美国新泽西州，实现了长度 8.4km 钢制管道渗漏缺陷的修复，修复后管道的过水能力提高了将近 2 倍，过水能力接近硬聚乙烯管和纤维缠绕玻璃钢管。

因技术限制，水泥砂浆喷涂修复只能用于管径 DN600 以上的地下管道，直到离心式砂浆喷涂机的应用后，这一问题得以解决。离心喷涂水泥内衬管（centrifugally cast concrete pipe，CCCP）技术是美国 AP/M 公司于 2001 年在检查井结构性修复基础上，发展起来的一项管道的非开挖修复技术，目前该技术已在美国、加拿大等地经大量工程检验，是一种低成本技术[1,2]。

高分子聚合物喷涂（spray-in-place pipe，SIPP）技术是美国 Nukote Coating Systems International 公司于 2003 年研发，针对各类管网修复的高分子聚合物喷涂技术，该公司研发的技术包括高性能高分子聚合物涂料、管道喷涂机器人设备，目前该技术已在全球 140 个地区应用，是一项成熟的非开挖管道修复工艺。该技术使用的高分子聚合物涂料多为耐腐蚀、耐候性速干材料，施工完成后即可通水使用，可应用于管道、箱涵及配套检查井的修复。

6.1 喷涂修复材料

6.1.1 普通砂浆类

普通水泥砂浆是以水泥为胶结料，加入细骨料和水配制而成，可用于砌筑抹灰，特别适用于潮湿环境。

应用于制作建筑防水层的砂浆称为防水砂浆，防水砂浆是通过严格的操作技术或掺入适量具有防水性能的添加剂、合成高分子聚合物等材料，以提高砂浆的密实性，达到抗渗防水目的的一种重要刚性防水材料。水泥砂浆防水层一般又称作刚性防水层。

（1）硅酸盐水泥砂浆

硅酸盐水泥（portland cement）是指以硅酸钙为主的硅酸盐水泥熟料，5%以下的石灰石或粒化高炉矿渣，适量石膏磨细制成的水硬性胶凝材料，国际上统称为波特兰水泥，硅酸盐水泥的组分要求见表 6-1[3]。

表 6-1 硅酸盐水泥的组分要求

品种	代号	组分(质量分数)/%		
		熟料＋石膏	高炉矿渣	石灰石
硅酸盐水泥	P·Ⅰ	100	—	—
	P·Ⅱ	95～100	0～5	—
			—	0～5

V 型（5%C_3A）水泥和低铝 GGBS（11%Al_2O_3，60%替代物）组成的 GGBS 混合水泥具有稳定的抗硫酸盐性能，在 GGBS 混合水泥中添加石灰石粉（4%或 8%）（OPC，30%～40%替换率）可提高抗硫酸盐侵蚀性，GGBS 混合水泥中硫酸钙含量的增加提高了抗硫酸盐侵蚀性。

通用水泥中的硅酸盐水泥、普通硅酸盐水泥（即普通水泥）、矿渣硅酸盐水泥（矿渣水泥）、火山灰质硅酸盐水泥（火山灰水泥）、粉煤灰硅酸盐水泥（粉煤灰水泥）和复合硅酸盐水泥等六大品种为硅酸盐水泥系列中的常见品种。

（2）铝酸盐无机防腐砂浆

铝酸盐无机防腐砂浆喷涂技术，是通过离心或人工方式将铝酸盐无机防腐砂浆喷涂后，经固化形成内衬的修复方法，由于是喷涂施工，施工一体化程度高，不会留有施工死角，不受形状限制，可确保内衬层质量[3]。

铝酸盐水泥是以铝矾土和石灰石为原料，经煅烧制得的以铝酸钙为主要成分、氧化铝含量约 50%的熟料，再磨制成的水硬性胶凝材料。铝酸盐水泥生产过程中会产生大量的 CO_2，硫铝酸盐水泥生产过程排放的 CO_2 相对较少，还具有凝结速度快、早期强度高、抗渗透性好、微膨胀和低碱度等特点。

（3）高强度水泥灰浆

CCCP 管用 PL-8000 材料应具备高强度、刮抹性、耐磨及耐腐蚀性好等性能，由改性水泥、添加剂（含防锈剂）在工厂混配制成，将该灰浆材料与一定量水充分搅拌后形成一种适宜浇筑或可泵入不小于 6mm 空间的膏状材料[4]。

除了良好的可施工性，灰浆即使在潮湿的表面也有很强的黏附力，不会出现流挂现象，该材料适用于在土体、金属、木材、塑料或其他建筑材料的表面上使用[4]。PL-

8000 的相关技术参数见表 6-2。

表 6-2　PL-8000 的性能参数

初凝时间/终凝时间	约 150min/约 240min
抗压强度 ASTM C-109[5]	
24h/28d	20.7MPa/55.2MPa
弯曲强度 ASTM C-293	
24h/28d	4.1MPa/7.4MPa
28d 斜向剪切强度 ASTM C-882	14.5MPa
拉伸强度 ASTM C-496	4.7MPa
抗冻融性	300 循环次无破坏迹象
2d 弹性模量 ASTM C-469	2.46×10^4 MPa

（4）砂浆的强度

抗压强度是砂浆的主要物理力学性能，砂浆强度受砂浆自身的组成材料及配比的影响，在配比相同的情况下，砂浆强度还与基层材料的表面粗糙程度、清洁程度、潮湿状态以及养护条件等有关。

行业标准《机喷砂浆喷涂剂》（JC/T 2589—2021）中规定：受检砂浆抗压强度比在 7d 和 28d 时应大于 50%。

（5）砂浆的黏结力和变形性能

黏结力和变形性能是抹面砂浆的重要性质，抹面砂浆不承受荷载，但为了提高其黏结强度，往往需要提高砂浆的强度等级。

砂浆黏结力随其抗压强度的增大而提高，黏结力还与基层表面的粗糙程度、洁净程度、润湿情况及施工养护条件等因素有关，在充分润湿、粗糙、洁净的表面上，砂浆与基层的黏结较好。

（6）抗渗压力

抗渗压力是聚合物水泥防水砂浆产品的关键性指标，即应用该产品后是否能具有优良的防水抗渗效果，承受迎水面或背水面的抗渗压力。行业标准《聚合物水泥防水砂浆》（JC/T 984—2011）规定，7d 抗渗压力≥1.0MPa，28d 抗渗压力≥1.5MPa。

（7）抗折强度

防水砂浆产品不仅要求有一定的抗渗压力，还要具有一定的抗压、抗折强度，以保证防水抗渗工程的长期应用效果，28d 抗折强度一般≥8.0MPa。

6.1.2　高分子聚合物类喷涂材料

高分子聚合物喷涂技术是指利用强化高分子聚合物材料，使用管道喷涂机器人或人工喷涂，对市政给水管道、排水管道、检查井、箱涵等修复的工艺技术。

该技术适用于 DN300 以上的铸铁管、钢管、钢筋混凝土管、塑料管及其附属结构的修复，高分子聚合物喷涂技术中使用的强化高分子聚合物材料，包括高强度聚氨酯、环氧树脂材料等[6]。

（1）高强度聚氨酯

强化高分子聚合物材料普遍具有耐化学腐蚀、耐磨损、耐候性好，拉伸强度高及附着力大等优势。其中高强度聚氨酯材料具有较高的弯曲强度和弯曲模量，可用于管道的结构性修复、半结构性修复，同时材料具有耐磨、耐腐蚀等性能，亦适用于各类管道的防腐耐磨保护涂层。由于高分子聚合物材料的强度较高，半结构性修复喷涂内衬层厚度一般为 3～8mm，特殊情况可增加喷涂内衬层厚度实现结构性修复，标准单次单向施工长度为 125 m，单次单向施工最大长度可达 350m 以上。

聚氨酯是由多异氰酸酯与多元醇（包括含羟基的低聚物）反应生成的。聚氨酯制品分为软质泡沫制品、硬质泡沫制品和弹性体制品。其中的弹性体制品具有弹性且耐磨性优异，可用作工业用材、电气制品、生活用品等，也可用于管网非开挖修复喷涂材料。凡用异氰酸酯或其反应物为原料的涂料都可称聚氨酯涂料。聚氨酯涂料形成的漆膜中含有酰胺基、酯基等，分子间很容易形成氢键，因此其具有良好的耐磨性和附着力。聚氨酯涂料具有一定的抗弯强度，属于半结构性材料，用于管道修复可以与原管道共同承担压力和外部荷载。研究表明，采用聚氨酯喷涂法进行管道修复时，相同管径下，聚氨酯涂料喷涂厚度的增加可使原管道所受的应力值呈线性降低，聚氨酯可增强原管道强度，是一种性能优异的管道修复涂料。

高强度聚氨酯用于给水、排水管道的结构性修复、半结构性修复、防渗和防腐工程时，其性能要求见表 6-3。

表 6-3　给水排水管道喷涂高强度聚氨酯性能要求

检验项目		性能要求	试验方法
初凝时间/min		≤3	《漆膜、腻子膜干燥时间测定法》（GB 1728）
终凝时间/min		≤10	
拉伸强度/MPa		≥40	《塑料　拉伸性能的测定第 2 部分：模塑和挤塑塑料的试验条件》（GB/T 1040.2）
弯曲强度/MPa		≥50	《塑料　弯曲性能的测定》（GB/T 9341）
弯曲模量/MPa		≥1500	《塑料　弯曲性能的测定》（GB/T 9341）
拉伸黏结强度	与混凝土基体/MPa	≥1.0 或试验时基体破坏	《高强度胶粘剂剥离强度的测定 浮辊法》（GB/T 7122）
	与金属基体/MPa	≥1.0	
	与 UV、热水固化内衬管基体/MPa	≥1.0	
防腐蚀类型	5％硫酸液腐蚀 24h	无起泡、无剥落、无裂纹	《水性聚氨酯地坪》（JC/T 2327）
	10％柠檬酸；10％乳酸；10％醋酸腐蚀 48h	无起泡、无剥落、无裂纹	

注：给水管道修复用喷涂材料，应符合现行国家标准《生活饮用水输配水设备及防护材料的安全性评价标准》（GB/T 17219）的有关规定。

（2）环氧树脂

环氧树脂按分子量和化学结构可从液体到固体，固化前为黄色至青铜色热塑性物质，力学性能高于酚醛树脂和不饱和聚酯等通用型热固性树脂。环氧树脂具有很强的内聚力，分子结构致密，粘接性能优异。环氧树脂固化体系中活性极大的环氧基、羟基以及醚键、胺键和酯键等极性基团赋予环氧固化物以极高的黏结强度，以及很高的内聚强度等力学性能，因此它的粘接性能特别强，可用作结构胶。固化收缩率小，一般为1%～2%，是热固性树脂中固化收缩率最小的品种之一[7]。

树脂喷涂是以各种合成树脂为胶结料，加入固化剂、稀释剂、粉料及细骨料配制而成。可用于铺砌耐腐蚀块材、勾缝及有防腐蚀要求部位的面层。

采用环氧树脂喷涂修复给水管道时，其性能见表6-4[8]。与环氧树脂配套使用的稀释剂应使用优级食用酒精[9]，其乙醇浓度不得小于95.5%，其感官要求、理化指标应符合《食品安全国家标准 食用酒精》（GB 31640）的相关规定。

表 6-4 环氧树脂涂料性能[7]

项目		性能指标	测试数据
漆膜外观		白色厚浆型	色卡比较
黏度（涂-4黏度计25℃+1℃）/s		75±10	《涂料粘度测定法》（GB/T 1723）
细度/μm		≤60	《涂料粘度测定法》（GB/T 1723）
固体含量/%		≥80	《色漆、清漆和塑料 不挥发物含量的测定》（GB/T 1725）
附着力/级		1～2	《色漆和清漆 拉开法附着力试验》（GB/T 5210）
硬度（2H铅笔）		无划痕	《色漆和清漆 铅笔法测定漆膜硬度》（GB/T 6739）
柔韧性		合格	《漆膜柔韧性测定法》（GB/T 1731）
耐冲击/cm		≥30	《漆膜耐冲击测定法》（GB/T 1732）
耐盐雾性试验		一级	《色漆和清漆 耐中性盐雾性能的测定》（GB/T 1771）
施工技术处理/h		≤1	
干燥时间	表干/h	≤24	《漆膜、腻子膜干燥时间测定法》（GB/T 1728）
	实干/h	≤48	
完全固化期限/d		7	

（3）技术优势

高分子聚合物喷涂（SIPP）法具有以下技术优势：

① 施工快：施工结束后即可通水，无需额外等待；在DN700以上的大管径管道及检查井修复作业中，喷涂作业操作简单，施工便捷。

② 适用场景多：方涵、圆管、变径管、检查井修复，不受管径规格限制。

③ 黏合紧：与原管基材黏合紧密无缝隙，可共同受力作为管道补强使用。

④ 寿命长：耐腐蚀、抗冲击，具有防水、防渗、防腐功能，设计使用寿命50年。

⑤ 韧性高：较高的拉伸强度，柔韧性高，具备一定的抗形变能力。

⑥ 环境适应性强：可适应较高的动力荷载，适用于高速公路、铁路等动荷载频繁

的地区。

⑦ 修复方式灵活：可依据管道情况选择整体修复或局部修复，管径大小对施工难度几乎无影响。

（4）适用范围

① 管道类别：给水管道、排水管道；

② 适用管径：DN300 以上管道；

③ 修复类型：结构性修复、半结构性修复、非结构修复（补强、防腐、防渗等）；

④ 适用场景：方涵、圆管、变径管、检查井与引调水渠修复。

6.2　喷涂材料生产

6.2.1　砂浆生产

砂浆产品的质量不稳定，易离析、强度低、厚薄不均、易开裂。现场拌制，人工运输，边生产边使用，生产效率低，产品单一，易污染环境，是逐步淘汰的一种生产方式。因此，将在施工现场搅拌砂浆转移到砂浆制造工厂已成为其发展趋势，这也是商品砂浆的发展起因[3]。

预拌砂浆的生产工艺大体可归纳如下：将水泥、矿物外加剂、功能外加剂分别储入各自的罐仓，砂需先经过筛分设备再进入砂料储仓，然后由输送设备（水由汲取泵）将各组分原料送至电子秤计量后，再进入由电脑控制的全自动搅拌机进行搅拌，经搅拌后的砂浆拌合物经和易性检验合格后，由砂浆运输车送至施工现场，装入不吸水的密闭容器中待用。砂浆进行规范的工厂化大生产，其组分配料控制实行自动化、计算机化，其产品质量稳定可靠，预拌砂浆可在原生产预拌混凝土企业的基础上加以改造再进行生产，投资成本低。运输可采用混凝土运输车，现场贮存可用特制的金属器皿，即到即用，对环境无破坏。但对于砂浆使用量不大的工程，采用预拌砂浆也存在着一定的局限，因为预拌砂浆在施工现场贮放的时间不能过长，易产生离析、生产供应要预约等问题。

干粉砂浆是在工厂里精确配制而成的，其与传统工艺配制的砂浆产品相比较，具有质量好、生产效率高、绿色环保技术、多种功能效果、产品性能优良、文明施工的特点。干粉砂浆配合使用相关的砂浆生产设备包括散装运输系统（如筒仓）、干粉砂浆自动混合机械系统以及湿砂浆机械涂覆（喷涂）设备等。干粉砂浆可采用合成高分子聚合物（可再分散乳胶粉）和特殊的添加剂进行砂浆改性，以提高产品质量并满足现代建筑业的要求。

6.2.2　硅酸盐水泥的组成及生产工艺

硅酸盐系列水泥的组成可分为生产硅酸盐水泥熟料的原材料、石膏和混合材料。

（1）硅酸盐系列水泥熟料组成

硅酸盐系列水泥熟料是由石灰质原料、黏土质原料、铁矿粉等组成。

石灰质原料采用天然石灰石、凝灰岩和贝壳等，主要提供水泥中的 CaO；黏土质原料主要为黏土（或者页岩、泥岩、粉砂岩、河泥等），其主要成分为 SiO_2，其次为 Al_2O_3 和少量的 Fe_2O_3，铁矿粉采用赤铁矿，其化学成分为 Fe_2O_3，主要弥补黏土中铁质含量的不足[3]。在水泥生料中，各种成分的含量必须达到如表 6-5 所列要求。

表 6-5　水泥生料中成分含量

成分	含量/%
CaO	62～67
SiO_2	20～24
Al_2O_3	4～7
Fe_2O_3	2.5～6.0

（2）硅酸盐水泥熟料中混合材料组成

在生产水泥时，必须掺入适量的石膏，以延缓水泥的凝结，在硅酸盐水泥、普通硅酸盐水泥中，石膏主要起缓凝作用，而在掺较多混合材料的水泥中，石膏还起着激发混合材料活性的作用，掺入水泥中的石膏主要为无水硫酸钙等。

为了改善水泥的性能、调节水泥强度等级、提高水泥的产量以及扩大水泥的品种，在生产水泥时必须加入各种矿物质材料，混合材料可分为活性混合材料和非活性混合材料两大类。

1）活性混合材料

是指具有潜在水硬性或火山灰性或兼具有火山灰性和水硬性的矿物质材料。火山灰性是指一种材料磨成细粉后，单独不具有水硬性，但在常温下和石灰一起与水拌和后能形成具有水硬性的化合物的性能。活性混合材料常用的品种有粒化高炉矿渣、火山灰质混合材料、粉煤灰等。粒化高炉矿渣是高炉冶炼生铁的副产品，以硅酸盐和铝酸钙为主要成分的熔融物，其化学成分主要为 CaO、Al_2O_3 和 SiO_2，约占总质量的 90%以上，另外还含有少量的 MgO、Fe_2O_3 和一些硫化物，矿渣在成粒时形成不稳定的玻璃体而具有潜在水硬性，慢冷矿渣不具有水硬性；火山灰质混合材料是指具有火山灰特性的天然或人工的矿物质材料。可分为含水硅酸质材料（硅藻土、硅藻石等）、烧黏土质材料（烧黏土、煤渣、粉煤灰等）、火山灰质材料（火山灰、凝灰岩等）三大类。粉煤灰是热电厂的工业废料，由燃煤锅炉排出的细颗粒废渣，以 SiO_2 和 Al_2O_3 为主要成分，含有少量 CaO，具有火山灰的特性。

2）非活性混合材料

是指不具有潜在水硬性或质量活性，总不能达到规定要求的混合材料。常用品种有慢冷矿渣、磨细石英砂和石灰石粉等。此类混合材料掺入水泥中主要起填充作用，可以提高水泥的产量，降低水化热和强度等级，对水泥的其他性能影响不大。

（3）硅酸盐水泥熟料的矿物组成及性能要求

硅酸盐系列水泥熟料是一种由主要含 CaO、SiO_2、Al_2O_3、Fe_2O_3 的原料按适当配比磨成细粉烧至部分熔融，所得以硅酸钙为主要矿物成分的水硬性胶凝物质。

按照硅酸盐水泥熟料的主要特性与用途可分为通用、中等抗硫酸盐或中等水化热和高抗硫酸盐等类型。

各类硅酸盐水泥熟料应符合相应化学要求，见表 6-6。

表 6-6   各类硅酸盐水泥熟料的基本化学要求   单位：%

f-CaO		MgO	烧失量	不溶物	SO_3	C_3S+C_2S	CaO/SiO_2
立窑	旋窑						
≤2.5	≤1.5	≤5.0	≤1.5	≤0.75	≤1.0	≥66	≥2.0

注：f-CaO 代表硅酸盐水泥熟料中组分的含量。

当制成 P·I 型硅酸盐水泥样品的压蒸安定性合格时，允许到 6.0%。

C_3S、C_2S 的质量分数按下式计算：

$$\omega(C_3S) = 4.07\omega(CaO) - 7.60\omega(SiO_2) - 6.72\omega(Al_2O_3) -$$
$$1.43\omega(Fe_2O_3) - 2.85\omega(SO_3) - 4.07f\text{-}CaO \tag{6-1}$$
$$\omega(C_2S) = 2.87S - 0.75\omega(C_3S) \tag{6-2}$$

式中　　C_3S——$3CaO \cdot SiO$；C_2S——$2CaO \cdot SiO$。

硅酸盐水泥熟料的物理性能按制成 GB 175 国家标准中 P·I 型硅酸盐水泥的性能来表达（见表 6-7）。[10]

表 6-7   各类硅酸盐水泥熟料的选择性化学要求   单位：%

类型	R_2O	C_3A	f-CaO	C_3S
低碱	≤0.60	—	—	—
中熟和中抗	≤0.60	≤5.0	≤1.0	≤55.0
高抗	—	≤3.0	—	<55.0

注：ω（C_3A）按下式计算

$$\omega(C_3A) = 2.65A - 1.69F \tag{6-3}$$

硅酸盐水泥熟料的凝结时间初凝不得早于 45min，终凝不得迟于 6.5h；采用沸煮法定性性合格；各类硅酸盐水泥熟料均不能带有杂物（如耐火砖、垃圾、废铁、炉渣、石灰石、黏土等）。

硅酸盐系列水泥的生产工艺可概括为"两磨一烧"，即先把几种原材料按适当的比例混合后在球磨机中磨成生料，然后将制成的生料送入窑中进行煅烧，再把烧好的熟料按比例配以适当的石膏和混合材料，在球磨机中磨成细粉，即得硅酸盐水泥成品。其生产工艺流程见图 6-1。

6.2.3　铝酸盐水泥的组成及生产工艺

凡以铝酸钙为主的铝酸盐水泥熟料，磨细制成的水硬性胶材料称为铝酸盐水泥，其代号为 CA。根据需要也可在磨制 Al_2O_3 含量大于 68% 的水泥时掺加适量的 α-Al_2O_3 粉。

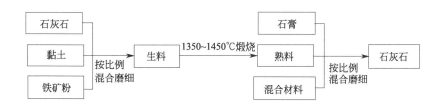

图 6-1 硅酸盐系列水泥生产工艺流程示意

（1）铝酸盐水泥分类[3]

铝酸盐水泥按 Al_2O_3 含量可分为如表 6-8 所列的 4 类。

表 6-8 铝酸盐水泥分类

名称	Al_2O_3 含量
CA-50	50%≤Al_2O_3<60%
CA-60	60%≤Al_2O_3<68%
CA-70	68%≤Al_2O_3<77%
CA-80	77%≤Al_2O_3

铝酸盐水泥的化学成分按水泥质量分数计应符合相应要求，见表 6-9。

表 6-9 铝酸盐水泥的化学成分　　　　　　　　　　　　　单位：%

类型	Al_2O_3	SiO_2	Fe_2O_3	R_2O	S	Cl
CA-50	≥50,<60	≤8.0	≤2.5	≤0.40	≤0.1	≤0.1
CA-60	≥60,<68	≤5.0	≤2.0			
CA-70	≥68,<77	≤1.0	≤0.7			
CA-80	≥77	≤0.5	≤0.5			

（2）物理性能要求

① 细度：比表面积不小于 $300m^2/kg$，筛余不大于 20%。

② 凝结时间应符合以下要求：CA-50、CA-70、CA-80 初凝时间不得早于 30min，终凝时间不得迟于 6h；CA-60 初凝时间不得早于 60min，终凝时间不得迟于 18h。

③ 强度：各类型水泥各龄期的强度值不得低于相关的数值，见表 6-10。

表 6-10 铝酸盐水泥胶砂强度

水泥类型	抗压强度/MPa				抗折强度/MPa			
	6h	1d	3d	28d	6h	1d	3d	28d
CA-50	20	40	50	—	3.0	5.5	6.5	—

水泥类型	抗压强度/MPa				抗折强度/MPa			
	6h	1d	3d	28d	6h	1d	3d	28d
CA-60	—	20	45	85		2.5	5.0	10.0
CA-70		30	40			5.0	6.0	—
CA-80	—	25	30	—		4.0	5.0	—

④ 铝酸盐水泥属于早强型水泥，其 1d 强度可达普通硅酸盐水泥 3d 强度的 80% 以上，3d 强度便可达到普通硅酸盐水泥 28d 的水平，后期强度增长不显著，主要用于工期紧急（如筑路、桥）的工程、抢修工程（如堵漏）以及冬期施工的工程。

⑤ 水化热，与一般高强度硅酸盐水泥大致相同，但其放热速度特别快，且放热量集中，1d 内即可放出水化热总量的 70%～80%。

⑥ 耐高温性好，可用于 1000℃ 以下的耐热构筑物，耐硫酸盐腐蚀性强，抗腐蚀性高于抗硫酸盐水泥。

⑦ 铝酸盐水泥由于在普通硬化后的水泥中不含有铝酸三钙，不会析出游离的氢氧化钙，而且硬化后结构致密，因此对矿物水的侵蚀作用也具有很高的抵抗性。

（3）水化和硬化

铝酸盐水泥的水化作用主要是铝酸一钙的水化过程，其水化反应随温度的不同而不同，当温度 <20℃ 时，其主要水化产物为 $CaO \cdot Al_2O_3 \cdot 10H_2O$；当温度在 20～30℃ 时，主要水化产物为 $2CaO \cdot Al_2O_3 \cdot 8H_2O$；当温度 >30℃ 时，主要水化产物为 $3CaO \cdot Al_2O_3 \cdot 6H_2O$。

6.2.4 管道修复类高分子聚合物生产工艺

管道修复类高分子聚合物均为双组分材料。

以高强度聚氨酯生产工艺为例：高强度聚氨酯的原料主要是多羟基化合物和多异氰酸酯。除此之外，有时为了提高反应速度，改善加工性能及制品性能，还需加入某些配合剂。施工时反应过程为：多元醇与二异氰酸酯反应，制成低分子量的预聚体；经扩链反应，生成高分子量聚合物；然后添加适当的交联剂，生成聚氨酯弹性体。

低聚物多元醇平均官能度较低，通常为 2 或 2～3，分子量为 400～6000，但常用的为 1000～2000。主要品类有聚酯多元醇、聚醚多元醇、聚丁二烯多元醇和聚合物多元醇等。它们在合成聚氨酯树脂中起着非常重要的作用。一般可通过改变多元醇化合物的种类、分子量、官能度与分子结构等调节聚氨酯的物理化学性能。

（1）聚酯多元醇

聚酯多元醇简称聚酯，是聚氨酯弹性体最重要的原料之一。它是由二元羧酸和多元醇缩聚而成，常用的二元羧酸是己二酸，常用的多元醇有乙二醇、丙二醇、丁二醇、二乙二醇。此外，一些特殊聚酯还用戊二醇、乙二醇、三羟甲基丙烷、甘油等多元醇。由于可用的多元醇品种多，所以聚酯的分子结构多种多样，品种牌号也较多。为了得到端羟基聚酯，需用过量的多元醇与二元羧酸反应。一般采用间歇法生产聚酯。其反应过程分为酯化反应和酯交换反应两个阶段。

主要生产设备包括缩合釜、分馏冷凝器、冷凝器、计量罐、真空系统、加热冷却系统和控制系统。系统的气密性要求严格，缩合釜搅拌轴可采用端面机械密封。生产过程先加入多元醇和配合剂，后加入己二酸，然后充氮。

酯化反应从加热升温到 220～250℃后约 1h 完成，该阶段为常压脱水过程，生成低分子聚酯和缩合水。升温到 135℃时酯化反应最激烈，生成大量缩合水。由于缩合水的蒸发会发生大量气体上升，以 1,4-丁二醇和 1,6-乙二醇为原料时气泡尤为激烈。及时调节加热功率，控制冷凝器出水速度，防止水蒸气将多元醇带出分馏冷凝器。反应过后，维持适宜的出水速度，逐渐将反应温度升到 220～250℃。当酸值降至 30mgKOH/g 左右或出水量约等于理论水量时，由于混合物中羟酸含量很低，酯化反应阶段结束。

聚酯多元醇生产工艺由加料、升温抽空、研磨分散、聚合、催化和出料等组成，各工艺环节简述如下。

① 加料：聚醚、氯化石蜡、矿物油等液态和颜料、填料等粉状原料从原料贮罐由专门的密闭输送管道计量后进入反应釜。

② 脱水：物料加入反应釜后，为了去除原材料聚醚中夹带的少量水分，采用蒸汽加热使反应釜中混合物料的温度达 220℃后，采用真空脱水。

③ 研磨与分散：由于颜料及填料中使用了立德粉、滑石粉等固体粉料，为避免粉料细度不够和粉料结块，影响产品质量，对产品进行研磨，同时进行分散以达到均质的目的。

④ 聚合反应：研磨后的物料常压下加入 MDI，先加热升温至 130℃，保温 3h，MDI 与聚醚发生的酯化聚合反应，化学反应方程式如下：

$$HO-(CH_2-CH_2-CH_2)_n-OH+2C_{10}H_6N_2O_2C_{10}H_7N_2O_2 \longrightarrow$$
$$O-(CH_2-CH_2-CH_2)_n-O-\ C_{10}H_7N_2O_2$$

⑤ 催化：降温至 65℃后，加入催化剂有机锡（二月硅酸二异丁基锡），其主要作用为催化产品与空气中的水分进行反应，与产品生产过程无关。

⑥ 出料：液态成品经输出管道进入自动罐装系统罐装后入库。

（2）异氰酸酯

异氰酸酯是异氰酸各种酯的总称，包括单异氰酸酯 R—N＝C＝O 和二异氰酸酯 O＝C＝N—R—N＝C＝O 及多异氰酸酯等。常见的二异氰酸酯包括甲苯二异氰酸酯（TDI）、异佛尔酮二异氰酸酯（IPDI）、二苯基甲烷二异氰酸酯（MDI）、二环己基甲烷二异氰酸酯（HMDI）、六亚甲基二异氰酸酯（HDI）、赖氨酸二异氰酸酯（LDI）。

异氰酸酯其生产工艺由加料、升温抽空、研磨分散、聚合、催化和出料等组成，各工艺环节简述如下。

① 加料：聚醚、氯化石蜡、二丁酯等液态从原料贮罐由专门的密闭输送管道计量后进入反应釜。

② 脱水：物料加入反应釜后，采用蒸汽加热使反应釜中混合物料的温度达 110℃后，真空脱水，脱水时间 2h。

③ 聚合反应：降温至 65℃ 后，加入 MDI，MDI 与聚醚发生的酯化聚合反应，反应时间为 3h。化学反应方程式如下：

$$HO-(CH_2-CH_2-CH_2)_n-OH+2C_{10}H_6N_2O_2 \longrightarrow$$
$$C_{10}H_7N_2O_2-O-(CH_2-CH_2-CH_2)_n-O-C_{10}H_7N_7O_2$$

④ 出料：液态成品经输出管道进入自动罐装系统罐装后入库。

（3）助剂

扩链剂与交联剂是具有不同化学作用的助剂，在聚氨酯弹性体的合成中，扩链剂参与化学反应，是聚合物分子增长、延伸；交联剂参加化学反应，不仅使聚合物分子增长、延伸，同时还能在聚合物链中产生支化，产生一定的网状结构，进行交联反应。一般扩链剂多为二元醇或二元胺类化合物。二元以上醇类和胺类化合物则具有扩链和交联的双重功能。高强度聚氨酯制备中所需的扩链剂和交联剂都有一定的要求，特别要求含水量低于 0.1%。

（4）生产流程

聚氨酯材料生产工艺流程见图 6-2。

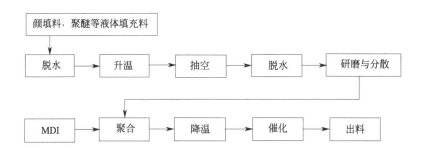

图 6-2　聚氨酯材料生产工艺

6.3　喷涂修复施工工艺与验收

6.3.1　管道预处理

在管道内喷涂施工前应对拟修复的管道进行充分的调研。

① 搜集拟修复的管道的竣工图，以便了解管道的管龄、管道材质、结构及尺寸、施工方式（明敷、暗敷、直埋等）及运行状况。

② 根据竣工图认真进行现场踏勘，听取管理单位或使用单位对管线使用情况的介绍，调查图纸与实际情况是否吻合，若有差异则应着重记录并分析。

③ 修正竣工图图面与实际不符合之处，必要时可采取现场坑探或剥离方式予以核实，以最大限度减少对施工的负面影响。

④ 调查管道的水压、水量和水质等情况。

⑤ 现场作业环境调查。a. 是否满足内喷涂机械设备（空压机、储气罐、车辆、喷

砂机、喷涂机及其他辅助设备）的放置、各设备间的胶管连接及机械操作对空间的要求；b. 作业环境能否与现有建筑物、道路、居民活动场所等保持安全距离；c. 根据现场确定可能的施工时段；d. 作业现场允许的噪声极限及其解决措施。

⑥ 管道清洗。管道宜采用高压水射流进行清洗，采用高压水射流对管道进行清洗时，需注意以下问题：a. 水流压力不得对管壁造成剥蚀、刻槽、裂缝及穿孔等损坏，当管道内有沉积碎片或碎石时，应防止碎石弹射造成的管道损坏；b. 存在塌陷或空洞的管段，不得使用高压水流冲洗暴露的土体；c. 当管道直径大于 800mm 时，可采取人工进入管道内进行高压水射流清洗，并要遵守《高压水射流清洗作业安全规范》（GB 26148）的有关规定；d. 管道清洗产生的污水和污物应从检查井内排出，污物处理应符合现行行业标准《城镇排水管渠与泵站运行、维护及安全技术规程》（CJJ 68）的有关规定，污水应合规排放至规定地点。

⑦ 管道内壁处理。管道内壁结构受损时应对内壁进行修补。管道内壁预处理应符合以下要求：a. 普通砂浆喷涂，要求管道内应无漏水、管道表面应湿润和粗糙；b. 高分子聚合物喷涂，要求基材表面应坚实、干燥，不得有松散附着物及锈蚀、渗水现象，有条件的情况管道内壁基材应处理至光滑连续表面。

旧的供水管道，特别是铸铁管材质的管道，在多年使用后，内部常有非常严重的腐蚀沉积，增大了水流摩擦应力，减小了过流面积。修复的第一步是彻底清理管道内表面。露出管道原始层，为涂层黏结创造条件，这同时也是保证喷涂层工作性能的关键因素。

清管技术包括高压水喷射、喷砂、刮削、通球、钻孔及其他机械驱动装置，如切削器、链钩等。这中间要掌握一个尺度，即清除所有的腐蚀结垢同时不破坏管壁，特别是在使用强力机械方法时更应注意这一点。

管道刮削器用于清除管道内较硬的沉积物和节瘤，在卷扬机的带动下，拖动装在中心轴上的大量的弹簧钢片。拖动头的两端都有牵引孔，必要时可反向回拖。钢刷清管器由两片半圆形的钢刷固定在中轴上，用于清除松散的沉积物，在喷涂工序前使用。

清空通球广泛使用，表面有极强的耐磨层，在供水管道中由水压驱动，可以在管内行走几千米。在严重锈蚀的管道中，常用不同直径的通球清理多次。泡沫通球器由空气或水压驱动，也可以由卷扬机拖动，用于清除管内的灰尘或流体。这种通球器往往可以双向移动，并有足够的柔韧性以通过接头、弯头、阀门，也能越过孔径变化的管段。

橡胶刮削器用于移除管道内的细粒渣滓和流体，它由两个厚的橡胶盘组成，装在中心轴上，两头都有牵引头。泡沫通球器和橡胶通球器往往在喷涂前的最后一个工序使用，以形成一个干净、干燥的管道内表面。

⑧ 排水干燥：按内喷涂的技术要求连接空气压缩机、储气罐、砂罐、水罐、涂料罐、操作台等设备，然后再与拟修复的管道相连。移动式空气压缩机、储气罐和内喷涂砂罐等管路设备，拟修复管道的一端为进风口，另一端为出风口。启动空压机，向储气罐中充气。待储气罐中的气压升至 0.6MPa 时，可以开启储气罐的出气阀及砂罐的砂阀

向拟修复的管道中送气（此过程中砂罐中不加砂）。观察出风口的气量，如气量不够，应检查各管路连接，排除故障后再次试气，直到气量能够满足喷涂工作要求为止。高压气体将管线中的存水进一步排出，同时由于气流与管壁的摩擦产生热量，可以将管道内壁逐步烘干。当测试管道进风口温度在60℃、出风口温度为30～40℃时，可认为管道内部已干燥，此时可关闭储气罐的出气阀。

⑨ 喷砂除锈：金属管道进行修复前需进行喷砂除锈。开启储气罐的出气阀，然后开启砂罐上的进气阀、砂阀向管线内送气送砂，高压旋转气体带动石英砂对管道内壁进行切削，以去除管内的锈瘤和污垢。除锈开始时，应快速少量送砂，以免堵塞管道。随后可以10s为间隔，开闭砂阀送料，砂罐中砂量不够时可暂停送气，向砂罐中加砂后再开气，如此反复多次，直至将管道中锈垢彻底除净。但值得注意的是，喷砂除锈过程应充分考虑管道材质、壁厚和原管道的承压情况，要适可而止，以免将管道打穿或打爆管壁，可以密切观察管道出风口处管内壁除锈的情况，或中途停止作业拆除支线处盖堵，来检查喷砂除锈的效果。喷砂过程中，气流的流速应控制在35～70m/s。喷砂除锈过程中，应在管道出风口安装集尘箱，以减少砂料、粉尘飞溅对周边环境的污染。

⑩ 清水冲洗：在水罐中注满洁净的自来水。打开储气罐的出气阀和水罐的进气阀和水阀，用高压气体带动水流对除锈完毕的管道进行冲洗。冲洗过程中应快速开闭水阀，反复多次，以脉冲式气压将管道内杂质彻底清除，待管道出风口处水雾清亮洁净时，可关闭水阀停止加水。但仍应向管道内连续送气，时间约10min，以使管道内部温度升高、管壁充分干燥，保证后续的环氧涂层与管壁的结合力。

6.3.2　砂浆类喷涂施工

砂浆喷涂较为常见，且是一种较为廉价的供水管道修复的方法。水泥砂浆有两个作用：一是碱性水泥抑制铁管的腐蚀；二是修复后表面粗糙度降低，改善了水流特性。至今这种方法仍被用于修复铸铁管和铁管及其他腐蚀。为了提供碱性环境，足够的砂浆厚度十分必要。作为钢筋的保护层，只有足够厚度的砂浆才能阻止腐蚀的形成，防止裂开与剥落[3]。

在浆料搅拌时，操作人员应佩戴相应的防护用品，避免粉尘吸入及眼睛、皮肤与干粉或浆料直接接触。施工前，应为管道预处理、搅拌水泥浆、管道清洗和养护准备充足的净水。现场应配备足够数量、状态良好的混料器，以确保内衬施工过程连续进行，混料器的处理量不宜超过其能力的1/2。

每袋干粉加3.6～4.0L温度为10～21℃的水在剪切搅拌作用下制得稠度均匀的灰浆，搅浆用水量不能超出推荐的最大用水量，或不得造成水泥浆离析。在使用过程中，应持续搅拌以保持灰浆有足够的流动性，防止在使用过程中灰浆变硬；灰浆的有效时间视现场情况不同控制在30min以内。每次搅拌的灰浆量，应在规定的时间内用完；不能将已经固化的灰浆加水拌和后继续使用。

在选定施工的区域后，对原有管道进行管龄、管壁及走向的调查和分析，并对符合修复条件且即将要修复的管道进行断水、断气处理，放尽管道内的自来水或气，做好前期准备工作。

在喷涂时应注意以下几点：

① 水泥砂浆喷涂宜采用机械喷涂。当管径大于 1100mm 时，可采用手工喷涂或涂抹。

② 采用机械喷涂时，弯头、三通等特殊管件和邻近闸阀的管段可采用手工喷涂，应采用光滑的渐变段与机械喷涂的衬里相接。

③ 水泥砂浆喷涂作业结束后，管端口及时进行密封，不能及时密封时须采取保护措施。

④ 在金属基层上喷涂砂浆时，处理后的基层应符合如下要求：a. 金属基层应干净，无焊渣、毛刺、铁锈、油污、浮尘等杂质；b. 金属基层除锈等级不低于 Sa2 级或 St2.0 级；c. 焊缝和搭接部位预先用砂浆找平。

⑤ 在混凝土基层上喷涂砂浆时，处理后的基层必须坚固、密实，不得有起砂、起壳、油污等现象。

⑥ 普通硅酸盐水泥砂浆喷涂后需进行养护作业。

在施工过程中旋转机通过地面软管拖动，或在特别大直径时有专门的混合好的砂浆箱。喷射机的行走速度决定了喷涂层的厚度，喷射之后可用铲涂。这由装在喷射机后面的旋转抹刀完成，有时由推进式的与管内直径吻合的圆形筒完成。无论哪种方式，沿管线轴线对中行进都是非常重要的，这对于保证涂层沿径向和轴向保持均匀厚度至关重要。

6.3.3　高分子聚合物喷涂施工——环氧树脂类

给水管道内壁烘干后，选用食品级环氧树脂作为内衬涂料，对管道内壁进行涂衬。排水管道则选用抗腐蚀类环氧树脂作为内衬涂料。根据施工环境的温度、湿度等，预先调好环氧树脂的比例。然后将空压机与修复管道连接，以压力控制，对管道进行均匀喷涂[11]。

管道内衬喷涂树脂的作用是在管道内壁形成一层保护层，以阻止水的渗透和腐蚀。镀层的厚度比水泥砂浆的厚度小得多，不会造成孔径的明显减小。这种方法的修复速度比水泥砂浆法快得多。

树脂比例配合适当，养护过程正确，用树脂喷涂法修复后的供水管道能满足供水质量要求。但在用树脂喷涂法修复供水管道施工前，应得到官方及权威机构的认可。获认可的企业也要按规范指定的质量与流程进行施工。

将配制好的涂料注入涂料罐，先开启储气罐的出气阀，然后开启涂料罐上的进气阀和涂料控制阀，高压旋转气体压送环氧树脂涂料向管道内喷涂。检查管线出风口，确认涂料是否到达，如未到达则应适当调高气压。涂料到达出风口后，观察管道端头有絮状涂料飞出，此时仍应保持高压连续送气，使管道底部积留的涂料能够完全排出，直至絮状涂料消失，然后将气压调低继续送气至涂层表面干燥。

涂层的厚度一般为 1mm，约 16h 后环氧树脂即可硬化，管道可恢复使用。对污水管道，可选用聚合物涂料和硬化剂，这两种成分分别由两根软管输送到喷头混合后再喷向污水管的内表面，可根据所要求的喷涂厚度来控制喷头的运行速度。

施工专用喷射机见图6-3，施工时高速回转的喷头在绞车的牵引下，一边后退一边将环氧树脂均匀地喷涂在旧管道的内壁上，喷头的移动速度决定喷涂层的厚度。

图6-3　环氧树脂的喷涂施工

喷涂树脂的机器上有一个旋转喷嘴，涂层的厚度由喷头旋转速度及沿管道行走速度控制。通常树脂和固化剂由两个独立的软管供应，在喷嘴处汇合。不同于水泥砂浆的喷射，喷射的树脂没有专门的刮削器刮平，喷涂表面的质量完全取决于喷射机具、工艺和材料性能。

在施工时应该注意：喷涂过程中，安排专人在各支线排气阀处间断式排气。涂层表面干燥后，其内部仍需继续干燥、固化，此时可根据环境温度、施工时限等要求选择自然干燥或强制干燥。自然干燥是使管道两端接触外界空气，常温自然风干；强制干燥即保持管路设备的连接，继续向管道内部输送高压气体，强制通风将涂膜烘干以确保喷涂工程质量。

恢复供水及水质检测：管道内壁涂层干燥时间满足要求后，则进行管道的恢复连接，并通知相关部门进行开闸通水，并在拟修复管道的消火栓、泄水阀、支线用水点等位置取水进行水质检测。

6.3.4　高分子聚合物喷涂施工——高强度聚氨酯喷涂

修复工艺适用于各类断面形式的混凝土、钢筋混凝土、砖砌等管渠与金属管道和检查井的修复。喷涂方法可分为机器设备喷涂和人工喷涂。喷涂施工过程包括：施工区域安全围挡防护、管道强制通风、气体检测、封堵导流、管道清洗、管道CCTV内窥检测、管道热风干燥、喷涂施工、CCTV检测修复效果与竣工验收等。

为保证内衬层与既有管道的良好黏合，首先对管道进行常规高压清洗，使管内不得有脏污残留。为将管壁疏松的铁锈冲洗下来，在清洗完泥沙等杂物后，采用高压旋转清洗器对管壁进行更彻底的清洗。如果在金属管道修复中遇到管道锈蚀严重或有残留的防腐层的情况，需通过喷砂方式进行管壁除锈，然后再进行一次高压清洗。清洗完后，对管道内存在的凹陷、孔洞和裂缝等缺陷采用嵌缝材料填平，嵌缝材料固化后应打磨平整。采用CCTV对管段进行检查，确认管道内壁达到预处理要求后，采用工业热风机对管道进行烘干，烘至管道内壁表面干燥即可进行高分子聚合物喷涂施工（见图6-4）。

管道喷涂机器人分为中小管径喷涂机器人及大管径喷涂机器人。中小管径喷涂机器人适用于给水管网DN300~800的管道使用，主要采用高压将双组分高分子聚合物材料

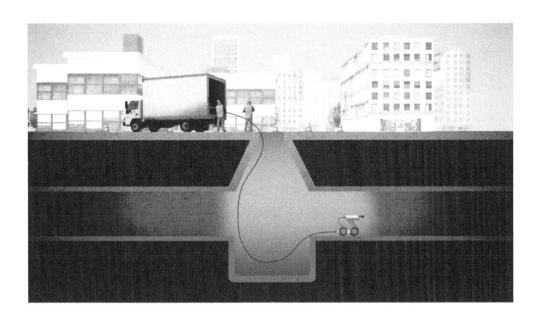

图 6-4　高分子聚合物喷涂施工示意

输入中小管径喷涂机器人前端的雾化杯中，通过离心作用将混合完全的涂料均匀喷涂于管道内壁上，单次喷涂厚度可在 0.5～2mm 之间，且能精准控制修复涂层厚度。大管径喷涂机器人设备适用于给水及排水管网 DN700～4000 的管道，设备前端配备动力设备，喷涂机械臂可 360°旋转，有效保证修复涂层厚度的均匀性，避免了内衬层不均匀情况。大管径喷涂机器人可配备远程操作平台，行进速度、喷涂机器臂旋转速度、涂料消耗情况，留存影像记录。

利用管道喷涂机器人进行喷涂时，根据管道管径设置机器人行进速度，从而控制单次喷涂内衬层厚度，通过多次喷涂达到设计喷涂厚度。使用大管径喷涂机器人设备喷涂时，需确认喷枪与管道内壁垂直，喷枪距离待修复管道内壁不小于 500mm，确保获得更佳的喷涂效果。

人工喷涂采用喷枪对管道内表面进行喷涂，采取快速扫喷方式，间隔时间根据环境温度不同，以表干时间为准，喷涂施工应分层多次完成：第一层为打底喷涂，厚度不宜过厚，每 1mm 厚喷扫 3 遍为宜，单次喷涂最大厚度不得超过 2mm，走枪速度设置为40～60cm/s。然后进行后续分层喷涂，喷涂的最佳压力取 0.7～0.75MPa，喷涂距离应保持在 20～50cm，喷枪应垂直于待喷基底。聚氨酯涂层 10s 即可形成胶体，30～60min后可恢复使用，4～6h 后完全固化。

6.3.5　施工质量验收

喷涂修复工艺施工质量验收主要包括管道功能性试验和工程质量检验两部分。

（1）管道功能性试验

喷涂修复后的重力管道应进行严密性试验。管道严密性试验应符合现行国家标准

《给水排水管道工程施工及验收规范》（GB 50268）的有关规定。

喷涂修复后的压力管道应进行水压试验，水压试验应符合现行国家标准《给水排水管道工程施工及验收规范》（GB 50268）的有关规定。

当管道处于地下水位以下，管道内径大于1000mm，试验用水水源困难或管道有支管接入，且临时排水有困难时，可按现行国家标准《给水排水管道工程施工及验收规范》（GB 50268）中有关混凝土结构无压管道渗水量测与评定方法的规定进行检查，并做好记录。喷涂修复管道应无明显渗水，不得有水珠、滴漏、线漏等现象。局部修复的管道可不进行闭气或闭水试验。

管道功能性试验涉及水压、气压作业时，应有安全防护措施，作业人员应按相关安全作业要求进行操作。管道排出的水应排放至规定地点，不得影响周围环境或造成积水，应采取确保人员和附近设施安全的措施。

（2）工程质量检验

喷涂作业前，应在施工现场先喷涂一块200mm×400mm、厚度不小于3mm的样片，并由施工技术主管人员进行外观质量评价并留样备查。

1）喷涂材料性能和质量保证

喷涂材料性能应符合设计要求，质量保证资料应齐全。

检验方法：对照设计文件检查出厂产品的质量合格证书、性能检验报告、使用说明书、生产日期、保质期等。

检查数量：每批产品检查。

2）基层表面处理验收标准要求

基层表面处理验收应符合下列规定：

① 水泥抹面与管道内壁应紧密贴合，无空鼓、无硬凸起物，阴角和阳角处的过渡宜平顺。

检验方法：观察和敲击，检查施工记录。

检查数量：全数检查。

② 基层喷涂前，基层表面温度不应小于5℃，并应采取强制通风措施。

检验方法：观察，检查施工记录。

检查数量：全数检查。

3）高分子材料喷涂层质量验收标准要求

高分子材料喷涂层质量验收应符合下列规定：

① 高分子喷涂材料和底涂料、涂层修补材料、层间处理剂等配套材料应满足设计要求；

② 高分子材料喷涂固化后的质量要求应符合表6-11的规定；

③ 高分子喷涂材料的短期力学性能和测试方法应符合表6-4的规定；

④ 喷涂后表面应无孔洞、无裂缝、无划伤，细部构造处的表面处理应符合设计文件的规定。

检验方法：观察，检查施工记录。

检查数量：全数检查。

表 6-11　高分子材料喷涂固化后的质量要求

检测项目	质量要求	检测频率	测试方法
涂层厚度/mm	平均厚度应符合设计要求。检测的最小厚度值不应小于设计厚度的80%,平均值不应小于100%,管道接口喷涂的厚度不小于100%。检测不得破坏已修复结构体	圆形管道每 500m² 检测一次,至少 6 个点;方沟每 500m² 检测一次,至少检测 6 个点,6 个点分别在顶部、侧墙和底部;取样处应含接口,样块尺寸 20mm × 20mm 全过程记录结果作为过程报告	现行国家标准《塑料管道系统 塑料部件 尺寸的测定》(GB/T 8806)

4）管道线、接口、接缝以及内衬等要求

管道线形应和顺,接口、接缝应平顺,内衬与原有管道过渡应平缓;管道内应无明显湿渍。

检验方法:观察或 CCTV 检测;检查施工记录、CCTV 检测记录等。

检查数量:全数检查。

5）修复管道的检查井及井内施工要求。

修复管道的检查井及井内施工应满足设计要求,并应无渗漏水现象。

检验方法:观察,检查施工记录。

检查数量:全数检查。

6）高强度聚氨酯在阴、阳角等细部构造防水要求

高强度聚氨酯在阴角、阳角等细部构造的防水措施应符合设计文件的规定。

检验方法:观察,检查隐蔽工程验收记录。

检查数量:全数检查。

7）高分子喷涂材料涂层要求

高分子喷涂材料涂层应连续、无漏涂,无空鼓、无剥落、无划伤、无龟裂、无异物。气泡直径不得大于 1cm,成膜材料每平方米内包含的气泡不得超过 5 个。

检验方法:观察或 CCTV 检测。

检查数量:全数检查。

喷涂层颜色应均匀,涂层应连续、无漏涂和流挂,涂层应无针孔、无剥落、无深度大于涂层厚度 0.3 倍或 1mm 的划伤、无长度大于 1m 且深度大于喷涂层厚度 0.3 倍或 1mm 的龟裂、无异物,涂层内气泡直径不得大于 10mm,成膜材料每平方米内的气泡不得超过 5 个。不允许因机器行程速度不规则而产生不均匀堆积的隆起,必须保证表面光洁度。涂层外观应均匀、光滑（允许有可见螺线状的旋风痕迹）、无漏涂等。

6.4　施工案例

6.4.1　案例一：检查井喷涂修复

（1）工程概况

该项目由上海管丽建设工程有限公司负责实施。修复的检查井北侧为南港公路,东

侧为南港泵站，南侧和西侧为居民住宅，最近距离仅为 2m。且检查井所属管道为地区污水总管，且最大污水流量为 150000m³，上游泵站的最大连续停泵时间不超过 24h，且无备用替代管道。若采用全面开挖修复施工，需要克服临时调水，基坑维护、降水，相邻管线保护等技术难点，同时对周边建筑及环境保护也有影响。

从现场勘查结果看，检查井中的 33A 号为不规则砖砌井，且内部腐蚀比较严重，勾缝材料已经腐蚀，局部有渗漏，部分腐蚀性气体从裂缝中渗出，影响周边居民的生活环境。对这样腐蚀严重的检查井，仅采用普通的硅酸盐水泥砂浆进行表面找平处理，已经不能满足实际状况。为此，采用更先进合理的技术实施修复。为了增强检查井的结构性能，恢复该检查井的使用功能，同时考虑社会成本与经济成本，通过对检查井离心喷涂技术、CIPP 原位固化内衬和管片拼装修复技术特点，在施工要求、工期、工程预算价格等方面进行综合比较后，最终确定采用离心喷涂技术，在不设置临时排水的情况下实施修复。

（2）技术优势

修复后的检查井可以承担各种荷载的作用，设计寿命超过 50 年；可对任意深度和尺寸的检查井、竖井进行修复；无需人员进入，安全性好；离心喷涂修复过程不开挖、施工速度快，对地表几乎无干扰；无机防腐砂浆具有超强抗渗能力，抗渗压力达 1.5MPa 以上；内衬层厚度均匀、连续、强度高，修复后 24h 即可投入使用；能有效抵御 H_2S 等有害气体对混凝土的腐蚀；全自动离心喷涂，施工效率高；完全非开挖，对地面交通和行人影响小，施工后可快速交付使用。

（3）施工流程

施工流程见图 6-5。

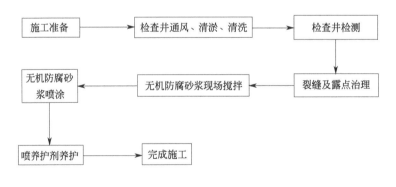

图 6-5 施工流程

（4）施工质量控制关键点

1）基面处理

使用足够压力的高压水枪冲洗井壁基面，去除浮皮、松动的材料、完全或部分腐蚀的材料、污油以及各种残留的有机膜或有机涂料，确保所有基底清洁坚固，同时对潜渗漏部位进行识别。对存在渗水漏水部位进行临时性封堵处理；考虑到光面施工，悬挂钢网以增加结合力；润湿基面：喷涂无机防腐砂浆保护层之前，要求基底处于吸水饱和、表面潮湿但无自由水的状态。

2）无机防腐砂浆搅拌

无机防腐砂浆干料在搅拌之前，应细化处理或清除大块颗粒；搅拌用水必须是清洁的生活用水，加水量按产品数据说明书的建议；按砂浆干料比例加入指定水量进行充分搅拌，然后投入输送泵；严禁重新搅拌喷涂过的材料；严禁使用回弹的材料。

3）无机防腐砂浆喷涂和使用

将搅拌好的高抗渗无机特种防腐砂浆用压力输送泵泵送到工作地点，并用喷涂设备喷涂到需要修复的工作面，达到指定厚度；喷涂时，先喷下部方形部分，再喷上部圆形部分，最后在井壁硬化后，再做顶板和底板；当井较小，空间受限时可披刮施工。

4）特殊部位处理

涂层达到设计厚度后，对于结构结合部要进行加厚处理。

5）养护

无机防腐砂浆喷涂后应采用特种养护剂对砂浆进行及时有效的养护。

（5）质量控制

1）外观质量

在喷涂施工结束后，用 QV 或 CCTV 检测设备对检查井进行外观全数检查。已修复的检查井在整个被修复区域内无剥落、无明显湿渍渗水，严禁滴漏、线漏等现象，修复区域平顺，管口与井壁结合严密。

2）涂层厚度

采用测厚尺在未凝固的喷涂表面随机插入检测，每个断面测 3~4 个点，以最小插入深度作为内衬厚度；或在监理的见证下，在检查井或检查井断面设置标记，当涂料完全覆盖全部标记钉时认为厚度满足要求。

3）强度检测

检查砂浆配合比，砂浆抗压强度符合设计要求，且不低于 30MPa。

4）抗渗性检测

抗渗试验时，应从 0.2MPa 开始加压，恒压 2h 后增至 0.3MPa，以后每隔 1h 增加 0.1MPa。当发现水从试件周边渗出时，应停止试验，重新密封后再继续试验。

6.4.2 案例二： DN800 钢筋混凝土雨水管道喷涂修复

（1）工程概况

项目由百奥源生态环保科技（北京）有限公司负责实施，工程地点位于四川省成都市。病害管道为 DN800 钢筋混凝土雨水管道，存在轻度脱节、渗漏、结垢、破裂和腐蚀现象，经过管道清洗及预处理后，使用高分子填缝材料对轻度脱节及轻度破裂的裂缝进行封堵，利用工业热风机将管道内壁烘干，至表面干燥状态后进行喷涂修复。本项目中利用管道喷涂机器人对该管道进行了喷涂修复，修复涂层为强化聚氨酯涂层，喷涂厚度为 6mm。

同时修复了排水管网配套检查井，检查井修复作业时间为 20~30min/个，有效提高了检查井修复施工效率，提高了检查井结构的稳定性。

（2）技术优势

① 喷涂厚度为 6mm，可达到结构性修复要求，增强其使用年限至 50 年；

② 施工结束后即可通水；

③ 可依据管道情况选择整体修复或局部修复，管径大小对施工几乎无影响；

④ 能有效抵御 H_2S 等有害气体对混凝土的腐蚀；

⑤ 全自动雾化旋转喷涂，施工效率高，各施工节点可控。

（3）施工流程

施工流程见图 6-6。

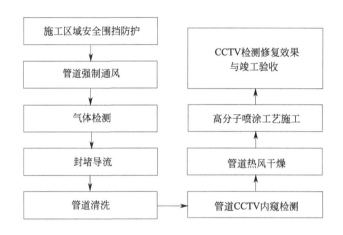

图 6-6　施工流程

本工程中的施工工艺如下所述。

1）施工区域安全围挡防护

组织设备、材料、人员进场，施工场地周围建立安全围挡，设立警示牌并设立专人看护。

2）管道强制通风

打开两端检查井井盖，在井口处用轴流风机对管线进行强制通风，一侧为供风，一侧为排风。

3）气体检测

通过气体检测仪检测井内空气质量，确定井内空气质量符合施工人员下井作业要求。

气体检测专员必须在地面进行检测作业；严禁施工人员在井内空气质量不达标前下井作业；下井人员携带便携式气体检测仪，对井下空气质量进行实时监测。

4）封堵导流

首先对管道内污水进行排水（水量较大时需要下游污水处理厂协助降水），之后使用气囊将上游管道口进行封堵，在上游检查井搭建临时管道向下游管道导水。依据现场情况也可选择在夜间施工。

5）管道/检查井清洗

使用高压冲洗设备对管道内部淤泥、砂、杂物进行清洗,并将清洗出的杂物集中外运。管道或检查井内壁无杂物,无明显凸起及妨碍喷涂施工的尖锐物。

6)管道 CCTV 内窥检测

使用 CCTV 检测设备对管道内的情况进行录像,检查管内淤积、腐蚀、破损等情况,检查清洗质量。

7)管道/检查井热风干燥

管道/检查井清洗后需采用热风干燥法将待修复管道内部烘干,从而确保管道喷涂工艺的施工质量。

8)高分子喷涂工艺施工

本项目采用混凝土管道专用高分子聚合物喷涂材料,对待修复管道进行处理,待表面防潮层干透后,喷涂高分子聚合物喷涂修复结构层。

9)CCTV 检测修复效果与竣工验收

管道喷涂修复后,使用 CCTV 设备检测喷涂修复的内衬层质量及效果。

10)施工现场照片

见图 6-7,图 6-8(书后另见彩图)。

(a) 大管径喷涂修复项目

(b) 管道预处理完毕后

(c) 机器人喷涂作业中

(d) 管道喷涂修复完毕后

图 6-7　高分子聚合物喷涂管道修复技术现场照片

(4)施工质量控制关键点

1)基面处理

使用高压水枪冲洗井壁基面,去除浮皮、松动的材料,完全或部分腐蚀的材料,污

(a)检查并修复前　　　　　　　　(b)喷涂修复中　　　　　　　(c)检查并修复完成后

图 6-8　高分子聚合物喷涂检查井修复技术现场照片

油以及各种残留的有机膜或有机涂料，确保管道基底清洁坚固。对清洗后的管道进行基础处理、堵漏、切除凸出部位、填补结构缺陷、除锈、除垢，之后进行干燥通风。

2）施工环境条件及潮湿度要求

待修复管道表面应保证表面光滑、干燥。施工过程中环境温度不宜低于 10℃。如环境温度低于 10℃ 时，应对材料及待施工表面进行加热处理。且环境相对湿度应≤80％。

3）高分子涂料循环加热

设定管道压力，管道、A 料、B 料加热温度（或根据材料厂家建议进行微调）。若环境温度过低、设备加热能力不够应采取以下措施：对原料进行加热，温度不宜超过85℃，大桶加温时应略松开桶盖，以免桶内空气受热膨胀造成泄漏；利用加热带对大桶物料进行加热时应注意搅拌，以避免局部过热，也可通过泵循环搅拌原料。

4）高分子涂料喷涂和使用

① 在塑料布或干燥的表面进行试喷，观察涂层是否正常；

② 喷涂时，应随时观察压力、温度等参数，并做好现场记录。

③ 机器人喷涂开启时，应对准遮护物或非工程表面喷涂 5～10s，然后开始喷涂（喷枪及软管前端没有加热，物料温度低，混合及雾化效果很差，极易造成鼓泡）

离心甩杯喷涂开启前，应先进行空载实验，检测是否存在故障。保证工程车开机，正常运转。打开储气罐输气阀门，此时高压气体会通过输气管路输至气动马达。气动马达开始运转，测试运转 60s，通过听觉感受气动马达发出的声音是否正常、是否连续、无卡顿以及其他异响。设备处 103dB，距设备 1m 远处 93dB，距设备 3m 远处 90dB。需注意在设备附近工作时，要全程佩戴护耳器/耳罩。判断气动马达可正常运转后，便可以关闭输气管路。

④ 停止喷涂时，应在非喷涂工程表面停枪。关枪时混合室内残余物料是由压缩空气或者阀杆推出混合室，不是高压流体，其混合效果也很差，极易造成鼓泡。

⑤ 进行重复喷涂时，须确保前一层涂料完全表干后，方可进行新涂层的涂覆。

（5）质量控制

1）外观质量

在喷涂施工结束后，用 QV 或 CCTV 设备进行外观全数检查。涂层表面应光顺，无流挂、无针孔、无起泡、无开裂。

2）涂层厚度

喷涂前，在管道表面钉 4～6 个水泥钉，水泥钉略高出混凝土，喷涂后用磁性测厚仪检测水泥钉顶部的涂层厚度，即为混凝土上涂层的厚度。或按照用料重量（减去损耗后）及喷涂面积进行计算。

3）强度检测

按照 ASTM D4541 标准进行附着力检测，涂层附着力应≥1.5MPa，检测时间为施工完成后 7d。

参考文献

[1] 杨墨，周航，郝学凯，等．给排水管道的非开挖修复技术 [J]．山西建筑，2014，40（11）：124-126.

[2] 王东辉．排水管道检测与非开挖修复技术的应用 [J]．城市道桥与防洪，2013（01）：67-71，9.

[3] 沈春林．聚合物水泥防水砂浆 [M]．北京：化学工业出版社．2017.

[4] 张勇，刘杰，邱鹏．软衬法（CIPP）在城市排水管道修复中的应用 [J]．中国给水排水，2014，30（04）：106-108.

[5] ASTM C109/C109. Standard test method for compressive strength of hydraulic cement mortars（using 2-in. or [50-mm] Cube Specimens）1 [S]．ASTM，Philadelphia，PA，USA.

[6] 孙志英，魏杰，秦长喜．紫外光固化粉末涂料 [J]．热固性树脂，2004（01）：27-31.

[7] 周红军．低聚糖的理化性质、营养及应用 [J]．畜禽业，2013（02）：48-49.

[8] T/CECS 602—2019．给水排水管道内喷涂修复工程技术规程 [S]．中国建筑工业出版社．

[9] Q/LYYL 003—2018．给排水管道内喷涂修复施工规范 [S]．浙江绿艺园林工程有限公司．

[10] GB 175—2007.

[11] 胡远彪．非开挖施工技术 [M]．北京：中国建筑工业出版社，2014.

第 7 章

穿插修复技术及材料

7.1　穿插技术

7.1.1　穿插内衬技术

穿插内衬法又称传统内衬法、穿插法，指在旧管道中拖入新管，然后在新旧管中间注浆稳固的方法，这种方法是使用较早且方便经济的一种管道修复方法。

穿插内衬法施工中所用的新管可以是由聚乙烯管预先对焊而成的连续长管，也可以是一节一节的短塑料管、玻璃管等，在工作坑连接后分别送入旧管道内。穿插法所用管材通常是 PE 管，但有时也用 PVC 管、陶土管、混凝土管或玻璃钢管等。

该种方法既可停气（停水）进行，也可带水进行。由于施工费用低，且仅需开挖工作坑部位的地面，因此该方法目前已经广泛应用于城市管网、长输管网、气体管网和液体管网等地下管网，并从小口径扩大到大口径管线。

穿插法施工的新旧管间通常需要注浆。注浆的好处是新旧管道之间的注浆体增加了新管道的约束，使得新管的强度和刚度得以增强[1]。

（1）特点

① 优点。施工工艺简单，对工人的技术要求低；施工速度快，一次性修复距离长，分段施工时对交通和周边环境的影响轻微。穿插 HDPE 管速度可达到 $15\sim20\mathrm{m/min}$。一次穿插距离甚至可达 $1\sim2\mathrm{km}$；施工设备简单，投资少、施工成本低，寿命长，使用内插 HDPE 管道的方法，与更换法相比，通常可节约成本 50%；可适应大曲率半径的弯管。

② 缺点。过流断面损失较大，例如在直径为 DN600 的旧管中插入 DN450 的新管，断面减少 44%；在 DN300 的旧管中插入 DN150 的新管，断面减少 75% 以上。当管道直径较大时，断面损失相对较小；环形间隙要求灌浆；需开挖一条导向槽（连续管法）；分支管的连接点需开挖进行；一般只适用于圆形的管道[2]。

（2）适用范围

1）管道类型

适用于燃气、供水管道、化学工业管道、直管道、带弯头的管道、压力管道等，不太适用于下水道、非圆管道、变截面管道、带支管的管道、已变形管道、可进入管道。

2）管径

新插管的外径不大于旧管内径的90%，但口径太大时，在拖管设备、管材强度方面都有难度，可选择其他内衬、喷涂及进入修复方法。

3）穿插长度

受作业段、回拖设备、管材强度的限制。现已有工程穿插达600m长的内衬管。

4）管道强度

新管必须能够承受使用期间内部与外部的力，也要承受施工时施加的力，特别是卷扬机的拖力和灌浆压力。

7.1.2 短管穿插内衬技术

短管（短管焊接）穿插内衬技术也称为拉管内衬，是一种最常用的穿插内衬技术，可用于对原有管道进行整体或局部修复。该技术是将适合尺寸的HDPE管插入需要修复的原有管道内，利用原旧管道的刚性和强度为承力结构以及HDPE管耐腐蚀、耐磨损、耐渗透等特点，形成"管中管"复合结构，使修复后的管道恢复使用功能（图7-1）。

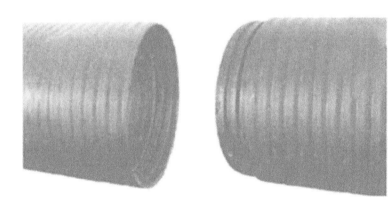

图7-1 短管法修复用HDPE波纹短管及接头形式

HDPE管是一种热塑性材料，其特点是：整体性能好，质量可靠，具有良好的抗化学腐蚀作用和流动特性，可以提高主体管道的抗压抗冲能力，延长管道的使用寿命，但管道修复后断面损失比较大。

HDPE管修复的技术特点是：修复速度快，穿插速度可达20m/h，一次可穿插1～2km。对于生产管线具有优越性，在准备充分的条件下可以大大缩短管线的停产时间，并且大幅度减少开挖工作量。在排水管道非开挖修复中，短管内衬修复技术通常与土体注浆技术联合使用。

适用及不适用情况如下。

① 适用于管材为钢筋混凝土管、球墨铸铁管和其他合成材料的雨污排水管道。

② 小口径管道修复技术适用于管径 350～700mm；中口径管道修复技术适用于管径 800～1500mm；大口径管道修复技术适用于管径 1600～2400mm 以上排水管道局部和整体修理。

③ 适用于管道结构性缺陷呈现为破裂、变形、错位、脱节、渗漏、腐蚀，且接口错位≤4cm，管道基础结构基本稳定、管道线形无明显变化、管道壁体坚实未发生酥化。

④ 适用于对管道内壁局部砂眼、露石、剥落等病害的修补。

⑤ 适用于管道接口处在渗漏前期或临界状态时预防性修理。

⑥ 适用于对窨井损坏修理。

⑦ 不适用于管道基础断裂、管道破碎、管节脱口呈倒栽式状、管道接口严重错位、管道线形严重变形等结构性缺陷的修理。

⑧ 不适用于严重沉降、与管道接口严重错位损坏的窨井。

7.1.3 缩径穿插技术

缩径内衬法是指在老管道清洗之后，通过机械作用使新管（主要是聚乙烯管）的断面产生变形，如直径缩小或改变形状，然后将新管送入旧管内，最后通过加热、加压或靠自然作用使其恢复到原来的形状和尺寸，从而与旧管紧密配合的方法。该方法是由英国煤气公司于 20 世纪 80 年代开发的，可用于结构性和非结构性的修复。

缩径法使用的新管管材应能变形，且能承受高温拉拔或冷拉时的应力，施工前后材料的力学性能变化不大；材料应具有记忆特性，施工中经变形处理后的管材在到位后能顺利恢复到原来的形状和大小。目前，国内外使用的都是中密度或高密度聚乙烯的聚合链结构管材。

缩径法利用了中密度或高密度聚乙烯的聚合链结构在没有达到屈服点之前结构的临时性变化并不影响其性能这一特点，衬管的直径临时性地缩小，以便于置入旧管内形成内衬。

（1）特点

1）优点

新旧管之间配合紧密，不需灌浆，施工速度快；管道修复后的过流断面的损失很小；可适应大曲率半径的弯管；可长距离修复；可用于旧管道结构性和非结构性损坏的修复。

2）缺点

主管道与支管间的连接需开挖进行；旧管的结构性破坏会导致施工困难。这种施工方法的设备昂贵，缩径尺寸有限，施工成本较高，在压力管线修复中有一定优势，对于多处腐蚀破坏的低压管道，可用薄壁式折叠法代替。

（2）适用范围

内衬管可变形，且能承受高温拉拔或冷拉时的应力，施工前后材料的力学性能变化不大；材料具有记忆特性，施工中经变形处理后的内衬管，在到位后能顺利恢复到原来的形状和大小。目前，内衬管材料均为中密度或高密度聚乙烯的聚合链结构管材，适用管材包括 HDPE、MDPE、PE 等；施工的管径范围为 DN50～1200，管线长度可达 1000m；适用修复的管道类型为重力管道和压力管道；不适用于非圆形管道或变形管道。根据内衬管变形时的能量来源，缩径法可分为冷轧法和模具拉拔法，工作中两种方法的缩径幅度都控制在 10％～20％。

7.1.4　折叠内衬穿插技术

折叠内衬法修复旧管道的技术又称折叠变形法、U 形管折叠法、C 形折叠法、U-HDPE 法等。施工前，将新衬管折叠成 U 形、C 形甚至工字形，这样可极大地减小新管的断面面积，方便将新管插入旧管道。

折叠法使用可折叠的 PE 或 PVC 作为管道材料，施工前在工厂或工地先通过改变衬管的几何形状来减小其断面。变形管在旧管内就位后，利用加热或加压使其膨胀，并恢复到原来的大小和形状，以确保与旧管道形成紧密的配合。有时还可用机械成形装置使其恢复成原来的形状（图 7-2）。

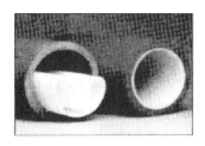

图 7-2　内衬管折叠时与修复后

内衬管可以在工厂折叠好，缠绕到滚筒上运到工地。到工地后通过卷扬机穿过旧管道拖出。PE 内衬管，特别是薄壁 PE 管可通过压力使其从折叠状态复原为圆形（见图 7-3），但 PVC 内衬管一般还需要加热（详见第 5 章　热塑成型修复技术及材料）。在工厂折叠好的 PE 内衬管的管径可达 450mm，如需更大管径，可考虑在工地折叠。据调查在工地用折叠内衬管法修复的管道口径可达 1600mm。

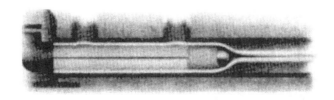

图 7-3　水力+机械法使折叠管恢复原状

在现场可用折叠机将薄壁 PE 管折成 U 形或 C 形，同时，将其推入旧管道中。通过临时绑带保持形状，通过压力复原，将其拉断。薄壁 PE 内衬管的内衬长度可达 1000m，而且可穿过弯头部分。

(1) 特点

1) 优点

施工时占用场地小，可以在现有的工作井内施工，环保性好；新衬管与旧管可形成紧密配合，管道的过流断面损失小，无需对环状空间灌浆；管线连续无接缝，一次修复作业可达 2000m；管道的过流断面损失小，HDPE 管内壁光滑，摩擦阻力小，增大了输送能力；对旧管道清洗要求低，只要达到内壁光滑无毛刺即可，从而保证施工质量，穿插顺畅；缩径法的断面收缩率约为 10%，而折叠法可使新衬管的断面面积减小 40%，可以轻松穿过母管。实践表明，还能穿过 22°的弯管；施工周期短。各种非开挖施工工艺中，修复更换工序耗时很少，工期长短取决于清洗预处理过程。U 形穿插法对清管要求较低，从而大大缩短了停气、停水时间；使用寿命长；穿插的 PE 管为连续均匀的整体，抗腐蚀力强。旧管道为新衬管提供结构支撑，结构强度增大。理论上修复后的管线使用寿命长达 50 年；经济性好。修复成本为新建管线的 30%～50%。

2) 缺点

支管的重新连接需要开挖进行；旧管的变形或结构破坏会增加施工难度；施工时可能引起结构性破坏（破裂或走向偏离），不适用于非圆形管道或变形管道。

(2) 适用范围

与其他管线修复方法一样，针对不同的修复工程，应选用适当的方法。修复方法选用要考虑应用类别、作业空间、旧管道输送流体化学成分、管线运行压力和温度、支管数目、埋深、弯头数目和入井数目等因素。

折叠内衬法修复适用的管道类型为压力管道、重力管道及石油、天然气、煤气及化工管道。

内衬管管材：压力管道内衬管常用 PE 管材，重力管道可选用 PVC 内衬折叠管。可修复管道直径为 75～2000mm。通常仅用于直管段，管段上不能有管件，如阀门、三通、凝液缸、弯头等，不能有明显变形和错口，拐点夹角不能超过 5°。

单次修复长度：修复直径为 400mm 的管道时，最大施工长度达 800m，这取决于滚筒容量、回拖机构的回拖力及材料的强度。

此类修复技术一般适用于结构性破坏不严重的直圆形管道，该技术因具备卫生性能良好、过流断面损失小、变形适用范围大以及可长距离修复等优点，已广泛应用于给排水等相关管网的修复工作。

7.2 穿插修复材料标准

聚乙烯管道是非开挖修复更新工程使用的主要管材之一，对于聚乙烯材料，密度越高，刚性越好；密度越低，柔性越好。进行内衬修复或内衬防腐的材料既要有较好的刚性，同时还要有较好的柔韧性。通常将 PE 分为低密度聚乙烯（LDPE，密度为 0.910～0.925g/cm^3）、中密度聚乙烯（MDPE，密度为 0.926～0.940g/cm^3）、高密度聚乙烯（HDPE，密度为 0.941～0.965g/cm^3）。按照 GB/T 18252—2020 中确定的 20℃、50年、预测概率 97.5% 相应的静液压强度，常用聚乙烯可分为 PE63、PE80、PE100。其中，中密度 PE80、高密度 PE80 和高密度 PE100 从材料性能上能满足管道内衬的要求[3]。

ASTM F1533 中规定了 PE2708 型和 PE4710 型的材料标准（表 7-1）。

表 7-1　PE2708 型和 PE4710 型材料性能

材料	密度/(g/cm^3)	熔融指数	弹性模量/MPa	拉伸强度/MPa
PE2708	0.925～0.940	0.15～0.4	552～758	18～21
PE4710	0.947～0.955	<0.15	758～1103	24～28

我国标准《城镇排水管道非开挖修复更新工程技术规程》（CJJ/T 210—2014）中规定了排水管道用 PE80 和 PE100 的物理力学性能和测试方法，《城镇给水管道非开挖修复更新工程技术规程》（CJJ/T 244—2016）规定了给水管道用 PE 管材的原材料应选用 PE80 或 PE100 级的管道混配料。内衬 PE 管材为标准管时，其物理力学性能应符合现行国家标准《给水用聚乙烯（PE）管道系统》（GB/T 13663—2017）的有关规定；内衬 PE 管材为非标准管时，其物理力学性能应符合现行行业标准《钢质管道聚乙烯内衬技术规范》（SY/T 4110—2019）的有关规定。内衬 PE 管材的耐开裂性能应符合现行行业标准《埋地塑料给水管道工程技术规程》（CJJ 101—2016）的有关规定。

7.3　穿插修复材料生产质量控制

7.3.1　穿插修复材料种类

穿插法常使用的内衬管材料有 PE、PVC 等。根据修复管道的用途，内衬管材应满足相应行业标准中规定的物理化学性能要求，同时还应满足施工中的牵拉、顶推的施工要求。

非开挖修复更新工程中的聚乙烯管材的力学性能要求如表 7-2 所列[4]。

表 7-2　PE 管材性能

性能	MDPE PE80	HDPE PE80	HDPE PE100	试验方法
屈服强度/MPa	>18	>20	>22	GB/T 1040.2
断裂伸长率/%	>350	>350	>350	GB/T 1040.2
弯曲模量/MPa	600	800	900	GB/T 9341

7.3.2　穿插修复材料理化性质

（1）聚乙烯树脂的物理力学性能

表 7-3 中给出了典型的 LDPE、HDPE 和 LDPE 的物理力学性能，从中可以看出，不同种类聚乙烯树脂的性能差别较大。就总体而言，LLDPE 的性能介于 LDPE 和 HDPE 之间。

表 7-3　几种聚乙烯树脂种类的力学性能对比

项目	LDPE	HDPE	LLDPE
拉伸强度/MPa	6.9～13.8	20.7～27.5	24.1～31
断裂伸长率/%	300～600	600～700	100～1000
邵氏硬度	41～45	44～48	60～70
最高使用温度/℃	80～95	90～105	110～130
耐环境应力开裂(ESCR)	好	高	差～好

拉伸性能是用来表征聚合物的常用物理力学性能，从拉伸试验可以得到拉伸屈服强度、拉伸断裂强度、断裂伸长率和拉伸屈服模量等系列参数。聚乙烯树脂属于半结晶性聚合物，其典型的应力应变曲线如图 7-4 所示。

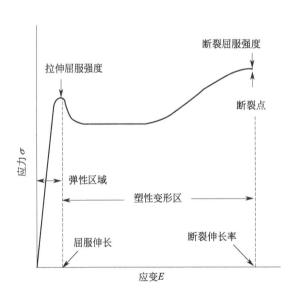

图 7-4　聚乙烯树脂的典型应力-应变曲线

从图 7-4 可以看出，在低应力下聚乙烯树脂的形变是弹性的，随着形变增大，应力也增大直至屈服点。当形变继续增大时，体系会出现黏弹性形变，此时应力也逐渐衰减，当达到一限定值后就基本保持恒定，试样形变部分出现细颈，随着细颈形成过程，整个测量段的截面积逐渐缩小，直到缩成几乎均匀的截面。

一般来说，影响聚乙烯拉伸性能的主要因素有分子量的大小、分子量大小的分布、支链的含量与分布、共聚单体的种类和含量等。

由于 LDPE 树脂在恒定应力下会产生缓慢的形变，使得材料发生蠕变破坏，从而使其不能用于需连续承受高应力的场合，如煤气配气管等。而具有更多层向系带分子和高结晶度的 HDPE、MDPE 的抗应力松弛性就会好很多。韧性热塑性塑料在损害时常有较大的永久性形变，而脆性塑料则在较小永久性形变下就发生破坏，冲击强度是表征塑料韧性的一个常用性能指标，它表示聚合物在冲击力作用下破坏时所吸收的功。大多数聚乙烯在宽广的温度范围内具有良好的冲击强度，表现出良好的韧性，但当温度低于其玻璃化转变温度时，PE 树脂会发生脆韧转变，出现脆性破坏。

（2）聚乙烯树脂的化学性能

聚乙烯的化学稳定性好，对大多数化学品是高度稳定的，只有少数化学品能对其发生作用。LDPE 在许多极性溶剂，如醇、酯与酮等中的溶解度很小。而烷烃、芳烃及氯代烃会在室温下共溶胀，约在 70℃ 下开始熔融。对于 HDPE 来说，由于其高结晶度和低渗透特性，会使许多化学品对其反应活性进一步降低。

HDPE 对于碱性溶液，其中包括像 $KMnO_4$ 和 K_2CrO_7 等氧化剂的溶液，都是非常稳定的。它与有机酸、HCl 或 HF 不反应。总的来说 PE 的化学性质非常稳定，满足穿插修复用管材耐腐蚀的性能要求。

（3）聚乙烯树脂的渗透性能

不同种类的化学物质透过 PE 膜时的速率差别很大。与聚偏氟乙烯或聚酰胺相比，聚乙烯对氮气、氧气和二氧化碳的渗透率是很高的，但与其他聚合物相比，其对水的渗透率则是很差的。而且 PE 膜对极性有机化合物，如醇或酯的渗透率要比非极性有机化合物如庚烷或二乙醇醚的渗透率要低得多。

HDPE 仅能透过少许液相及气相化合物，对水和无机气体的渗透率也很低。在 25℃ 及 101.3kPa 条件下，渗透率单位为 mol/（m·s·Pa）时，水的渗透率为 6，氮气的渗透率约为 0.1mol/（m·s·Pa），氧气的渗透率约为 0.33mol/（m·s·Pa），二氧化碳的渗透率约为 1.3mol/（m·s·Pa）。

7.3.3　穿插修复材料生产

聚乙烯给水管材生产一般都采用单螺杆挤出机，也有少量采用双螺杆挤出机。农村改水工程使用的聚乙烯管一般是采用国产设备，按《给水用低密度聚乙烯管材》（QB 1930—93）行业标准生产的低密度聚乙烯管，城市供水管（大口径）一般是采用进口设备生产的高密度聚乙烯管，建筑给水聚乙烯管（小口径）一般是采用国产设备生产，城市给水管生产都执行《给水用聚乙烯（PE）管道系统　第 2 部分：管材》（GB/T13663.2—2018）国家标准。

生产此种管，多采用聚乙烯树脂作为单一原料生产的，一般不需加入其他助剂。适宜的原料为高压聚乙烯（LDPE），熔体流动速率（MFR）要求为 0.2～7g/10min。

为了提高聚乙烯管材的耐老化性能，配方中可加入适量炭黑，但是炭黑有较大吸湿性，会使管的内、外表面无光泽，并易产生缺陷、空洞。若发现有此现象，将原料预热干燥即可改善。

聚乙烯管生产工艺流程如图 7-5 所示。

图 7-5 普通聚乙烯管生产工艺流程

管材挤出成型加工如图 7-6 所示，由挤出机将塑料加热、塑化熔融后稳定地输送到管材机头，由机头成型出管坯，在牵引装置作用下通过定型和冷却装置达到所要求的几何形状，尺寸精确；而后切断、堆放、收藏。主要设备是挤出机及辅机，辅机主要有定型装置、冷却装置、牵引装置、切割装置、翻管装置或盘管装置（生产盘卷管）等。此外，还根据具体要求配备打码机、管壁尺寸自动测量设备等。

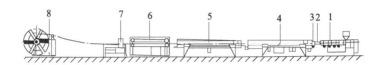

图 7-6 管材挤出成型加工
1—单螺杆挤出机；2—机头；3—定径套；4—真空定径槽；5—冷却槽；
6—牵引机；7—切割机；8—翻管装置或盘管装置（生产盘卷管）

所用挤出机通常为等距不等深渐变型单螺杆挤出机，螺杆直径视产品规格而定，一般为 45～65mm，长径比 L/D 为 20：1，压缩比为 2～3，螺杆转数为 12～60r/min。

挤出温度分五段控制，机身：加料段 90～100℃，压缩段 100～140℃，计量段 140～160℃；机头：分流器 140～160℃，口模 140～160℃。

口模内径应比定型套内径小 5％～15％（管外径不小于 40mm 时取 10％以下，管外径小于 40mm 时取 10％以上）。聚乙烯管拉伸比可为 1.1～1.5（即芯模与口模间的环形截面积应比管材横截面积放大 10％～50％）。

冷却定型套内径应比管材外径大 2％～4％，因聚乙烯收缩率较大（约 1％），定型套长度为其内径的 2～5 倍，小口径管可大于 5 倍。挤出管材的冷却速度应较慢，以免管子无光泽，内应力集中，管内壁呈竹节状。

压缩空气压力为 0.02～0.04MPa，压力过大会使管子强度明显降低。

聚乙烯管挤出牵引设备有滚轮式和履带式，滚轮式结构简单，调节方便，但牵引力小，只适用于管径 100mm 以下的管材，而履带式牵引力与管材接触面大，不易变形，不易打滑，广泛用于薄壁管和大口径管。

挤出成型也称为挤压模塑或挤塑，它是在挤出成型机中通过加热、加压而使物料以流动状态通过机头口模成型的方法。挤出成型加工过程，就是使塑料在一定的温度和一定的压力下熔融塑化，并连续地通过一个型孔，成为特定断面形状的产品。同其他成型方法相比，挤出成型可以连续化、自动化生产，应用范围比较广泛，生产效率高，产品质量稳定。管材是挤出成型的重要产品之一。

（1）挤出机的类型及选择

挤出机种类较多，可按多种方式分类，按有无螺杆，可分为螺杆式和无螺杆式；按螺杆数目，可分为单螺杆挤出机、双螺杆挤出机和多螺杆挤出机；按螺杆在空间的位置，可分为卧式挤出机和立式挤出机；按可否排气，分为排气式和非排气式；按挤出机的用途，可分为成型用挤出机、混炼造粒用挤出机等。目前最通用的是卧式、单螺杆、非排气式挤出机，通常选用该类型挤出机生产聚乙烯管材。

选用挤出机的总原则是技术上先进、经济上合理。要全面衡量机器的技术经济特性。具体应注意如下一些因素：a. 机器的生产效率；b. 挤出质量的稳定性；c. 能量消耗；d. 机器使用寿命；e. 通用性和专用性；f. 机器的操作维修性。

对于聚乙烯管材挤出线的选择应着重考虑如下几点。

① 尽管聚乙烯的加工窗口较宽，但挤出机的组成结构及功能对管材的质量仍有重要的影响。选择挤出机，必须详尽考察其组成，如螺杆、熔体分配器等结构。

② 整条挤出线各组成部分的功能要平衡。整条挤出线，特别是挤出机、机头、定径装置、冷却系统、牵引机的功能要相互匹配。当要实现管材的高速挤出时，各主要组成部分均要适应。尤其是控制系统，应从整条挤出线的水平、所要求产品质量的水平，以及经济性的分析着眼。如聚乙烯燃气管材的高性能挤出，应配备带有微处理器的控制系统。

③ 应考虑挤出材料。采用不同种类的 PE 挤出管材，总的来说，挤出性能差别不是非常大。如长期以来，经常采用生产 HDPE 管材的挤出线挤出 LDPE 管。但如果要达到最佳的技术经济效果，不同密度的 PE 之间，以及不同等级的 PE 管材料如 PE40、PE63、PE80、PE100 之间，在成型性方面仍存在明显的差异。

④ 不同国家、不同时期制造的不同水平的挤出线差异较大。目前，聚乙烯管材挤出已发展到高性能挤出阶段。采用高性能挤出线，不仅提高了管材的质量，提高了生产效率，而且提供了科学的质量保证手段，是生产高品质的聚乙烯管材比较好的选择。

（2）聚乙烯管材挤出系统

1）单螺杆挤出机

单螺杆挤出机为常用的单螺杆挤出机基本结构，由挤出系统（螺杆、机筒、加料装置）、加热及冷却系统、传动系统、辅以控制系统组成。

① 挤出系统担负输送、熔融、混炼物料等任务，是挤出机的工作机构。它由加料装置、螺杆和机筒组成。

② 传动系统保证螺杆所需要的扭矩和转速，稳定而均匀地旋转。主要由电动机、减速器、推力轴承系统等组成。一般要求速度可调节，现代挤出机大多数采用电动机无级调速，机械减速器减速的传动系统。

③ 加热、冷却系统功能是通过对挤出机各部分的加热和冷却，调节聚合物温度，以保证物料始终在其工艺要求的范围内挤出。主要由加热器和冷却装置组成。

④ 控制系统主要由检测元件、仪表和其他机电元件等构成。其作用是控制驱动

电动机，满足工艺要求的转速和功率；控制挤出机机头温度和压力机筒各段温度以及挤出量等；保证管材质量，设定和检测工艺条件；与辅机控制系统联动，保证主辅机能够协调运行，并实现整个机组的自动控制。较先进的挤出机还配有微处理器控制系统。

2）机头组件

机头组件的主要作用是使熔融物料由螺旋运动变为直线运动；产生必要的成型压力，保证制品密实；使物料通过机头得到进一步塑化；通过机头成型所需要的断面形状和尺寸的制品。

在许多挤出机中，在挤出系统和机头组件之间装有多孔板。

挤管机头按塑料在挤出机和机头中流动方向来分可分为两种：

① 直向机头，这种机头的中心线，与挤出机的中心线相重合，即机头中的料流方向与挤出机的螺杆轴线是一致的；

② 角向机头，机头挤出的物料方向，或机头的中心线，与挤出机螺杆的中心线成一定角度，常为90°。

聚乙烯管材一般使用直角机头。角向机头一般用于小直径（直径＜10mm）的管道与复合管材的生产，且一般仅在内冷/内定径时采用。

3）定型装置

离开机头的管材熔体型坯，必须冷却固化，才能传递牵引力，成型为管材。为使制品具有正确的形状、尺寸和好的表面光滑度，应使用定径装置。

管材定径方法有两种：内径定型法和外径定型法。所谓内径定型法，是采用定径装置控制管材的内径尺寸及圆度，使熔体管坯包紧于定径套的外表面冷却硬化。外径定型法，即定径装置控制管材的外径尺寸及圆度。由于ISO标准、欧洲标准及我国国家标准对塑料管材规格系列依据外径确立，因此，一般情况下，塑料管材生产采用外径定型工艺，内径定型仅用于一些特殊情况。外径定型工艺通常可分为压力定型和真空定型两类。以前，真空外径定型可仅用于直径160mm以下的PE件，但近年来聚乙烯管材已基本上采用真空外径定型工艺。与压力定型相比，真空定型有如下优点：a. 引管简单快速，废料少；b. 压力定型方法中，压缩空气存留在管内，随着生产的连续进行，气体温度不断升高，而真空定型空气在管内自由流动，管材内壁冷却效果好；c. 能较好地控制尺寸；管坯在机头出口处于塑化状态，几乎没有变形；管材的内应力小；d. 没有被螺栓撕裂的危险，不会因螺栓磨损而停产，机头口模与真空定型装置两者分离，因而温度能单独控制。

4）内径定型

内径定型的定径套直接与机头配合，直接联结在机头芯模上，定径套内通入循环冷却水，熔体管坯从口模出来直接套在定径套上。聚乙烯管材的内径定型多与直角机头相配合（图7-7），因为这种结构冷却水的进口比较容易设置。

外径压力定型亦称管内压力加压法定径（图7-8）。定径套与挤出物之间的接触是由空气压力（20～100kPa）所造成的，压缩空气经由机头的芯棒导入密封的管内，较小管和软管端部密闭，较大管材用滑动塞封闭，滑动塞由一系列圆形橡胶密封件组成，置

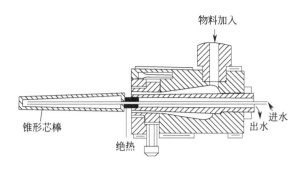

图 7-7　内径定型设备示意

于管内，用缆绳系在模头端面上，放松缆绳直到滑动塞在定径管下游滑动一定距离后才拉紧。

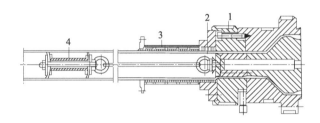

图 7-8　外径压力定型

1—口模；2—空气入口；3—定径套；4—滑动塞

该法中定径装置应良好对中并尽可能直接与管机头用法兰连接，以防内压胀开或撕裂管材。定径套以及管材在连接的冷却段中用循环水（夹套式）、滴水冷却或用喷水器进行冷却。外径压力定型，过去曾用于直径大于 350mm 的聚氯乙烯管材，以及直径大于 90mm 的聚乙烯管材，目前一般仅用于特大型管材的生产。

5）外径真空定型

在真空定型中，管材型坯与定径装置之间的接触，通过给定径装置抽真空达到。管内只需维持大气压力，平衡空气压力的钻孔安置在机头模芯上。聚乙烯管材的真空定径，已由"真空套式定径"发展为"真空槽式定径"。

真空套式定径（图 7-9）即定径套自带真空段，或者说对定径套的某段抽真空。它是采用在冷却水箱前安装一个定径套，管材先经空气冷却，然后进入真空定径套。定径套分为三段或多段：第一段冷却，第二段抽真空，然后是冷却段（三段式）；或冷却段与真空段交替设置（多段式）。抽真空部位设有一些细孔或缝口。此种结构，对于机头出口处管坯温度较高的聚乙烯类塑料的定型比较困难，管材生产速度只能控制在很低值，否则会出现外表面不光滑、管材圆度不好等缺陷。该结构适合于能迅速冷却并且不易变形的热塑性塑料（例如 PVC-U）[5]。

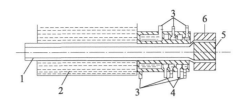

图 7-9　真空法外定径设备示意

1—挤出管材；2—冷却水槽；3—冷却水；4—通真空泵；5—芯模；6—口模

7.4　穿插法修复施工

7.4.1　穿插施工

穿插法的主要工艺流程为：施工前准备开挖工作坑—注浆管的加工—旧管内清淤、安装定位管—新管拖入—注浆—管段清理、工作井封闭、检查井修复—安装完毕[6]。

在穿插法施工中，管道通过拉或推的方式穿越旧管道从始发井到接收井，两种铺设方式在安装管道的过程中虽有明显的区别。但其基本工作步骤如下：a. 旧管道的检查；b. 管道的清洁和障碍物的清除；c. 内插管道的连接；d. 施工管道进入坑；e. 插入、固定内衬管道；f. 环状间隙注浆（不必要的情况下可以省去）；g. 支管连接；h. 管道端部连接。

（1）施工前的准备工作

应根据设计和现场情况确认旧管道的直径、压力，并了解阀井、三通、弯管、抽水缸和支管的分布情况，确定断管部位、工作坑的位置及穿插段的划分等，启用 CCTV 系统核实待穿管段，检查管内障碍物情况，确定旧管道的清理方案。应根据设计方案和现场实际情况制订旧管道的检查、清洗、临排和试穿方案，并确定工作坑的位置。工作坑的位置应避开地下构筑物、地下管线及其他障碍物。

穿管前，应采用长度不小于 3m 的与待插入管同径的聚乙烯检测管段拉过旧管，并检测其表面划痕深度，不超过壁厚的 10% 时为合格。

（2）开挖工作坑

工作坑中的主要工作是穿插内衬管和定位管，工作井的位置应选择有一定作业空间的地方，以方便管材运输和施工人员进出。如工作坑狭小，可考虑采用钢管逐根焊接或按切断后的 PE 管焊接的方法逐节顶入、逐节连接。新管连接完毕后应使用无损检测方法确认，并做接口防腐处理。

工作坑大小可根据现场的以下因素微调：现有管道的深度、内衬管和旧管道的直径、内衬管的刚度、主要土层的性质、使用的设备、交通及服务要求、工地的地质条件等。

（3）旧管道的清理

为了防止旧管道内壁的毛刺划伤新插入的管道，影响新管道的使用性能和寿命，要求在插入新管前对旧管道内部的杂物进行处理和高压清洗，将旧管道中妨碍插管的阀门、管件等都要拆除。在正式插入前应先拖过一根长约4m、直径与插入管同径的PE试验管，再朝反方向拉出牵引绳。仔细检查PE试验管外部的划伤情况，若发现严重的划伤，还应用特制的清管器清理那些突出的毛刺、焊渣等。总之，在插入新管前，旧管道内壁应保持清洁、光滑，无尖锐的突起，划痕深度不超过壁厚的10%为合格。

旧管道内壁的清理可采用机械清理或高压水清理。清理时必须处理好污水和污物的排放，符合环保要求。清理用高压水的压力应根据管道的材质、壁厚和受损情况确定。清理后必须再用闭路电视系统对旧管道内壁进行内窥检查，内壁不得有沉积物、尖锐毛刺、焊瘤和其他杂物。

（4）定位管的安装

由于新插入的内衬管和旧管道间存在间隙，为保证内衬管定位准确，可在新管外围绑扎对称的4根或6根注浆管。这些注浆管是用钢管预先钻孔而成，用于插入到位后注浆。这种方法既可防止新管插入时跑偏，也可防止新管插入过程中的磨损。

注浆管可采用普通钢管，每隔一段距离在钢管上钻出几排注浆孔，其他地方不用钻孔。如每隔1m钻两圈螺旋形钻孔，钻孔直径控制在8～10mm。注浆管的延伸可采用焊接方法。

当修复的管道对坡度有一定要求时，如污水管道，则需要使用塑料或钢制的定位器或间隔器，以保证在旧管道中形成均匀的环形间隙且保证新管居于旧管的中间。

（5）新管的拖入

新管可以被拉入或顶入到旧管道中。如果是用拉入的方法，在新管的前端连接一个保护头，保护头的前端通常固定一个鼻锥，将卷扬机的力作用在此处。保护接头的连接需牢靠，不得有应力集中点。新管的端部常密封，以防泥浆、碎屑等进入新管中。将连接好的塑料长管或者钢管，或由上述管道及其捆扎的注浆管，通过钢绳由绞车拉入到旧管内。工作时用滚柱支撑长管，以防止损坏。

插入管宜选用盘管，如果选用定长管，在插入前应对聚乙烯管道进行热熔焊接。焊接及焊接后的检查应符合国家现行行业标准，全部焊口检查合格后方可进行插入施工。

起动绞车等牵引设备将新管从起始工作坑拖至目标工作坑，牵引设备的能力应大于计算最大拖拉力的1.2倍。把聚乙烯管穿入旧管道，每段插入管末端伸出旧管端口的长度以能保证管道拉伸恢复和连接操作为宜。

施工前应在旧管插入端口加装一个漏斗形导滑口，地面和沟底不应有在管道拖拉过程中可能损伤管道表面的石块和突出物，且聚乙烯管应放置在滑轮支架上拖拉。宜在聚乙烯管外安装保护环，"保护环"上涂润滑剂。

施工过程中宜分段进行强度试验，试验应符合国家现行行业标准及合同的规定。当需要连接三通时应在经过24h松弛变形后进行。

（6）管道的连接

PE 管的连接可用熔接、承插、挤压焊接等方式进行连接。实壁式 PE 管通常采用熔接方式，而异形 PE 管则主要使用承插或挤压焊接方式，管材厂商会推荐使用某种焊接方式。管道的连接应符合以下要求：

① 连接前应检查管道的损坏情况：管道外表面的刻痕不应超过壁厚的 10%，不应有过度或突然弯曲导致的屈曲，对于短管扁平率不应超过 5%，内表面不应有任何磨损和切削；

② 对于在工作坑或检查井中使用电子点火或者明火连接设备连接管道的，应事先对可燃气体的含量进行评估；

③ 管道的连接宜采用热熔对接的方法，热熔对接应符合《塑料管材和管件　聚乙烯（PE）管材/管材或管材/管件热熔对接组件的制备》（GB/T 19809—2005）中的要求。

在管道工程施工时，首先满足现行标准的相关规定。工作坑内聚乙烯插入管之间的连接均采用电熔焊接。插入管管径较小时，采取抗浮措施。聚乙烯插入管与旧管道连接时，选用钢塑转换接头连接或法兰连接。聚乙烯插入管的端部与旧管之间的环形空间采用柔性透气填料封口。在内衬管直接与周围土体接触的部位采取相应措施进行保护。必须仔细对连接点验漏，确认无泄漏后方可拆除工作坑并回填。如果操作正确，熔焊后的 PE 管在焊接断面处的强度会等于或高于 PE 管的强度，为保证穿插的顺利进行，熔接头处应做清理，使其表面光滑无突起。在管道进出入检查井处，用具有弹性以及可以在水下使用的材料对旧管道和内衬管之间的环状间隙进行密封处理。

（7）环状间隙注浆

在内衬管稳定和应力完全松弛后方可进行固定和注浆等加固措施。内衬管和原管道间的环状空隙进行注浆处理时，注浆应满足以下规定。

① 对直径 800mm 以上的管道，内衬管和旧管道之间的环状间隙必须进行注浆。

② 注浆宜分段进行，并均匀注满环状空隙，注浆压力不可过高，以免损坏新管。注浆压力不得高于未来使用中的最大压力和管材所能承受的压力，注浆压力一般由生产商根据规范制定。

③ 注浆过程中应通过安装竖管或其他方式调节注浆压力。

④ 内衬管直径大于 900mm 时应在管内进行支护，防止内衬管在注浆压力的作用下发生变形。

⑤ 注浆完成后应将注浆孔密封。

通常，对煤气管道不要求注浆。当新管强度足够或不需要通过浆体增加新管的刚度时，新旧管之间的充填物可为强度很低的材料，甚至硬黏土，强度在 1kPa 左右即可，此时的充填物仅起稳定新管的作用。

当管道为污水管道、自来水管道及其他承压管道时，需向环状间隙注浆。此时浆体强度常控制在 10～20kPa，水泥可用普通水泥，外加一定量的粉煤灰或添加剂。为使注浆饱满，可采用以下对策：a. 分段浇筑；b. 选用适当压力和流量的注浆泵；c. 在旧管道顶部插入排气管，常用塑料管，最后也可将塑料管拔出；d. 控制实际注浆量大于理论注浆量；e. 直到排气管中冒浆为止。

（8）过程检测与记录

在穿插内衬管的过程中应注意对内衬管的保护，防止杂物进入内衬管，防止对内衬管表面的损伤。施工过程中应目测检查每段插入的聚乙烯管的完整性，拖放到位时以伸出旧管端口 1m 的长度为宜，表面完好或表面划痕深度不大于聚乙烯管壁厚的 10％为合格。施工过程中应记录下列内容：a. 聚乙烯焊口的焊接情况；b. 聚乙烯焊接工艺评定书；c. 连接点和保护结构大样图。

7.4.2 短管施工

短管穿插法施工应包括管道导流、管道疏通清淤、清洗、施工设备安装、短管安装（含加工）、管道功能性试验、新管与原有管道间隙注浆填充、CCTV 检测、管头及支线处理、检查井修补、清理验收等主要步骤。

（1）施工前处理

采用插管和胀插工艺修复时，应清理原有管道内淤泥、垃圾等，清管应彻底，露出管道基底后，应用与内衬短管同直径的短管进行试通；试通后应采用 CCTV 检测清管质量。施工前应检查所使用穿插管管材，管材的型号、材质、长度、接口形式应符合设计文件的规定，外观不得存在可见的裂缝、孔洞、划伤、夹杂物、变形等缺陷。

（2）短管内衬穿插

目前常用的短管内衬施工方法有顶推法、插管法和胀插法，配合注浆工艺完成整个修复过程。

① 顶推法施工：采用顶推法施工时，应设置顶进后背，后背满足保护井墙的要求，千斤顶与后背贴实紧密；油管与千斤顶、油压泵连接牢靠，顶进前进行试机，千斤顶油缸伸缩自由，并具备足够的牵引和推力。内衬管可通过牵引、顶推或两者结合的方法置入原有管道中。动力设备牵引、顶推速度与内衬管送入原有管道配合同步，内衬管道受力与管道轴线重合或平行。内衬管穿插时，对原有管道端口、牵引或顶推连接端、内衬传送接触部位采取保护措施，不得损伤内衬管。

内衬管顶推或牵拉时应缓慢、匀速、可控；一个施工管段宜在同一连续作业时段内完成；顶推或牵拉时的最大作用力不应大于内衬管的设计压力或拉力以及接口的允许最小拉力，无设计值时，最大顶推或牵拉力不大于内衬管允许压力或拉力的 50％；内衬管道顶推或牵拉就位计入应力变形和热胀冷缩的变形量；就位后宜经过 24h 的应力恢复后方可进行后续操作；顶推作业应保证形成的内衬管平顺，不宜出现"蛇形"变形和起伏；短管接口连接时，连接方式和操作应符合设计、工艺或加工厂家的规定。

穿插管工艺带水作业时水和流速应根据作业安全和修复质量要求确定。

② 胀插法施工：内衬管胀插法施工应在无水的条件下进行作业；推顶或牵拉内衬短管时，短管末端应放置硬橡胶挡板对管口进行保护，顶镐缓慢匀速推进；每个子口的规定位置安装一道遇水膨胀止水胶圈，并将子母口擦拭干净，满涂密封胶，管口应完全

密封；井段完成后，将工作井与目标井的管端进行切削处理，并将管口打磨光滑；环形间隙应使用速凝水泥进行密封，管顶预留注浆孔、出浆孔。

（3）注浆施工

严格控制浆液配比，浆液 30min 截锥流动度不小于 310mm，并满足固化过程收缩量小、放热量低的要求；注浆材料的性能符合本规程第 1025 条的规定；注浆前采取避免浆液泄漏进入支管或从注浆孔、内衬接头处泄漏的保护措施；注浆后密封注浆孔，并对管道端口进行平滑处理；注浆压力不应大于 0.4MPa，且小于内衬管可承受的外压力；当条件不能满足时，对内衬管进行支护或采取其他保护措施；注浆后的环形间隙饱满，不得有松散、空洞等现象，并不得造成内衬管的移动和变形；注浆完成后对两端端口进行封闭处理。

施工中同步完成包括牵引或顶推力大小和速度、内衬管长度和拉伸率、就位后静置时间、内衬管与原有管道间隙注浆量等相关记录和检验。修复完成，按井内原状或设计要求恢复井内设施，对损坏处进行修补并做防渗处理。

7.4.3　缩径施工

进行管道修复施工前，首先对管道进行检测与清理。清洗工作完成后，应采用一个与缩径管直径相同，长度不小于 4m 的 HDPE 管进行试穿，试穿管的前后都应该由钢丝绳牵引。如果试穿管在试穿过程中出现了阻塞，或者出现了划痕超过壁厚 10％等现象，应重新检测清洗管道，直至满足要求。

首先，施工前要对需要修复的施工工地进行勘察，施工现场应具有足够的空间放置机具、管材等，且在起始工作坑的延长线上应能放置工作段全长的聚乙烯管。开挖起始和接收工作坑的位置应方便操作，不影响交通。

启用 CCTV 核实穿管路线、窥查管内障碍物情况，确定旧管道清理方案。

修复施工前对旧管道的清理一般采用机械拉腔清理、通球清理、高压水清理等方法。清理时必须处理好污水和污物的排放，要符合环保要求。清理时应清除旧管道内壁沉积物、尖锐毛刺、焊瘤和其他杂物，并用压缩空气吹净管内杂物，保证管内干燥，干燥控制应符合现行国家行业标准。清理后必须再用相同的闭路电视系统对旧管道内壁进行内窥检查。根据旧管情况宜采用长度不小于 4m 且与待插入管同径的聚乙烯管段拉过旧管，划痕深度不超过壁厚的 10％为合格[6]。

旧管道更新前必须了解旧管变形、腐蚀程度、裂纹情况等数据，确定没有任何阻碍穿管的弯头及配件。缩径内插法穿管工作坑的尺寸与管径的关系应符合表 7-4 的要求，其中 D 为管道距地面的距离，Y 为管道直径。缩径内插法起始工作坑尺寸如图 7-10 所示。

表 7-4　缩径内插法穿管工作坑的尺寸与管径的关系

管径	沟槽宽度/m	沟槽深度/m	起始工作坑长度 $(D \times P_2) + (Y \times P_1)$	接收工作坑长度/m
DN100～200	0.8	$D+Y+0.3$	$3D+6Y$	4

管径	沟槽宽度/m	沟槽深度/m	起始工作坑长度 $(D \times P_2)+(Y \times P_1)$	接收工作坑长度/m
DN 250～300	1.0	$D+Y+0.4$	$5D+8Y$	5
DN 350～400	1.2	$D+Y+0.5$	$6D+10Y$	6
DN 450～500	1.4	$D+Y+0.5$	$7D+10Y$	7
DN 600	2	$D+Y+0.6$	$8D+10Y$	8

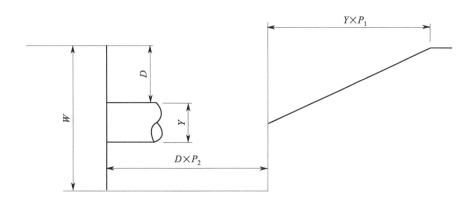

图 7-10 缩径内插法起始工作坑尺寸

7.4.4 折叠施工

折叠法修复的典型流程为：作业坑开挖—工作管断开—清管拉膛—内窥检查—PE管焊接—机械压成 U 形—胶带缠绕—牵引 PE 折叠管至管内—管端定型—PE 管充气复原定型—端口处理与连接—内窥检查—修复管道试压、验收—管道连接—作业坑恢复[6]。

（1）开挖作业坑

施工前，需要开挖牵引坑和拖管坑，它们分设在待修复管道的两端。在确定工作坑位及尺寸时主要考虑下列影响因素：

① 对存在三通、阀门等附件的管道连接处必须开挖；

② 管道走向发生变化处（一般<8°）必须开挖；

③ 根据设备能力及现场施工条件，确定一次施工长度，然后进行分段开挖；

④ 作业坑的位置不应影响交通；

⑤ 作业坑的长度要能满足安装试压装置、封堵装置及内衬管道超出待修复管道长度的要求；

⑥ 开挖的工作坑两端需开挖一个约 20°的导向坡槽，以确保新管平滑插入旧管道（一般坑底应挖至管底以下 50cm，以利于管段间连接）；

⑦ 作业坑开挖边坡坡度在黏性土层内为（1∶0.35）～（1∶0.5），在砂性土层内为（1∶0.75）～（1∶1），较深的坑应按《建筑基坑支护技术规程》（JGJ 120—2012）进行

施工。

两个工作坑间的距离依据修复现场的建筑、交通及相关管道情况确定管段间的距离，最长可达 100m，有时可以将检查井用作工作坑。

（2）管道清洗

清理管道的方式有机械清理、高压水清理、化学清理。

1）机械清理

① 应选择适宜材质的清管球（聚氨酯泡沫、钢丝刷）多次清理，清管球的半径应逐步加大；

② 清管球清理后应用钢爪、刮板及拉膛的方法将管内杂物全部清理干净。

2）高压水清理

① 应根据旧管道的厚壁和受损情况选择压力，其最小压力不小于 50MPa；

② 每段拟清洗的旧管道长度与高压水的软管长度应该相匹配；

③ 高压水清理后应用钢爪、刮板及拉膛的方法将管内杂物全部清理干净。

3）化学清理

① 应根据管内沉积物的性质选择清洗液；

② 化学清理后的剩余物根据其性质选择机械清理或高压水清理。

机械清理、高压水清理、化学清理时需要做好污水的排出和污物的处理，避免对生态和环境造成污染。

（3）HDPE 管折叠成型

用专用变形设备将焊接好待穿插的 HDPE 管变成 U 形管，使其截面积减小 20％～30％，并用特制胶带缠绕机将变形过的 HDPE 管暂时捆绑定型，同时起到保护 PE 管外管壁的作用。这种变形技术缩径量大，穿插阻力小，能够减小穿插过程中 PE 管道的外壁磨损和拉力过大所带来的伤害。

在冷压前将 HDPE 管表面的尘土、水珠去除干净，并检查管壁上是否有缺陷。将 HDPE 管一端切成鸭嘴形，鸭嘴形的尺寸应为：三角形底边长度约为管径的 80％，腰长为管径的 1.5～2 倍，并在其上开好两个孔径约 40mm 的孔洞以备穿绳牵引。借助链式紧绳器，按钢质夹板孔位做好牵引头，用螺栓紧固，将钢质夹板两侧多余的 HDPE 管边缘切成平滑的斜面。将钢丝绳穿过两个孔与液压牵引机相连。

1）U 形压制机的调整

① 调整压制机的上下、左右压辊，应使入口处的压辊间距为 HDPE 管管径的 70％；

② 主压轮后的左右压辊间距为 HDPE 管管径的 60％～70％；

③ 主压轮前面的左右压辊应对压扁变形的 HDPE 管合理限位，并使 HDPE 管中线与主压轮对中，使 HDPE 管在压制机的正中心位置上行走；

④ 当环境温度小于 10℃时，主压轮后面的左右压辊间距可适当增加到 65％～75％；

⑤ 当环境温度小于 5℃时，禁止进行 U 形压管。

2）压制 U 形

开启液压牵引机和 U 形压制机，在牵引力的拖动与压制机液压的推动下，应使圆形 HDPE 管通过主压轮并压成 U 形。在压制过程中 U-HDPE 管下方两侧不得出现死角或褶皱现象，否则必须切掉此管段，并在调整左右限位压辊后重新工作，并且还要做到：

① 缠绕带将 U 形管缠紧；

② 缠绕带的缠绕速度要与 HDPE 管的压制速度相匹配。如果缠绕速度过快，会造成缠绕带不必要的浪费；如果缠绕速度过慢，会造成缠绕力不够，可能导致 U 形管在回拉过程中意外爆开；

③ U 形管的开口不可过大，如果过大可用链式紧绳器将开口锁紧，调整左右压辊的间距；

④ 根据 U-HDPE 管的直径调整缠绕带的滚轮，使得缠绕带连续平整地绑扎在 U-HDPE 管的表面。

（4）穿插 HDPE 管

起动牵引机将 U 形 HDPE 管拉入待修复管道，穿插牵引速度应控制在 9～15m/min，穿插后两端 HDPE 内衬管应比原管口长 80cm。

配套支架的安装：

① 拖管坑处的旧管端口应安装带有上、左、右三个方向的限位轴辊的防撞支架，避免 HDPE 管道与旧管端口发生摩擦。

② 在牵引坑处的旧管端口应安装只带有上方向限位轴辊的导向支架，确保牵引绳平滑的牵出旧管道，避免 HDPE 管道外壁与旧管内壁发生剧烈摩擦。

在拖入衬管过程中可以根据厂商的建议采用合适的符合环保要求的润滑方式，润滑剂应无毒、不生菌、对输送介质无影响、对管道施工质量无影响。

（5）HDPE 管胀开恢复

国内复圆 HDPE 折叠管的方法有两种：一种是使用压缩空气复圆；另一种是使用软体球复圆。

1）利用压缩空气复圆法

U-HDPE 管在母管内定位后，在管侧两端焊接 PE 法兰短节，待焊口冷却后用盲板封死，另一端用带有充气口、放气口和压力表的盲板封死，充入压缩空气。U-HDPE 管在压缩空气的作用下，将缠绕带崩断，从而恢复成圆形，与母管道内壁紧密贴合，形成完整、光滑的内衬管。一般压缩空气升至 0.15MPa 就能将 U-HDPE 完全展开并达到修复的要求。

2）利用软体球复圆法

将软体球从一端装入 U-HDPE 管，安装涨管器，连接空压机，注入压缩空气涨管。要密切注意压力表，将软体球的行走速度控制在 1.0m/s 左右。衬管穿入管道胀开后要恢复到原来的直径，并与原管道内壁紧贴。若因管道有较小转角、内径不均匀或错皮等情况，允许有未能完全胀开恢复到原来直径的凹凸部分存在，但最大高度不得大于 5cm，凸起长度不得大于 4m。待管道投入使用一段时间后，在连续施加工作压力的状态下，HDPE 管道内凸起部分将与原管道内壁紧贴。

在用热水恢复衬管形状的过程中，应在衬管内不同部位设置多个温度测量装置，以便监测不同部位热水的温度。在用蒸汽复圆时，应了解当地的法律规范，在指定的区域内是否允许使用流动蒸汽站，也要考虑选择合适的路线运送到现场，并考虑在现场的摆放位置。

（6）端头处理及管线连接

衬管衬贴完毕后，要采用专用的翻边设备，将 PE 管与 PE 法兰熔合在一起。原管道上的钢质法兰要与钢质短节上的法兰连接，将 PE 法兰夹在两个钢质法兰中间，形成复合法兰。

（7）工程试压、验收及回填

折叠法修复后的排污管道应通过水密封低压试验和气密试验。气密试验应在接入接户管之前完成。关于试验及验收的详细要求参见《给水排水管道工程施工及验收规范》（GB 50268—2008）。对于城镇燃气管道修复工程，应按照《城镇燃气输配工程施工及验收规范》（CJJ 33—2005）进行强度和严密性试验[7]。

对打压合格的 U 形折叠内衬管用内窥仪检查并录像，以 U-HDPE 管没有塌陷为合格（在实际施工中，U-HDPE 管的顶部复圆后，可能会有微量的塌陷，这种现象属于正常现象，在经过一段时间后，顶部会自然恢复）。

在施工质量控制措施部分，承包商应提交详细的施工过程控制措施，说明如何满足施工质量要求和国家规范，包括养护记录、加热装置的数据记录、从施工开始到养护结束的全部温度记录。

所有工作完成后，承包商应提供修复前及修复后的管道内完成的录像（录像带或 DVD），包括接头与支管连接部位。录像的质量和准确度应符合合同的要求，若从录像中发现质量缺陷后应进行修复，修复后再录像检查。

7.5 穿插修复材料质量检验

7.5.1 出厂检验

聚乙烯管的质量要求，参照标准《给水用低密度聚乙烯管材》（QB/T 1930—2006）规定，LDPE、LLDPE 给水管的规格尺寸及偏差应符合表 7-5 规定。管的力学性能应符合表 7-6 规定。管的外观质量要求是：管的内外壁应光滑、平整、不允许有气泡、裂纹、分解变色线及明显的沟槽、凹陷、杂质等，管材两端切断面应基本垂直于管材轴线。

表 7-5　LDPE、LLDPE 给水管系列壁厚与偏差

公称外径 /mm	平均外径 极限偏差	公称压力/MPa					
		PN 0.25		PN 0.4		PN 0.6	
		公称壁厚 /mm	极限偏差 /mm	公称壁厚 /mm	极限偏差 /mm	公称壁厚 /mm	极限偏差 /mm
16	+0.3 0	0.8	+0.3 0	1.2	+0.4 0	1.8	+0.4 0

公称外径 /mm	平均外径 极限偏差	公称压力/MPa					
		PN 0.25		PN 0.4		PN 0.6	
		公称壁厚 /mm	极限偏差 /mm	公称壁厚 /mm	极限偏差 /mm	公称壁厚 /mm	极限偏差 /mm
20	+0.3 / 0	1.0	+0.3 / 0	1.5	+0.4 / 0	2.2	+0.5 / 0
25	+0.3 / 0	1.2	+0.4 / 0	1.9	+0.4 / 0	2.7	+0.5 / 0
32	+0.3 / 0	1.6	+0.4 / 0	2.4	+0.5 / 0	3.5	+0.6 / 0
40	+0.4 / 0	1.9	+0.4 / 0	3.0	+0.5 / 0	4.3	+0.7 / 0
50	+0.5 / 0	2.4	+0.5 / 0	3.7	+0.6 / 0	5.4	+0.9 / 0
63	+0.6 / 0	3.0	+0.5 / 0	4.7	+0.8 / 0	6.8	+1.1 / 0
75	+0.7 / 0	3.6	+0.6 / 0	5.6	+0.9 / 0	8.1	+1.3 / 0
90	+0.9 / 0	4.3	+0.7 / 0	6.7	+1.1 / 0	9.7	+1.5 / 0
110	+1.0 / 0	5.3	+0.8 / 0	8.1	+1.3 / 0	11.8	+1.8 / 0

表 7-6 LDPE、 LLDPE 给水管力学性能

项目			指标
密度/(g/cm³)			＜0.940
氧化诱导时间(190℃)/min			≥20
断裂伸长率/%			≥350
纵向回缩率/%			≤3.0
静液压强度	短期	温度:20℃ 时间:1h 环应力:6.9MPa	不破裂 不渗漏
	长期	温度:70℃ 时间:100h 环应力:2.5MPa	不破裂 不渗漏

用于输送饮用水的聚乙烯管材的卫生要求应符合《生活饮用水输配水设备及防护材料的安全性评价标准》（GB 17219—1998）的规定。

高密度聚乙烯管的规格尺寸及力学性能，应符合标准《给水用聚乙烯（PE）管道系统　第 2 部分：管材》（GB/T 13663.2—2018）的规定，见表 7-7 和表 7-8。《建筑排水用高密度聚乙烯（HDPE）管材及管件》（CJ/T 250—2018）规定建筑排水用高密度聚乙烯管材的规格见表 7-9 和表 7-10[8]。

表 7-7　HDPE 给水管系列壁厚与偏差

公称外径/mm	公称壁厚/mm							
	PE 80 级公称压力/MPa							
	1.6	1.25	1.0	0.8	0.6	0.5	0.4	0.32
	PE 100 级公称压力/MPa							
	2.0	1.6	1.25	1.0	0.8	0.6	0.5	0.4
16	2.3							
20	2.3	2.3						
25	3.0	2.3	2.3					
32	3.6	3.0	2.4	2.3				
40	4.5	3.7	3.0	2.4	2.3			
50	5.6	4.6	3.7	3.0	2.4	2.3		
63	7.1	5.8	4.7	3.8	3.0	2.5		
75	8.4	6.8	5.6	4.5	3.6	2.9		
110	12.3	10.0	8.1	6.6	5.3	4.2		
125	14.0	11.4	9.2	7.4	6.0	4.8		
140	15.7	12.7	10.3	8.3	6.7	5.4		
160	17.9	14.6	11.8	9.5	7.7	6.2		
180	20.1	16.4	13.3	10.7	8.6	6.9		
200	22.4	18.2	14.7	11.9	9.6	7.7		
225	25.2	20.5	16.6	13.4	10.8	8.6		
250	27.9	22.7	18.4	14.8	11.9	9.6		
280	31.3	25.4	20.6	16.6	13.4	10.7		
315	35.2	28.6	23.2	18.7	15.0	12.1	9.7	7.7
355	39.7	32.2	26.1	21.1	16.9	13.6	10.9	8.7
400	44.7	36.3	29.4	23.7	19.1	15.3	12.3	9.8
450	50.3	40.9	33.1	26.7	21.5	17.2	13.8	11.0
500	55.8	45.4	36.8	29.7	23.9	19.1	15.3	12.3
560	62.5	50.8	41.2	33.2	26.7	21.4	17.2	13.7
630	70.3	57.2	46.3	37.4	30.0	24.1	19.3	15.4
710	79.3	64.5	52.2	42.1	33.9	27.2	21.8	17.4
800	89.3	72.6	58.8	47.4	38.1	30.6	24.5	19.6
900		81.7	66.2	53.3	42.9	34.4	27.6	22.0

公称外径/mm	公称壁厚/mm							
	PE 80 级公称压力/MPa							
	1.6	1.25	1.0	0.8	0.6	0.5	0.4	0.32
	PE 100 级公称压力/MPa							
	2.0	1.6	1.25	1.0	0.8	0.6	0.5	0.4
1000		90.2	72.5	59.3	47.7	38.2	30.6	24.5
1200			88.2	67.9	57.2	45.9	36.7	29.4
1400			102.9	82.4	66.7	53.5	42.9	34.3
1600			117.6	94.1	76.2	61.2	49.0	39.2
1800				105.9	85.7	69.1	54.5	43.8
2000				117.6	95.2	76.9	60.6	48.8
2250					107.2	86.0	70.0	55.0
2500					119.1	95.6	77.7	61.2

表 7-8 HDPE 给水管的力学性能

项目		指标
氧化诱导时间(210℃)/min		≥20
断裂伸长率/%		≥350
纵向回缩率/%		≤3
静液压强度	试验温度　20℃ 试验时间　100h 环应力： PE 80　10.0MPa PE 100　12.0MPa	不破裂 不渗漏
	试验温度　80℃ 试验时间　165h 环应力： PE 80　4.5MPa PE 100　5.4MPa	不破裂 不渗漏
	试验温度　80℃ 试验时间　1000h 环应力： PE 80　4.0MPa PE 100　5.0MPa	不破裂 不渗漏

表 7-9 S12.5 管系列尺寸

公称外径 d_n/mm	平均外径 d_{em}/mm		壁厚 e_y/mm	
	$d_{em,min}$	$d_{em,max}$	$e_{y,min}$	$e_{y,max}$
32	32	32.3	3.0	3.3
40	40	40.4	3.0	3.3

公称外径 d_n/mm	平均外径 d_{em}/mm		壁厚 e_y/mm	
	$d_{em,min}$	$d_{em,max}$	$e_{y,min}$	$e_{y,max}$
50	50	50.5	3.0	3.3
56	56	56.5	3.0	3.3
63	63	63.6	3.0	3.3
75	75	75.7	3.0	3.3
90	90	90.8	3.5	3.9
110	110	110.8	4.2	4.9
125	125	125.9	4.8	5.5
160	160	161.0	6.2	6.9
200	200	201.1	7.7	8.7
250	250	251.3	9.6	10.8
315	315	316.5	12.1	13.6

表 7-10　S16 管系列尺寸

公称外径 d_n/mm	平均外径 d_{em}/mm		壁厚 e_y/mm	
	$d_{em,min}$	$d_{em,max}$	$e_{y,min}$	$e_{y,max}$
200	200	201.1	6.2	6.9
250	250	251.3	7.8	8.6
315	315	316.5	9.8	10.8

7.5.2　施工质量检验

城镇给水管道非开挖修复更新工程竣工验收应符合下列规定[9]：

① 质量检验项目和要求，应符合现行国家标准《给水排水管道工程施工及验收规范》（GB 50268—2008）的有关规定；

② 竣工验收应按要求填写中间验收记录表，并应在分项、分部、单位工程验收合格的基础上进行；

③ 竣工验收时，应核实竣工验收资料，并应按设计要求进行复验和外观检查。内容应包括管道的位置、高程、管材规格、整体外观、标志桩以及阀门、消火栓的安装位置和数量及其在正常工作压力条件下的启闭方向与灵敏度等，并应填写竣工验收记录；

④ 验收合格后，建设单位应组织竣工备案，并应将有关设计、施工及验收文件和技术资料立卷归档。

城镇排水管道非开挖修复更新工程竣工验收应符合下列规定[10]：

① 单位工程、分部工程、分项工程及其分项工程验收批的质量验收应全部合格；

② 工程质量控制资料应完整；

③ 工程有关安全及使用功能的检测资料应完整；

④ 外观质量验收应符合要求。

7.6 短管内衬修复施工案例

7.6.1 工程概况

（1）工程介绍

天津某道路交叉口，暴雨时期该路口积水较为严重，很大程度上影响交通安全。经调查，现状道路下 DN600 雨水管道已严重损坏，为缓解积水情况，保证排水及交通安全，需对该段雨水管进行紧急抢修。管道总平面图如图 7-11 所示。

图 7-11　雨水管道损坏段总平面图

（2）CCTV 检查结果

对该工程损坏雨水管道进行 CCTV 检测，检测结果显示，该段雨水管道存在一处二级腐蚀，见图 7-12。

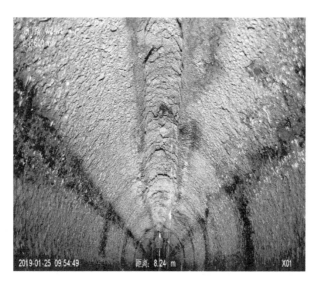

图 7-12　CCTV 检测管道腐蚀图

7.6.2 修复方案

（1）非开挖修复方案确定

非开挖修复常用的整体修理技术有现场固化内衬修复技术、螺旋缠绕内衬管修复技术、短管及管片内衬修复技术、牵引内衬修复技术、涂层内衬修复技术。结合该工程特点，对现场固化内衬修复技术与短管及管片内衬修复技术进行比选，见表7-11。

表 7-11　现场固化内衬修复技术与短管及管片内衬修复技术比选

修复技术	现场固化内衬	短管焊接内衬
适用管径/mm	150～2200	350～2400
适用管材	所有	钢筋混凝土管
适用时效	永久	永久
止水	√	√
恢复强度	√	√
适用损坏类型		
破裂	√	√
变形	√	√
错位	√	√
脱节	√	√
渗漏	√	√
腐蚀	√	√
优点	施工速度快,耐腐蚀、耐磨损,可防地下水渗入问题,整体修复效果很好	施工速度快,内衬管强度高,接口质量可靠,设备简单,价格低
缺点	材料成本较高	管道修复后断面损失较大
造价	较高	中

结合该工程实际情况，选用短管内衬法作为此次非开挖修复方式。

经计算复核，采用短管内衬法修复后，该工程雨水管道依旧能满足管道断面损失的要求。

（2）短管内衬设计

短管内衬是将合适尺寸的 HDPE 管道插入需要修复的旧管道内，利用原旧管道的刚性和强度为承力结构以及 HDPE 管耐腐蚀、耐磨损、耐渗透等特点，形成"管中管"复合结构使修复后的管道具备综合性能，最后将新旧管道之间间隙注浆填满，对原管道错位处采用管外局部注浆。修复后的管道整体性能好，具有良好的抗化学作用和流动特性，提高管道的抗压抗冲能力，延长管道的使用寿命达到 50 年。短管内衬法断面示意图及结构焊接详图如图 7-13、图 7-14 所示。

（3）短管内衬施工流程

如图 7-15 所示。

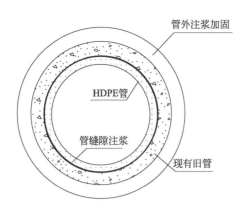

图 7-13　短管焊接内衬修复管道结构断面示意

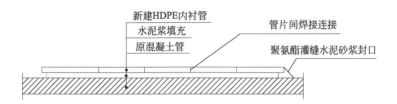

图 7-14　短管焊接内衬修复管道焊接详图

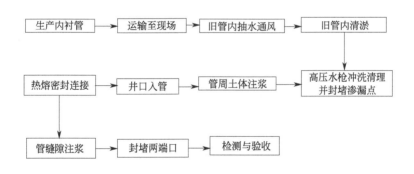

图 7-15　施工流程图

（4）短管内衬施工要求

在短管焊接内衬修理前，应对管周土体进行注浆加固，加强其稳定性，防止水土流失，提高管基土体的承载力。

管道修复前需利用高压水枪对管道内进行清淤，清除管道内所有可能影响新管成型的污垢、垃圾等。

管道修复前需对原管道管节进行修平。

对管道接口错位修复，对高出的部分需进行切除，再用砂浆抹平。

7.6.3 修复结果

该工程管道修复选用短管内衬法是可行的,既减小了对道路交通、地下管线的影响,加快了施工进度,节省了工程造价,又能有良好的修复效果,修复前后对比见图7-16。

(a)管道修复前

(b)管道修复后

图 7-16 管道修复前后对比

参考文献

[1] 胡远彪,王贵和,马孝春. 非开挖施工技术 [M]. 北京:中国建筑工业出版社,2014.
[2] 叶建良,蒋国盛,窦斌. 非开挖铺设地下管线施工技术与实践 [M]. 北京:中国地质大学出版社,2000.
[3] ASTM F1606. Standard practice for rehabilitation of existing sewers and conduits with deformed polyethylene (PE) liner [S]. ASTM, Philadelphia, PA, USA.

［4］ 马保松. 非开挖管道修复更新技术［M］. 北京：人民交通出版社，2014.

［5］ 张师军，乔金樑. 聚乙烯树脂及其应用［M］. 北京：化学工业出版社，2011.

［6］ 赵俊岭. 地下管道非开挖技术应用［M］. 北京：机械工业出版社，2014.

［7］ 吴坚慧，魏树弘. 上海市城镇排水管道非开挖修复技术实施指南［M］. 上海：同济大学出版社，2012.

［8］ 周殿明，张丽珍. 聚乙烯成型技术问答［M］. 北京：化学工业出版社，2006.

［9］ CJJ/T 244—2016. 城镇给水管道非开挖修复更新工程技术规程［S］. 中华人民共和国住房和城乡建设部.

［10］ CJJ/T 210—2014. 城镇排水管道非开挖修复更新工程技术规程［S］. 中华人民共和国住房和城乡建设部.

第 8 章
管片内衬修复技术及材料

8.1　管片内衬修复技术

　　管片内衬法采用的主要材料为 PVC 材质的管片和灌浆料，通过使用连接件将管片在管内连接拼装，然后在原有管道和拼装成的内衬管之间填充灌浆料，使新内衬管和原有管道连成一体，达到修复破损管道的目的。管片内衬法示意见图 8-1 和附图 9X-1。

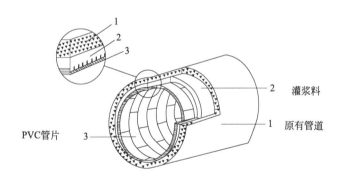

图 8-1　管片内衬法示意

1—原有管道；2—灌浆料；3—PVC 管片

　　《城镇排水管道非开挖修复更新工程技术规程》（CJJ/T 210—2014）中将管片内衬法定义为将片状型材在原有管道内拼接成一条新管道，并对新管道与原有管道之间的间隙进行填充的管道修复方法[1]。其适用范围见表 8-1。

表 8-1　管片内衬法适用范围

序号	项目	适用范围
1	可修复对象	钢筋混凝土管圆形、矩形、马蹄形

序号	项目	适用范围	
2	可修复尺寸	圆形管:直径800～2600mm	
		矩形:(1000×1000)-(1800×1800)mm	
3	施工长度	无限制	
4	施工流水环境	水深25cm以下,直径(800～1350)mm,水深15cm以下	
5	管道接口纵向错位	直径的2%以下	
6	管道接口横向错位	150mm以下	
7	曲率半径	8m以上	
8	管道接口弯曲	3°以下	
9	倾斜调整	可调整高度在直径的2%以下	
10	工作面	组装时30m² 以上	
		灌浆时35m² 以上	
		最小工作面22.5m²	

管片内衬法的优点如下:

① PVC模块的体积小、质量轻、抗腐蚀性强,能够大幅度延长管道使用寿命,施工方便;

② 使用透明的PVC制品,目视控制灌浆料的填充,保证工程质量;

③ 强度高,修复后的管道破坏强度大于修复前的管道;化学稳定性强,耐磨耗性能好;

④ 可进行弯道施工,可以从管道的中间向两端同时施工,缩短工期;

⑤ 不需要大型的机械设备进行安装,适用于多种施工环境,井内作业采用气压设备,保证作业面,安全施工;

⑥ 可以对管道的上部和下部分别施工;

⑦ 出现紧急状况时,随时可以暂停施工;粗糙度系数小,能够确保报修前原有管道的流量;

⑧ 施工时间短,噪声低,不影响周围环境和居民生活。

管片内衬法的缺点如下:

① 不适用于压力管道修复;

② 人工安装操作不方便;

③ 仅适用于大口径管道修复工程;

④ 需灌浆。

8.2 管片内衬修复材料

8.2.1 管片型材

ASTM F2985规定管片型材应由PVC塑料制成[2],质量满足《硬质聚氯乙烯

（PVC）化合物和氯化聚氯乙烯（CPVC）化合物的标准分类体系和规格》（ASTM D1784）中相关要求。T/CECS 717 规定管片拼装法主要使用的材料为 PVC 模块和填充砂浆。CJJ/T 210 规定管片内衬法所用片状型材由 PVC-U 制成，型材表面应光滑，并应具有耐久性及抗腐蚀性。

圆形管道和矩形管道如图 8-2 和图 8-3 所示。

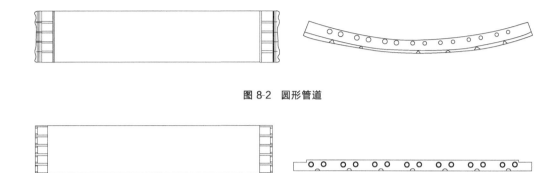

图 8-2 圆形管道

图 8-3 矩形管道

圆形和矩形管径修复前后具体尺寸如表 8-2 和表 8-3 所列。

表 8-2 圆形管道修复后截面损失

序号	原有管径/mm	修复后管径/mm	损失截面积比例/%
1	800	725	17.87
2	900	820	16.99
3	1000	915	16.28
4	1100	1005	16.53
5	1200	1105	15.21
6	1350	1240	15.63
7	1500	1370	16.58
8	1650	1510	16.25
9	1800	1650	15.97
10	2000	1840	15.36
11	2200	2030	14.86
12	2400	2220	14.44
13	2600	2405	14.44

表 8-3 矩形管道修复后截面损失

序号	原有矩形管道尺寸(长×宽)/mm	修复后矩形管道尺寸(长×宽)/mm	损失截面积比例/%
1	1000×1000	895×895	19.90
2	1100×1100	986×986	19.65
3	1200×1200	1076×1076	19.60

序号	原有矩形管道尺寸(长×宽)/mm	修复后矩形管道尺寸(长×宽)/mm	损失截面积比例/%
4	1350×1350	1225×1225	17.66
5	1500×1500	1375×1375	15.97
6	1650×1650	1525×1525	14.58
7	1800×1800	1675×1675	13.41

环刚度用于评价环形材料的力学性能，维卡软化温度用于评价材料的耐热性能。ASTM F2984 规定组装的 PVC 管片环刚度能承受灌浆的 5~6 倍重量，维卡软化温度不低于 60℃。

8.2.2 注浆材料

注浆材料用于填充原有管道与新管道之间的空隙。ASTM F2985 规定注浆材料由 B 型波特兰水泥、砂粒和添加剂（抗收缩剂和减水剂、消泡剂和增黏剂）组成，该混合物具有不易分离、恒定和不易溶解的特性，管片之间不允许渗出水泥浆混合物。ASTM F2985 规定所使用的砂浆由质量比为 1:2.75 的水泥和砂组成，其中波特兰水泥或硅酸盐水泥按规定的水灰比混合。ASTM F2985 规定所用砂粒的最大粒径应为 1.2mm。T/CECS 717 规定注浆材料应具有在水中不易分离、水平流动性好等特性，可用于狭窄的空间填充。CJJ/T 210 和 T/CECS 717 规定了注浆材料的抗压强度、流动度等指标，具体数值见表 8-4。

表 8-4　注浆材料性能

序号	抗压强度	流动度	参考标准
1	>C30	300mm+30mm	T/CECS 717
2	>C30	>270	CJJ/T 210

此外，T/CECS 717 规定了纵向拉伸强度、纵向拉伸延伸率。如表 8-5 所列。

表 8-5　技术指标

序号	项目	单位	技术指标
1	纵向拉伸强度	MPa	>40
2	纵向拉伸延伸率	%	>150
3	热塑性塑料维卡软化温度	℃	>60

8.2.3 附属材料

美国标准 ASTM F2985 规定管片连接过程中使用的黏合剂/密封剂应为聚氨酯、单液、湿固化型材料；管片装配材料应采用碳钢螺栓、螺杆和螺母（长且标准），符合美国汽车工程师学会分类 1020 的规定，国内同类标准尚未对管片附属材料做出规定。

8.3 管片内衬修复材料生产质量控制

8.3.1 注塑概念

注射模塑（injection molding products）可简称注塑[3]，是指用注塑成型机把塑料加热塑化熔融，然后再注射到成型模具型腔内，经冷却降温，固化后脱模，使其具有所需的形状、尺寸和功能的制品的过程。

注射模塑过程是将粒状或粉状塑料从注塑机（见图 8-4）的料斗送进加热的料筒，经加热熔化呈流动状态后，由柱塞或螺杆的推动，使其通过料筒前端的喷嘴注入闭合的模具中。充满型腔的熔料在受压的状况下，经过冷却（热塑性塑料）或加热（热固性塑料）固化后即可保持注塑模具型腔所赋予的形状。开启模具取出制品，在操作上即完成了一个模塑周期，然后不断重复上述周期的生产过程。

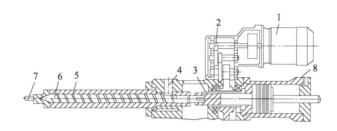

图 8-4　移动螺杆式注塑机结构示意

1—电动机；2—传动齿轮；3—滑动键；4—进料口；5—料筒；6—螺杆；7—喷嘴；8—油缸

8.3.2 管片注塑模具设计

设计注塑模具时，既要考虑塑料熔体流动行为、冷却行为等塑料加工工艺方面的问题，又要考虑模具制造装配等结构方面的问题，具体流程如图 8-5 所示。

注塑模设计的主要内容包括以下几个方面：

① 根据待修复管道的形状、尺寸，确定管片的形状、尺寸、结构；分析服役条件、性能要求、产量需求及精度等级，选择适合的管片材料；

② 根据塑料熔体的流变行为和流道、型腔内各处的流动阻力通过分析得出充模顺序，同时考虑塑料熔体在模具型腔内被分流及重新熔合和模腔内原有空气导出的问题。分析熔接痕的位置、决定浇口的数量和方位；

③ 根据塑料熔体的热学性能数据、型腔形状和冷却水道的布置，分析得出保压和冷却过程中塑件温度场的变化情况，解决塑件收缩及补缩问题，尽量减少由于温度和压力不结晶和取向不一致而造成的残余内应力和翘曲变形。同时尽量提高冷却效率、缩短周期；

④ 塑件脱模和横向分型抽芯的问题可通过经验和理论计算分析来解决，在经验和

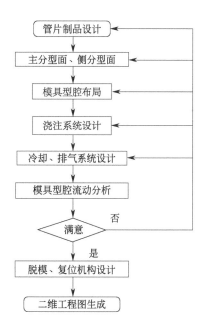

图 8-5 注塑模具设计流程

理论计算基础上，应用计算机专家系统软件，使设计工作能更快、更准确；

⑤ 决定塑件的分型面，决定型腔的镶拼组合。模具的总体结构和零件形状不单要满足充模和冷却等工艺方面的要求，同时成型零件还要具有适当的精度、粗糙度、强度和刚度，易于装配和制造，制造成本低。

8.3.3 注塑设备选择

移动螺杆式注塑机由注射系统、锁模系统和模具三大部分组成。

① 注射系统是注塑机最主要的部分，其作用是使塑料均化和塑化，并在很高的压力和较快的速度下，通过螺杆推挤将塑化和均化好的塑料注射入模具。

② 注射系统包括加料装置、料筒、螺杆及喷嘴等部件。在注塑机上实现锁紧模具、启闭模具和顶出制件的机构总称为锁模系统。

③ 注塑模具是在成型中赋予塑料以形状和尺寸的部件。模具主要由浇注系统、成型零件和结构零件三部分组成。其中浇注系统和成型零件是与塑料直接接触的部分并随塑料和制品而变化，是塑模中最复杂、变化最大、对加工的粗糙度和精度要求最高的部分。

选择注塑机的方法一般分为两种：一种是按注塑机的容量；另一种是按注塑机的注射重量。本设计中按注射重量来选择注塑机。

例如根据一次注塑所需的物料质量为 159.562g，收集注塑机资料后，选定卧式注塑机 MA1600/540。相关参数如表 8-6 所列。

表 8-6　MA1600/540 注塑机参数

参数	数值	参数	数值
注射速度/(g/s)	148	注塑压力/MPa	169
塑化能力/(g/s)	18	锁模力/kN	1600
开模行程/mm	430	哥林柱内距/mm	470×470
最大注射量/g	291	模具定位孔直径/mm	125

8.3.4　注塑工艺

注塑工艺过程包括成型前的准备、注射过程、制件的后处理。成型前的准备包括对原料的预处理、料筒的清洗、嵌件的预热、脱模机的选用；完整的注射周期共包括加料、塑化、注射入模、保压、冷却和脱模等几个步骤，实质上只是塑化、流动与冷却两个过程。注射制件经脱模或机械加工后，常需要进行适当的后处理，以改善和提高制件的性能及尺寸稳定性。

8.4　管片内衬修复材料应用（施工质量控制）

管片内衬法施工应包括施工预处理、管片内衬施工（聚氯乙烯管片安装、灌浆）等步骤。

8.4.1　施工前处理

ASTM F2985 规定在进入检修孔检查或清洁之前，应根据当地安全规定，对管道内空间进行评估，以确定是否存在有毒、易燃气体或缺氧情况。管道清洁应从现有管道中清除内部碎片，使用最小为 20.7MPa 的高压水流对管壁进行清洗处理，以确保管道内壁没有沉积物。管道结构的检查由专业人员进行，需要仔细检查管道的内部，以防出现影响管片安装的情况，如突出的障碍物、缺失的砖块、凹陷、弯曲以及地下水渗漏等。如果遇到上述情况，应该在安装 PVC 内管片之前进行适当的调整。除此之外，如果检查发现内部存在无法清除的障碍物，应进行开挖清理，以解决堵塞情况。管片修复允许带水作业，如果管道水流深度超过 254mm，则需要进行调水和封堵处理。

CJJ/T 210 规定施工前应对原有管道进行预处理，预处理措施包括管道清洗、障碍物的清除，以及对现有缺陷的处理。管道清洗技术主要包括高压水射流清洗、化学清洗等。其中高压水射流清洗是目前的主流设备，使用比例占 80%～90%。影响管道内衬施工障碍可通过专门的工具（如管道机器人）进行清除，对于不能清除的应进行开挖处理。

T/CECS 717 规定修复工程施工前，应根据管道状况、修复工艺要求对原有管道进行预处理，预处理后的原有管道内应无沉积物、垃圾及其他障碍物，不应有影响施工的积水和渗水现象；管道内表面应洁净，应无影响管片环衬入的附着物、尖锐毛刺、突起现象；当采用局部修复法时，原有管道待修复部位及其前后 0.5m 范围内管道内表面应洁净，无附着物、尖锐毛刺和突起；预处理应避免对管道造成进一步的损伤和破坏。施工前，应采用高压冲洗车对管内进行清理，以保证施工质量。

8.4.2　管片内衬施工

管片内衬修复技术施工包括管片安装、灌浆，具体的施工步骤包括模块进场、模块吊入、模块运送、模块拼装、模块灌浆、管口处理等过程（图 8-6，书后另见彩图）。

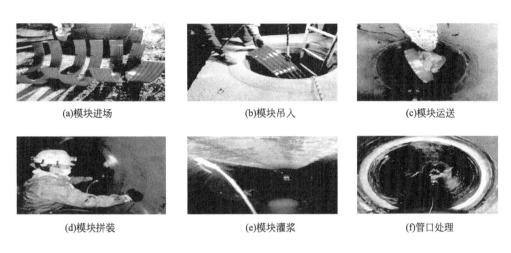

(a)模块进场　　　　　　　(b)模块吊入　　　　　　　(c)模块运送

(d)模块拼装　　　　　　　(e)模块灌浆　　　　　　　(f)管口处理

图 8-6　施工步骤

8.4.2.1　聚氯乙烯管片安装

ASTM F2985 规定管片安装应尽可能靠近原有管道内圆周安装，管片之间应使用厂家提供的紧固件连接成环，使用专用的扭矩扳手拧紧。连接之前，在待连接表面的凹槽中放置密封材料。之后水平或垂直组装管片内衬管，组装完成后，将成环的内衬管推运至安装位置（图 8-7 及附图 9X-2）。

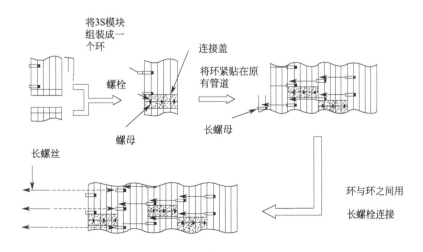

图 8-7　管片拼装过程

8.4.2.2 灌浆

ASTM F2985 规定 PVC 内衬安装完成后，应通过入孔处的管道末端砂浆灌浆。灌浆点应按照制造商给出的尺寸，沿 PVC 管片的顶部钻孔（可以选择沿拱顶或 PVC 环连接处）灌浆。之后，对 PVC 内衬进行水平和垂直支撑，以确保 PVC 内衬不会因流入环形空间的水泥砂浆而变形，随着灌浆情况调节支撑（图 8-8），在进行后续灌浆时应留出足够的时间，以使之前的灌浆凝固（初始凝固时间通常为 3～4h）。管片的接缝处不应有水泥砂浆泄漏。

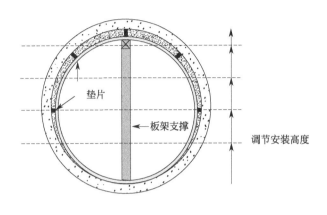

图 8-8　灌浆衬里

灌浆过程应填满环形空间。塑料管片采用透明材料，以便于确认环形空间已被填充。若存在空隙区域，则应通过点位注浆。

T/CECS 717[4] 规定注浆时，注浆压力应随时根据现场情况进行调节，必要时可根据材料的承载能力分批进行注浆，并且需对每次注浆进行制作试块试验；注浆泵应采用流量可调节的连续注浆设备（最高 50L/min）；最终阶段的注浆压力不应大于 0.02MPa，流量不应大于 15L/min；注浆完毕后，应按导流管中流出的砂浆比重确认注浆是否结束。

8.5　管片内衬修复材料质量检验

排水管道内衬管安装完成后，需要进行外观验收和管道严密测试。

8.5.1　外观验收

ASTM F2984 规定安装后应通过闭路电视进行检查[5]，PVC 内衬在整个安装过程中应连续。由于现有管道的条件，可能存在多种不利影响；安装应尽可能根据实际情况，按照设计水平和垂直对齐，将内衬固定在适当的位置进行灌浆。要求地下水不能通过 PVC 管片渗入。所有检查井口均应清点并畅通无阻。CJJ/T 210—2014 规定在内衬施工结束后，使用 CCTV 检测设备对管片模块管道进行外观检测，要求已修复的内衬管在整个修复区域内连续、无裂缝、无凹凸和流通堵塞，注浆不允许出现空洞与未注满现象。T/CECS 717 规定施工结束后，使用 CCTV 检测或人员进入管内目测进行全数检查，修复后的管道内壁不得出现鼓泡、浆液外露等外观缺陷，浆液应充满，无空洞。

8.5.2 直径

CJJ/T 210—2014 规定对修复后内衬管道进行管径检测，每 5m 取点，检测点为内衬管的上下和左右，取其平均值进行判断，确保达到设计规定的直径要求。

8.5.3 渗漏测试

ASTM F2984 规定水密性应通过使用密封剂对接缝进行内部和外部测试。当以水压 0.3 MPa 施加在接头上 3min 时，接头应无泄漏。CJJ/T 210—2014 规定管道闭水试验时，实测渗水量应不高于允许渗水量，允许渗水量应按下式计算：

$$Q_e = 0.0046D_1 \tag{8-1}$$

式中　Q_e——允许渗水量；

　　　D_1——试验管道内径。

ASTM F1417 规定了闭气试验方法。缓慢增加压力至 27.58kPa，关闭气阀停止供气。记录压力从 24.13kPa 降至 17.24kPa 或从 24.13kPa 降至 20.69kPa 所需时间，与规定值（按照下式计算）进行对比，如果高于规定最小时间，则认为符合要求。

$$T = 0.00708DK/V_e \tag{8-2}$$

$$K_t = 3.24 \times 10^{-3}DL \tag{8-3}$$

式中　T——压力下降 7kPa 允许最短时间，s；

　　　D——管道平均内径，mm；

　　　K_t——系数，不应小于 1.0；

　　　V_e——渗漏速率，$m^3(min \cdot m^2)$；

　　　L——测试段长度，m。

8.6 管片内衬修复施工案例

8.6.1 工程概况

该项目由上海管丽建设工程有限公司负责实施。上海奉贤区南排干线污水管道埋设于 S4 高速公路旁侧，管理部门在对该管道的牌楼港附近管段实施 CCTV 检测时，发现 NO.456～NO.457 管道内部顶部出现严重的 4 级腐蚀现象，管道下游至上游 3～33m 范围内存在 7 处 4 级渗漏的结构性病害。管道内部的腐蚀、渗漏等结构性损坏现象会造成管道本身荷载能力降低；同时，伴随地下水从缺陷处渗漏，会引起管体周围土体流失、空洞，继而造成管道内部淤积物增多，以及路面下沉和坍塌，轻者影响污水的正常排放，重者对路面交通和人民生命财产造成严重危害。因此，对这样有结构性缺陷的管道需立即进行修复。

该管道的埋设深度约 6.0m，管道长 40m，管道东侧 10m 为 S4 高速，西侧紧邻杨王路，杨王路下埋设有煤气管道。若全面开挖更换新管，工程量大且施工周期长，尤其是开挖带来的城市道路的破坏、环境的污染、交通的堵塞，地下管线的保护与搬迁以及由此带来的反复投资都是老百姓及社会各方面难以接受的。为了减少路面开挖和最大程度减少对交通与社会的影响，增强管道的抗荷载性能，修复该管道的使用功能，同时综合社会、经济成本进行比较，决定采用非开挖修复技术进行实施。

由于本次的待修复管道是污水主干线，每天有约 8 万吨的污水需要排放，干管内单日可停水时间最多 8h。若采用架设临排来提供施工条件则成本高昂，所以采用长时间停水的施工工艺实施修复有一定的难度。因此，通过综合对 CIPP 热水固化技术，CIPP 紫外光固化技术以及 3S 模块拼装技术的比较，如表 8-7 所列，最终确定采用 3S 模块拼装技术在不设置临排的情况下实施修复。该技术由上海管丽建设工程有限公司引进并实施[6]。

表 8-7　修复方法分析比较表

施工方法	3S 模块拼装技术	CIPP 紫外光固化技术	CIPP 热水固化技术
施工方式	管片模块井口吊入 人工拼装	材料拉入 紫外光固化	材料翻转置入 热水循环固化
适用管径	DN800～5000	DN150～1800	DN150～2000
材料厚度	修复前 DN1350 修复后 DN1240	修复前 DN1350 修复后 DN1326 厚度 12.0mm	修复前 DN1350 修复后 DN1317 厚度 16.5mm
注浆情况	需注浆	无需注浆	无需注浆
交通影响	占一条车道,无大型机械, 交通影响最小	占一条车道,交通影响小	占一条车道,交通影响小
材料准备	进口约 1 个月	进口约 1 个月	国产约 1 周
停水时间	连续停水 8h	连续停水 15h	连续停水 30h
临排情况	分段施工,无需临排	需要架设临排	需要架设临排
施工工期	约 10d	约 4d	约 6d
社会经济效益	可随时暂停施工,停水时间灵活,可带少量水作业,无需临排,投资可以得到有效利用,整体费用较低	施工时停水时间短,施工效率高。施工价格和"3S"技术类似,整体的社会经济效益较高	施工时停水时间一般,施工效率高。施工价格是光固化技术的九成,整体的社会效益、经济效益较高

8.6.2　技术优势

管片模块法修复技术是以不开挖道路进行大口径排水管道修理的技术。该技术在日本发明，在欧、美等经济发达国家得到众多顾客的信赖，在发达国家每年都具有上百千米的施工实绩，是比较成熟的、可信赖的管道非开挖修复技术之一。

3S模块法修复技术，如图8-9所示，是一种大口径管道内衬修补技术，通过采用管内组装模块的方法，非开挖修复破损的下水管道。该技术采用的主要材料为PVC材质的模块和特制的填料，通过使用螺栓将塑料模块在管内拼装连接，然后在既有管道和拼装而成的塑料管道之间填充特制的填料，使新旧管道连成一体，达到修复破损管道的目的。

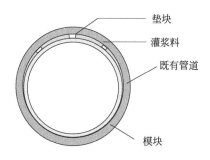

图 8-9　3S 模块法修复技术构造

该项修复技术有如下几个优点：

① 不需要大型机械设备进行安装，适用于多种施工环境；

② 使用透明的 PVC 制品，目视控制灌浆料的填充情况，保证工程质量；

③ 可以从管道的中间向两端同时施工，缩短工期；

④ 出现紧急状况时，随时可以暂停施工；

⑤ PVC 材质，抗腐蚀性强，耐磨耗性能好，能够大幅度延长管道使用寿命；

⑥ 施工时间短，噪声低，不影响周围环境和居民生活；

⑦ 强度高，修复后的管道破坏强度大于修复前的管道。

8.6.3　施工要点

该修复方法按现场的实际情况制定具体的施工流程，如图8-10所示。

8.6.3.1　管道预处理

3S模块法施工对管道清洗质量要求较高，要求做到无影响施工的沉积、结垢、障碍物与尖锐突起物。为此，我们利用高压冲洗设备冲洗表面污垢，再利用人工进入管道进行机械清洗的方式敲除附着的结垢物。同时，对渗漏部分进行聚氨酯堵漏，以满足施工要求。

8.6.3.2　3S 模块拼装

将模块吊入井内，在井室内采用螺接方式径向拼装成环，拼装时接口应均匀涂抹密封胶，确保接口密封。然后，将拼接好的环运至管道内，采用螺接方式轴向拼接成管道；同样，拼装时环接口应注意均匀涂抹密封胶，确保接口密封。

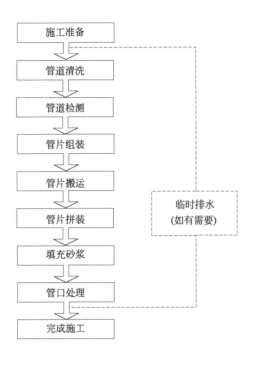

图 8-10　3S 模块拼装技术标准施工流程

8.6.3.3　砂浆的选用

为了达到设计所需要的管材刚度和强度，以及在各种恶劣的条件下确保在给定的时间内完成固化，同时针对修复管道的结构情况、施工时的气候温度以及地面的交通情况等进行反复认真的探讨和摸索，并将相关工况信息及性能要求提供给材料供应商，经过多次试验、调配，确保完全固化，达到预定的强度目标，完成管道修复的目的。砂浆的混合料及水灰比见表，砂浆 28d 抗压强度及砂浆流动度测试结果见表 8-8、表 8-9。流动度测量制作试块如图 8-11 所示。

表 8-8　砂浆的混合料及水灰比

水灰比/%	预混料		
	水泥	骨料	添加剂
21.2	高炉矿渣水泥	最大尺寸为 1.2mm 的石灰石碎石砂	收缩抵抗剂＋减水剂＋消泡剂＋增黏剂

表 8-9　砂浆 28 天抗压强度及砂浆流动度测试结果

填充砂浆性能		备注
抗压强度(28d)	流动性	测试标准：GB/T 50448—2015
43.5N/mm²	320mm	温度管理：施工气温 10～20℃

8.6.3.4　填充注浆

填充注浆采用分段式注浆，分为三个阶段。

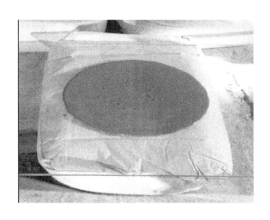

图 8-11　流动度测量制作试块

第一阶段：从上游向下游进行，注浆高度 40cm，排出新旧管之间的污水，使内衬管固定在老管管底。

第二阶段：从上游向下游进行，注浆高度至 90cm，排出内衬管与老管之间的污水，左右交叉注浆，确保两边浆液均匀。

第三阶段：由下游向上游进行，注浆完全填充缝隙，排出内衬管与老管之间的污水和气体，直至上游最高点预留管喷出浆液，停止注浆，同时密封预留管。

8.6.4　质量控制

本次排水管道非开挖管片模块内衬修复施工，为了确保工程的施工质量，在施工过程中严格按照《城镇排水管道非开挖修复更新工程技术规程》（CJJ／T 210—2014）中规定的质量管理内容实施，对施工后的管道内部以及厚度等进行必要的检测，以确认工程的施工结果。

在内衬施工结束后，使用 CCTV 检测设备对管片模块管道进行外观检测，要求已修复的内衬管在整个被修复区域内连续、无裂缝、无凹凸和流通堵塞，注浆没有出现空洞与未注满现象。如图 8-12 所示（书后另见彩图）。

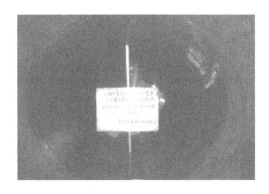

图 8-12　内衬管外观验收检测

8.6.4.1　管道内外观验收检测

管道内衬内径、外观验收检测如图 8-12、图 8-13（书后另见彩图）所示。

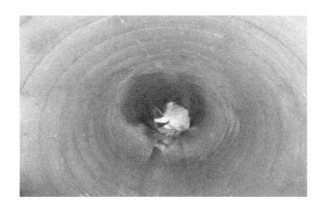

图 8-13　内衬管内径检测

8.6.4.2　内衬管直径验收检测

对修复后内衬管道进行管径检测，每 5m 取点，检测点为内衬管的上下和左右的直径，然后取其平均值进行判断，确保达到管道设计规定的直径要求。本次设计修复后内径为 1240～1260mm，实测平均内径为 1250mm，满足设计要求。

8.6.4.3　填充材料强度的检测

根据 CJJ/T 210—2014 中的规定，对注浆填充材料进行强度性能测试。性能测试委托具有工程质量检测资质的第三方进行，需要达到一定的技术要求，具体结果如表 8-10 所列。

表 8-10　材料强度性能检测结果判断表

性能项目	测试标准	指标	实测值	备考
抗压强度（28d）	GB/T 50448—2015	>C30	43.5MPa	现场注浆施工的材料取样制作的试验片

参考文献

[1]　CJJ/T 210—2014. 城镇排水管道非开挖修复更新工程技术规程 [S]. 中华人民共和国住房和城乡建设部.

[2]　ASTM F2985. Standard practice for installation of a PVC segmental panel liner system in manentry size sewers and conduits [S]. ASTM, Philadelphia, PA, USA.

［3］ 申开智.塑料成型模具［M］.北京：中国轻工业出版社，2012：34，48.

［4］ 住房和城乡建设部.城镇排水管道非开挖修复工程施工及验收规程：T/CECS 717—2020［S］.北京：中国建筑工业出版社，2020.

［5］ ASTM F2984. Standard specifification for segmental panel system for the grout-in-place-liner (GIPL) rehabilitation method of existing man-entry size sewers, culverts, and conduits［S］. ASTM, Philadelphia, PA, USA.

［6］ 孙跃平，杨后军.3S 模块拼装技术在上海市大口径排水管道修复中的应用［J］.非开挖技术，2018（2）：79-82.

第 9 章
管道局部修复技术及材料和预处理技术

当管道的结构完好，但存在局部性的缺陷（裂隙或接头损坏）时，可考虑使用局部修复的方法。局部修复技术可以解决局部受损管道的承载问题及渗漏问题。

局部修复的针对性强，哪里坏就修哪里，可以降低修理费用，在我国现阶段管道维修经费普遍投入不足的情况下具有十分重要的实用价值。在管道损坏长度不足总长度的 1/4 时，局部修复具有较好的经济性。局部修复方法主要瞄准的对象是排水管道，也有少量使用在压力管道的例子。正如其他修复方法一样，第一步要做的仍是清理旧管道和管道内部全面检查，在做出经济性评估后决定是否使用局部修复技术。

目前，进行局部修复的方法很多，主要有不锈钢双胀圈修复法、原位固化点状修复法、不锈钢发泡筒修复法、PVC 六片管筒法、化学稳定法等[1]。

9.1 不锈钢双胀圈

9.1.1 不锈钢双胀圈修复技术内容

（1）技术特点

① 不锈钢双胀圈修复技术是一种管道非开挖局部套环修理方法。该技术采用主要材料为环状橡胶止水密封带与不锈钢套环，在管道接口或局部损坏部位安装，橡胶带就位后用 2~3 道不锈钢胀环固定，达到止水目的。

② 不锈钢双胀圈施工速度快，质量稳定性较好，可承受一定接口错位，止水套环的抗内压效果比抗外压要好，但对水流形态和过水断面有一定影响。

③ 在排水管道非开挖修复中，通常与钻孔注浆法联合使用。

（2）适用范围

① 管材为球墨铸铁管、钢筋混凝土管和其他合成材料的材质雨污排水管道。

② 管径≥800mm 及特大型排水管道局部损坏修理。

③ 管道结构性缺陷呈现为变形、错位、脱节、渗漏且接口错位≤3cm。管道基础结构基本稳定、管道线形没有明显变化、管道壁体坚实不酥化。

④ 对管道内壁局部砂眼，露石、剥落等病害的修补。

⑤ 管道接口处在渗漏预兆期或临界状态时预防性修理。

⑥ 不适用于对塑料材质管道、窨井损坏修理。

⑦ 不适用于管道基础断裂、管道破裂、管道脱节呈倒栽状、管道接口严重错位、管道线形严重变形等结构性缺陷损坏的修理。

（3）工艺原理

① 双胀圈分两层：一层为紧贴管壁的耐腐蚀特种橡胶；另外一层为两道不锈钢胀环（图 9-1）。在管道接口或局部损坏部位安装环状橡胶止水密封带，橡胶带就位后用 2～3 道不锈钢胀环固定，安装时先将螺栓、楔形块、卡口等构件使套环连成整体，再紧贴母管内壁，利用专用液压设备，对不锈钢胀环施压固定（图 9-2、图 9-3），使安装压力符合管线运行要求，在接缝处建立长久性、密封性的软连接，使管道的承压能力大幅提高，能够保证管线的正常运行。

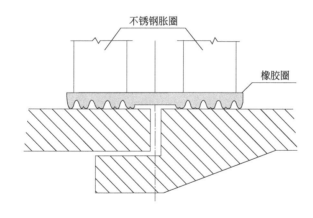

图 9-1　双胀圈内衬施工示意

② 双胀圈能够承受接口错位，止水套环的抗内压效果优于抗外压效果，对水流形态和过水断面有一定程度上的影响。

③ 排水管道处于流沙或软土暗浜层，由于接口产生缝隙，管周流沙软土从缝隙渗入排水管道内，致使管道及检查井周围土体流失，土路基失稳，管道及检查井下沉，路面沉陷。因此，不锈钢双胀圈修理时，必须进行钻孔注浆，对管道及检查井外土体进行注浆加固，形成隔水帷幕防止渗漏，固化管道和检查井周围土体，填充因水土流失造成的空洞，增加地基承载力和变形模量[2]。

图 9-2　扩张器扩展钢片　　　　　　　　　　图 9-3　塞入固定片

9.1.2　双胀圈内衬材料和设计要求

（1）不锈钢环（预制环）

不锈钢片采用奥氏体不锈钢 304（316 亦可）。不锈钢具有良好的延展性，易冷加工成型，拉伸强度≥520MPa，屈服强度≥205MPa，相当于碳钢（6.8 级）；同时，不锈钢还具有耐腐蚀，对侵蚀、高低温都有良好的抵抗力。

（2）环状橡胶止水密封带

密封带需采用耐腐蚀的橡胶，紧贴管道的一面，需做成齿状，以便更好地贴紧管壁。

9.1.3　双胀圈内衬修复施工

9.1.3.1　主要施工设备

双胀圈法施工时有一些是常规设备，一些是专用设备，根据施工现场的情况需要进行必要的调整和配套。

主要机械或设备见表 9-1。

表 9-1　主要机械或设备

序号	机械或设备名称	数量	主要用途
1	电视检测系统	1 套	用于施工前后管道内部的情况确认
2	发电机	1 台	用于施工现场的电源供应
3	鼓风机	1 台	用于管道内部的通风和散热
4	空气压缩机	1 台	用于施工时压缩空气的供应
5	卷扬机	1 台	用于管道内部牵引

序号	机械或设备名称	数量	主要用途
6	液压千斤顶	1台	用于对不锈钢胀环施压
7	管道封堵气囊	1套	用于临时管道封堵
8	疏通设备	1台	用于修复前管道疏通
9	其他设备	1套	用于施工时的材料切割等需要

9.1.3.2 施工工艺流程及操作要求

（1）施工工艺流程

如图 9-4 所示。

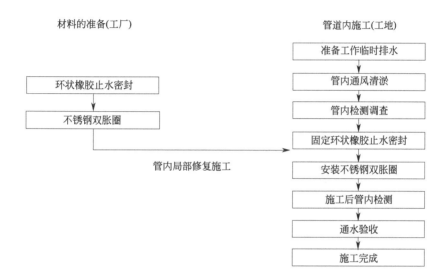

图 9-4　双胀圈内衬修复施工工艺流程

（2）工艺操作要求

1）管道清淤堵漏

封堵管道—抽水清淤—测毒与防护—寻找渗漏点与破损点—止水堵漏（注：堵漏材料采用快速堵水砂浆）。

2）钻孔注浆管周隔水帷幕和加固土体

修复前应对管周土体进行注浆加固，注浆液充满土层内部及空隙，形成防渗帷幕，加强管周土体的稳定，制止四周土体的流失，提高管基土体的承载力，再通过不锈钢双胀圈修复技术进行修理，达到排水管道长期正常使用。

3）施工方法

先对管道接口或局部损坏部位处进行清理，然后将环状橡胶带和不锈钢片带入管道内，在管道接口或局部损坏部位安装环状橡胶止水密封带，橡胶带就位后用 2～3 道不锈钢胀环固定，安装时先将螺栓、楔形块、卡口等构件使套环连成整体，再紧贴母管内壁，使用液压千斤顶设备，对不锈钢胀环施压。

双胀圈能适应接口错位和偏转如图 9-5 所示，双道不锈钢胀环如图 9-6 所示。

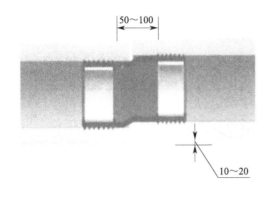

图 9-5 双胀圈能适应接口错位和偏转

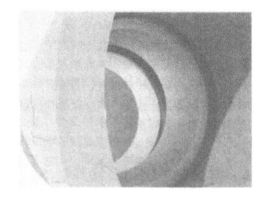

图 9-6 双道不锈钢胀环

9.1.3.3 施工质量控制

（1）施工质量控制。

① 施工前，检查所有设备运转是否正常；

② 安装过程中，检查 CCTV 录像中修复点的情况，清理一切可能影响安装的障碍物；

③ 质量标准可参考《城镇排水管渠与泵站运行、维护及安全技术规程》（CJJ 68—2016）及排水管道其他相关的国家标准；

④ 通过闭路电视进行检查，判断修复质量是否合格，查看修复后是否漏水等。

（2）验收文件和记录。

质量控制：主要检查不锈钢双胀圈是否安装紧凑，有无松动现象；漏水、漏泥等管道缺陷是否完全消除。

质量验收：主要通过 CCTV 拍摄检查管道是否修理合格。

管道修理验收的文件和记录见表 9-2。

表 9-2 验收文件和记录

序号	项目	文件
1	设计	设计图及会审记录,设计变更通知和材料规格要求
2	施工方案	施工方法、技术措施、质量保证措施
3	技术交底	施工操作要求及注意事项
4	材料质量证明文件	出厂合格证,产品质量检验报告,实验报告
5	中间检查记录	分项工程质量验收记录,隐蔽工程检查验收记录,施工检验记录
6	施工日志	
7	施工主要材料	符合材料特性和要求,应有质量合格证及试验报告单
8	施工单位资质证明	资质复印件
9	工程检验记录	抽样质量检验及工程检察报告
10	其他技术资料	质量整改单,技术总结

9.2　不锈钢快速锁修复技术

9.2.1　不锈钢快速锁技术内容

（1）技术介绍

不锈钢快速锁修复技术是将专用不锈钢片拼装成环，然后通过扩充不锈钢圈将橡胶圈挤压到原管道缺陷部位后固定形成内衬的管道修复技术。主要适用于 DN300 及以上管道的局部修复。其中 DN800 以下管道采用气囊安装施工，DN800 及以上管道采用人工安装施工。不锈钢快速锁安装状态示意见图 9-7。

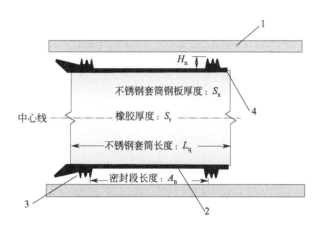

图 9-7　不锈钢快速锁安装状态示意
1—原有管道；2—橡胶套；3—密封圈；4—不锈钢套筒

（2）适用范围

① 原管道不密封段和管道接头接口不密封段；

② 管壁破裂损坏；

③ 管道内生长植物根系侵入；

④ 环向裂缝和纵向裂缝；

⑤ 封堵不再需要的支线接口。

9.2.2　不锈钢快速锁材料

不锈钢快速锁由 304 或 316 不锈钢套筒、三元乙丙橡胶套和锁紧机构等部件构成。DN600 及以下的不锈钢套筒应由整片钢板加工成型，安装到位后通过特殊锁紧装置固定。DN600 以上的不锈钢套筒应由 2～3 片加工好的不锈钢环片拼装而成，在安装到位后通过专用锁紧螺栓固定。橡胶套为闭合式，橡胶套外部两侧应设有整体式的密封凸台，其性能指标应符合现行国家标准《橡胶密封件 给、排水管及污水管道用接口密封圈材料规范》（GB/T 21873—2008）的有关规定。不锈钢快速锁规格尺寸详见表 9-3 和表 9-4[3]。

表 9-3 气囊安装不锈钢快速锁技术参数

适用管径/mm	管径范围		橡胶套直径/mm	不锈钢套筒长度 L_q/mm	密封段长度 A_n/mm	不锈钢板厚度 S_x/mm	橡胶套	
	最小值/mm	最大值/mm					厚度 S_r/mm	密封台高度 H_0/mm
300	295	315	235	400	310	1.2	2	7
400	390	415	323	400	310	1.5	2	8
500	485	515	420	400	310	2.0	2	8
600	585	615	500	400	310	2.0	2	8

表 9-4 人工安装不锈钢快速锁技术参数

适用管径/mm	管径范围		环片数/片	不锈钢套筒长度 L_q/mm	密封段长度 A_n/mm	不锈钢套筒钢板厚度 S_x/mm	橡胶套	
	最小值/mm	最大值/mm					厚度 S_r/mm	密封台高度 H_0/mm
800	770	830	2	300	240	3	3	11
900	870	930	2	300	240	3	3	11
1000	970	1030	2	300	240	3	3	11
1100	1070	1130	2	300	240	3	3	11
1200	1170	1230	2	300	240	3	3	11
1300	1270	1330	2	300	240	3	3	11
1400	1370	1430	3	300	240	4	3	11
1500	1470	1530	3	300	240	4	3	11
1600	1570	1630	3	300	240	4	3	11
1700	1670	1730	3	300	240	4	3	11
1800	1770	1830	3	300	240	4	3	11

9.2.3 不锈钢快速锁修复施工

（1）快速锁使用要求

1）管道检测

采用快速锁修复前，应先对管道进行检测以确定是否可以采用该方法。原则上，管道错位大于 5mm 的不适用该方法；管道错位小于等于 5mm 的，可采用修补砂浆将错位填平后再使用。

2）预处理

快速锁安装前，应对原有管道进行预处理，并应符合下列规定：

① 预处理后的原有管道内应无沉积物、垃圾及其他障碍物，不应有影响施工的积水；

② 原有管道待修复部位及其前后 500mm 范围内管道内表面应洁净，无附着物、尖锐毛刺和凸起物；

③ 地下水有明显渗入时应先进行堵水。

3）扩张工具

快速锁扩张工具由扩张模块和支承模块两部分构成,其中,扩张模块上包含1根主扩张丝杆和2根微调节丝杆(图9-8)。其中,主扩张丝杆用于快速锁就位后的快速扩张,当扩张到贴近管壁时改用微调节丝杆进行缓慢的扩张顶进,直至最终安装完成。

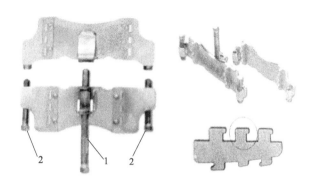

图9-8 快速锁专用扩张工具

1—主扩张丝杆;2—微调节丝杆

(2)快速锁安装

① 通过检查井或工作坑将快速锁环片下入管道;

② 在管口将快速锁环片拼装成钢套筒,并将专用锁紧螺栓安装好,锁紧螺栓从内往外穿,上好滑块螺母并使其凸台嵌入钢套筒滑槽内,将拼好的不锈钢管片调节到能达到的最小直径,然后轻轻拧紧锁紧螺栓,使钢套筒不会自动胀开,如图9-9所示。

图9-9 快速锁钢环片预拼装

③ 在橡胶套的内表面抹上滑石粉(在扩张过程中起润滑作用),然后将橡胶套套在钢套筒上,确保钢套筒外沿与橡胶套锥型边靠齐。将锁紧螺栓松开,让钢套筒环片适度胀开,使橡胶套被钢套筒自然绷紧后拧紧锁紧螺栓,之后就可以将预装好的快速锁带安装到管道需要的位置,如图9-10所示。

④ 标记好安装位置,尽量使管道缺陷位于橡胶套两端密封凸起的中间位置,这样可达到最佳修复效果。如在一个管节部位使用宽度为20cm的快速锁,则管节中线左右两边10cm位置标记出来,快速锁安装时以标记线定位;在安装快速锁时应使橡胶套的锥形边面向来水方向,如图9-11所示。

图 9-10　橡胶套润滑及安装

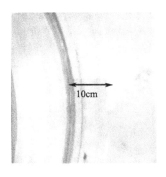

图 9-11　快速锁定位

⑤ 校准快速锁，一方面使其沿管道方向正好覆盖缺陷；另一方面使快速锁的扩张锁紧位置居于管腰部，方便安装操作。此外，还应保证快速锁垂直于管道中轴线，如图 9-12 所示。

图 9-12　校准快速锁

⑥ 将扩张工具卡入快速锁的专用卡槽内，然后用扳手拧主扩张丝杆，使其顶到支承模块的对应位置，这样安装工具就不会脱落。如图 9-13 所示。

⑦ 松开扩张工具安设部位快速锁上的锁紧螺栓，然后用扳手拧主扩张丝杆，使快速锁不断扩张开，张开的量可以观察不断露出的卡槽数量，如图 9-14 中的 1、2；当扩

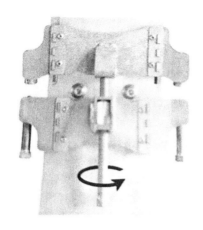

图9-13 将扩张工具卡入快速锁的专用卡槽内

张丝杆推出总长1/2左右，停止拧主扩张丝杆，将锁紧螺栓拧紧；然后卸下扩张工具，安设到另一边重复步骤⑥和⑦的操作。

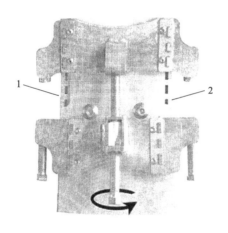

图9-14 松开快速锁上的锁紧螺栓
1，2—卡槽

⑧ 当快速锁张开接近管壁时停止扩张，再次校准快速锁安装位置是否准确。

⑨ 将扩张工具的主扩张丝杆和两边微调节丝杆完全退回，然后重新安到钢套筒上；将微调节丝杆交替拧出，当丝杆顶到支承模块的对应位置时，将锁紧螺栓松开，继续缓慢交替拧微调节丝杆，如图9-15所示。同时，用橡胶锤沿环向敲击钢套筒，使钢套筒外面的橡胶套与管壁压合在一起，然后将快速锁微调节螺栓拧紧，并在钢套环其他结合部位重复上述操作，如图9-16所示。

⑩ 在扩张操作过程中，可用一个钢尺从橡胶套锥形边方向沿管周不同部位插入，当所有部位可插入深度小于13mm时则表明快速锁与原管壁已经充分压合在一起，可以停止继续扩张，拧紧锁紧螺栓，快速锁安装成功。

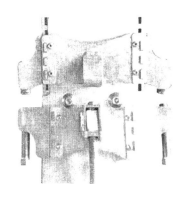

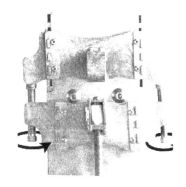

图 9-15 将主扩张丝杆退回   图 9-16 将快速锁微调节螺栓拧紧

⑪ 偏心扩张：当管道存在轻微错节、弯曲或持续的渗漏，可以通过控制微调节丝杆的给进量，使快速锁套筒形成一定的偏心，如图 9-17 所示。若快速锁偏心过大，则可能造成扩张工具卡死。

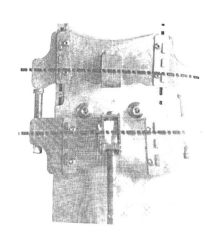

图 9-17 调节微调节丝杆适应偏心

⑫ 快速锁安装成功后，拧紧锁紧螺栓，退回微调节丝杆，卸下扩张工具。

⑬ 多个快速锁搭接安装：在缺陷比较长时，可采用多个快速锁搭接安装；安装时，在相邻快速锁背面加装一个宽度 25cm 左右的平橡胶套，为保证扩张工具有足够操作空间，快速锁套筒相邻间距不小于 40mm。当两个快速锁搭接时应使快速锁橡胶套锥形边切除掉，如图 9-18 所示。

⑭ 扩张工具维护：使用完成后，采用润滑油对其活动部位进行润滑；牙板长期使用发生变形或破损后，可拆下来更换。

（3）施工质量控制

1）执行的规范

①《城镇排水管渠与泵站运行、维护及安全技术规程》（CJJ 68—2016）；

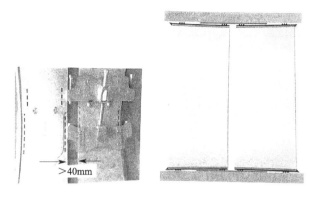

图 9-18　多个快速锁搭接

②《城镇排水管道检测与评估技术规程》（CJJ 181—2012）；

③《城镇排水管道非开挖修复工程施工及验收规程》（T/CECS 717—2020）。

2）施工量控制

① 修复位置应正确，不锈钢快速锁安装应牢固。

检查方法：观察或 CCTV 检测；检查施工记录、CCTV 检测记录等。

检查数量：全数检查。

② 原有缺陷应完全被修复材料覆盖，已修复部位不得漏水、渗水。

检查方法：观察或 CCTV 检测；检查施工记录、CCTV 检测记录等。

检查数量：全数检查。

9.3　点状原位固化修复技术

9.3.1　点状原位固化内衬材料和设计要求

（1）内衬材料

内衬材料应使用玻璃纤维垫（包含纺织和混织玻璃纤维），能装载树脂和承受安装压力，并与使用的树脂系统相容。内衬材料在安装时应该能紧贴旧管壁，符合安装的长度，并考虑安装时圆周方向的伸展。

玻璃纤维毡在应用之前必须具备以下特性。

① 单位面积质量：1050g/m^2（1±10%）；

② 厚度：1.6mm（1±15%）；

③ 宽度：400～2500mm。

（2）树脂

使用适合局部固化法的树脂和固化剂系统，为避免树脂性质变化，与其接触的设备均不能与水接触。

（3）厚度设计

局部内衬厚度根据管道部分破损情况，厚度根据设计公式设计。

（4）内衬结构

安装于母管之上的点状或局部内衬必须至少三层，包括外部混织纤维层和内部混织纤维层，中间夹层为混织纤维层。

（5）主要施工材料

点状原位固化修复施工材料配备表根据管道口径损坏程度不同，计算所需厚度。见表 9-5。

表 9-5　主要施工材料

点状原位固化法修复规格	
口径	200～1500mm
厚度	6～35mm
宽度	500mm 左右
数量	1
材料	树脂、固化剂、玻璃纤维

9.3.2　点状原位固化内衬修复施工

9.3.2.1　主要施工设备

点状原位固化修复法施工时用到的设备有些是常规设备，有些是专用设备，根据施工现场的情况进行必要的调整和配套。主要的机械或设备见表 9-6。

表 9-6　主要的机械施工设备

序号	设备名称	数量	主要用途	备注
1	电视检测系统	1 套	用于施工前后管道内部情况确认	
2	发电机	1 台	用于施工现场电源供应	
3	鼓风机	1 台	用于管道内部的通风和散热	
4	空气压缩机	1 套	用于施工时压缩空气的供应	
5	固化设备	1 套	用于树脂固化	
6	气管	1 根	用于输气	
7	其他设备	1 套	用于施工时的材料切割等需要	

9.3.2.2　施工工艺流程及操作要求

（1）施工工艺流程

如图 9-19 所示。

① 将内衬材料用适合的树脂浸透；

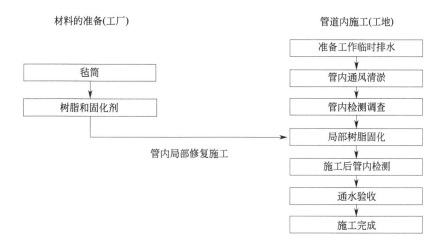

图 9-19　原位固化点状修复法施工工艺流程

② 将上述内衬材料缠绕于气囊上，在 CCTV 引导下到达允许修复的地点；

③ 向气囊充气，蒸汽或水使毡筒"补丁"被压覆在管道上，保持压力待树脂固化；

④ 气囊泄压缩小并拉出管道；

⑤ 最后通过 CCTV 检视，进行施工质量检测；

⑥ 若排水管道处于流沙或软土暗浜层，由于接口产生缝隙，管周流沙软土从缝隙渗入排水管道内，致使管周土体流失，土路基失稳，管道下沉，路面沉陷。因此，点状原位固化修复时必须进行损坏处管内清洗，并且通过 CCTV 确认。

（2）工艺操作要求

1）管道清淤堵漏

封堵管道—抽水清淤—测毒与防护—寻找渗漏点与破损点—止水堵漏。

2）钻孔注浆管周隔水帷幕和加固土体

在点状原位固化修理前应对管周土体进行注浆加固，注浆液充满土层内部及空隙，形成防渗帷幕，加强管周土体的稳定，防止四周土体的流失，提高管基土体的承载力，再通过点状原位固化修复技术进行修理。

3）点状原位固化法工艺操作要求

① 树脂和辅料的配比为 2∶1（应合理）；

② 毡筒应在真空条件下预浸树脂，树脂的体积应足够填充内衬材料名义厚度和按直径计算的全部空间，考虑到树脂的聚合作用及渗入待修复管道缝隙和连接部位的可能性，还应增加 5%～10% 的余量；

③ 毡筒必须用铁丝紧固在气囊上，防止在气囊进入管道时毡筒滑落；

④ 充气、放气应缓慢均匀；

⑤ 树脂固化期间气囊内压力应保持在 1.5bar（1bar＝10^5Pa，下同），保证内衬材料紧贴管壁。

修复气囊与毡布见图 9-20，修复后的效果如图 9-21 所示[4]。

图 9-20　修复气囊与毡布

图 9-21　修复后的效果图

4）施工过程

① 内衬材料剪裁：根据修复管道情况，在防水密团的房间或施工车辆上现场剪裁一定尺寸的玻璃纤维毡布。剪裁长度约为气囊直径的 3.5 倍，以保证毡布在气囊上部分重叠；内衬材料的剪裁宽度应使其前后均超出管道缺陷 10cm 以上，以保证内衬材料能与原有管道紧贴。

② 树脂固化剂混合：根据修复管道情况，按供货商要求的配方比例配制一定量的树脂和固化剂混合液，并用搅拌装置混匀，使混合液均色无泡沫，记录混合湿度。同时，施工现场每批树脂混合液应保留一份样本并进行检测，并报告其固化性能。

③ 树脂浸透：使用适当的抹刀将树脂混合液均匀涂抹于玻璃纤维毡布之上。通过折叠使内衬材料厚度达到设计值，并在这些过程中将树脂涂覆于新的表面之上。为避免挟带空气，应使用滚筒将树脂压入毡布之中。

④ 内衬材料定位安装：经树脂浸透的内衬材料通过气囊进行安装。为使施工时气囊与管道之间形成一层隔离层，使用聚乙烯（PE）保护膜捆扎气囊，再将毡筒捆绑于气囊之上，防止其滑动或掉下。气囊在送入修复管段时应连接空气管，并防止内衬材料接触管道内壁。气囊就位以后，使用空气压缩机加压使气囊膨胀，内衬材料紧贴管壁。该气压需保持一定时间，直到内衬材料通过加热或光照达到完全固化为止。最后，释放气囊压力，将其拖出管道，并记录固化时间和压力。

9.3.2.3　施工质量控制

（1）主控项目

① 所用树脂和内衬材料的质量符合工程要求。检查方法：检查产品质量合格证明书。

② 内衬管蠕变符合设计要求。检查方法：每批次材料至少 1 次应在施工场地使用内径与修复管段相同的试验管道（譬如硬质聚氯乙烯管）制作局部内衬。至少 2 次测试得到的圆环形样品的短期弹性模量值（1h 值 E_{1h} 和 24h 值 E_{24h}），根据式（9-1）计算蠕变 K_n 值，该值小于 11% 方为合格，检查检测报告。

$$K_n = \frac{E_{1h} - E_{24h}}{E_{1h}} \times 100\% \qquad (9-1)$$

（2）一般项目

① 内衬厚度应符合设计要求。检查方法：逐个检查；在内衬圆周上平均选择 8 个以上检测点使用测厚仪测量，并取各检测点的平均值为内衬管的厚度值，其值不得少于合同书和设计书中的规定值，且当内衬管的设计厚度不大于 9mm 时，各检测点厚度误差允许在 ±20% 之内；内衬管设计厚度不小于 10.5mm 时，各检测点厚度误差允许在 ±25% 之内。

② 管道内衬表面光滑，无褶皱，无脱皮。检查方法：目测并摄像或电视检测内衬管段，确保管内残余废弃物质已得到清除，管顶不允许出现褶皱，管道弯曲部分的褶皱不得超过公称直径的 5%。

③ 管道接口裂缝应严密，接口处理要贯通、平顺、均匀，均符合设计要求。修复后内衬管宽度应在 50cm 左右，接口平滑，保证水流畅通。内衬管表面应光洁、平整，与接口老壁粘接牢固并连成一体，无空鼓、裂纹和麻面现象。

9.3.3 点状原位固化技术介绍

点状原位固化修复技术是一种排水管道非开挖局部内衬修理方法。利用原位固化技术，将涂灌树脂的非织造布或织物材料用气囊使之紧贴原有管道，通过加热或紫外光等方法引发树脂固化。实际上是将整体现场固化成型法用于局部修理。管径 80mm 以上管道局部修复，采用点状原位固化修复较为经济可靠，在排水管道非开挖修复中通常与土体注浆技术联合使用。

管径为 800mm 以上及大型或特大型管道，施工人员均可下井管内修理；管径为 800mm 以下，可采用 CCTV 探视位置，然后放入气囊固定位置；适用管道结构性缺陷呈现为破裂、变形、错位、脱节、渗漏且接口错位小于等于 5cm，管道基础结构基本稳定、管道线形没有明显变化、管道壁体坚实不酥化；适用于管道接口处有渗漏或临界时预防性修理；不适用于管道基础断裂、管道坍塌、管道脱节口呈倒栽状、管道接口严重错位、管道线形严重变形等结构性缺陷损坏的修理[5]。

9.4 不锈钢发泡筒内衬技术

9.4.1 不锈钢发泡筒内衬技术内容

不锈钢发泡筒修复技术是一种管道非开挖局部套环修理方法。该技术采用的主要材料为遇水膨胀化学浆与带状不锈钢片，在管道接口或局部损坏部位安装不锈钢套环，不锈钢薄板卷成筒状，与同样卷成筒状并涂满发泡胶的泡沫塑料板一同就位，然后用膨胀气囊使之紧贴管口，发泡胶固化后即可发挥止水作用。不锈钢发泡筒具有无需开挖路面、施工速度快、止水效果好、使用寿命长、可带水作业，对水流的影响小、质量稳定及造价低等特点。在排水管道非开挖修复中，通常与土体注浆技术联合使用。

不锈钢发泡筒分两层，分别由不锈钢材质和含聚酯发泡胶的填充物组成。在管道渗漏点处安装一个外附海绵的不锈钢套筒，海绵吸附满聚酯发泡胶浆液，安装就位后用膨胀气囊使之紧贴管壁，浆液在不锈钢筒与管道间膨胀，从而达到止水目的。不锈钢卷筒的设计强度保证并恢复原管道的设计功能。修复后的管道结构强度提高，抗化学腐蚀能力增强，发泡胶填充物能提供结构性保护作用。

适用于钢筋混凝土材质的雨污排水管道，同样适用于塑料管材、球墨铸铁管和其他合成材料的管材。管径为150～1350mm的排水管道局部损坏修理。管道结构性缺陷呈现为脱节、渗漏，管道基础结构基本稳定，管道线形没有明显变化，管道壁体坚实不酥化。管道接口处有渗漏或临界时预防性修理。

不适用于窨井损坏修理、管道基础断裂、管道脱节口呈倒栽状、管道接口严重错位、管道线形严重变形等结构性缺陷损坏的修理。

9.4.2 不锈钢发泡筒内衬材料和设计要求

主要施工材料如下。

（1）不锈钢片

不锈钢片采用奥氏体不锈钢304（316亦可）。

材料特性：304号不锈钢具有良好的延展性，易冷加工成型，拉伸强度（T，拉伸强度为每分钟700N/mm；Y，屈服强度为每分钟450N/mm）均有优越的表现，相当于碳钢（6.8级）。同时，不锈钢还具有耐腐蚀能力，对侵蚀、高低温都有良好的抵抗力。

（2）发泡剂

采用多异氰酸酯和聚醚等进行聚合化学反应生成的高分子化学注浆堵漏材料，尤其对混凝土结构体的渗漏水有立即止漏的效果。

材料技术指标和特性见表9-7。

表 9-7 发泡剂产品技术指标及特性

外观	淡棕色透明液
密度（25℃±0.5℃）/（g/cm³）	0.98～1.10
黏度（25℃±0.5℃）/（mPa·s）	60～500
诱导凝固时间/s	10～1300
膨胀率/%	≥100～400
产品特点	包水率大，有韧性，可带水作业，收缩大，活动裂缝亦可使用；亲水性好，遇水后立即反应，分散乳化发泡膨胀，并与砂石泥土固结成弹性固结体，迅速堵塞裂缝，永久性止水；可控制诱导发泡时间；膨胀性大。韧性好，无收缩，与基材黏着力强，且对水质适应性好；可灌性好，即使在低温下仍可注浆使用；施工简便，清洗容易

9.4.3 不锈钢发泡筒材料

发泡胶应采用双组分，并应在作业现场混合使用，固化时间应控制在30～120min。橡胶材料应做成筒状，并应附在不锈钢套筒的外侧。橡胶筒的两端应设置止水圈。不锈钢筒应采用304型及以上材质，两端应加工成喇叭状或锯齿形边口。止回阀卡住后不应发生回弹，且不应对修复气囊造成破坏。

9.4.4 不锈钢发泡筒内衬修复施工

9.4.4.1 主要施工设备

不锈钢发泡筒修复法主要的机械或设备见表9-8。

表9-8 主要施工设备

序号	机械或设备名称	数量	主要用途
1	电视检测系统	1套	用于施工前后管道内部的情况确认
2	发电机	1台	用于施工现场的电源供应
3	鼓风机	1台	用于管道内部的通风和散热
4	橡胶气囊	1套	将不锈钢发泡卷筒
5	空气压缩机	1台	用于施工时压缩空气的供应
6	卷扬机	1台	用于管道内部牵引
7	油漆滚筒	1套	用于在发泡胶均匀涂上浆液
8	手动气压表及带快速接头的软管	1套	用于橡胶气囊充气气压表
9	其他设备	1套	用于施工时的材料切割等需要

9.4.4.2 施工工艺流程及操作要求

（1）施工工艺流程

如图9-22所示。

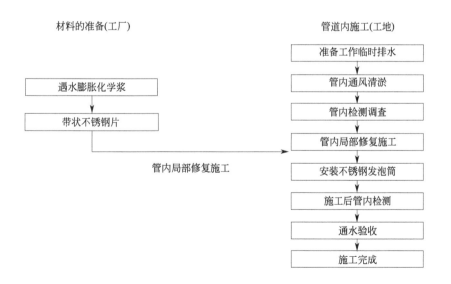

图9-22 不锈钢发泡筒修复施工工艺流程

① 将卷筒套入气囊。在海绵上及白边上均匀涂上发泡胶；

② 用橡皮筋将海绵圈好，以方便在水下拖行；

③ 转动卷筒，将有标签的部位向上，往气囊少量充气以固定卷筒，连接所有的线缆；

④ 将闭路电视、卷筒及气囊一起放入检查井中，拖动至管道内的修复部位。通过闭路电视的监视荧屏可监控卷筒的运行和安装；

⑤ 将手动气压表调到所需气压。气流通过时会发出轻微的响声，当响声停下来安装便完成；

⑥ 放气，将所有设备取出[6]。

（2）工艺操作要求如下。

① 封堵管道—抽水清淤—测毒与防护—寻找渗漏点与破损点—止水堵漏（注：堵漏材料采用快速堵水砂浆）。

② 钻孔注浆管周隔水帷幕和加固土体。在不锈钢发泡筒修理前应对管周土体进行注浆加固，注浆液充满土层内部及空隙，形成防渗帷幕，加强管周土体的稳定，防止四周土体的流失，提高管基土体的承载力，再通过不锈钢发泡筒修复技术进行修理，达到排水管道长期正常使用（图 9-23）。

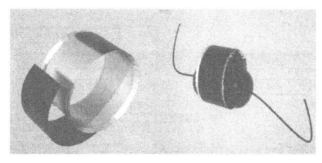

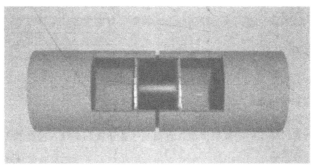

图 9-23　不锈钢发泡筒工艺修复图

③ 不锈钢发泡筒工艺操作要求有以下几点：

Ⅰ. 在地面将不锈钢发泡筒套在带轮子的橡胶气囊外面，最里面是气囊，中间一层是不锈钢卷筒，最外层是涂满发泡胶的海绵卷筒。

Ⅱ.在发泡卷筒最外面的海绵层用油漆滚筒均匀涂上发泡胶。有两种浆液可供选择：G-101 为双组分浆，101-A 和 101-B 混合后 18min 开始发泡，体积膨胀 3 倍；G-200 为单一组分浆，遇水后 20min 发泡，体积膨胀 7 倍。

Ⅲ.将 CCTV、橡胶气囊及不锈钢发泡卷筒串联起来，在线缆的牵引下，带轮子的气囊、卷筒从窨井进入管道。

Ⅳ.在 CCTV 的指引下使卷筒在所需要修理的接口处就位。

Ⅴ.开动气泵对橡胶气囊进行充气，气囊的膨胀使卷缩的卷筒胀开，并紧贴水泥管的管壁，DN150～380 卷筒的充气气压为 $2kg/cm^2$，DN450～600 卷筒的充气压力为 $1.75kg/cm^2$。

Ⅵ.当卷筒膨胀到位时，不锈钢卷筒的定位卡会将卷筒锁住，使之在气囊放气缩小后不会回弹。就这样，不锈钢套环、海绵发泡胶和水泥管粘在一起，几小时后发泡胶固结，一个接口就修好了。

（3）施工质量控制

① 施工前检查所有设备运转是否正常，并对设备工具列清单。

② 安装过程中，检查录像中修复点的情况，清理一切可能影响安装的障碍物。

③ 确保所用发泡胶的用量，正确锁上不锈钢发泡卡位，保证安装质量。

④ 质量标准可参考《城镇排水管渠与泵站运行、维护及安全技术规程》及排水管道其他相关的国家标准。

⑤ 通过 CCTV 进行检查，判断修复质量是否合格，查看修复后接口是否光滑，接扣是否搭接牢固，发泡剂是否均匀发泡等。

修复后的质量主要通过 CCTV，查看不锈钢片周围是否有浆液冒出，漏水点是否达到止水效果等。

9.5　PVC 六片管筒修复技术

PVC 六片管筒修复技术由加拿大 Link-Pipe（林克派普）公司研发而成，可对大口径管道进行点状修复，属结构性修补技术，修补管径为 900～2800mm 的大口径输水管道、下水管道及排洪管道。管筒是采用聚氯乙烯制造而成，一般由 6 片弧形组件组成，上下 2 片大主件加上两边 2 套合页，每片组件两边都有槽式接口用于固定管筒。该方法设备简便、安装快捷、无需开挖工作坑、无需排水、可带水作业恢复管道结构强度、可阻止树根的生长。但其缺点是只适合于修复 900mm 以上的大口径管道。

管筒采用坚硬的聚氯乙烯材料制成，达到国际塑料工业 PVC1120-B 强度标准。聚酯胶用来填充 PVC 管筒与管道之间的环形间隙，以保证被修补管道的韧性。当不需保证管道的韧性时，可用水泥胶浆替代聚酯胶。O 形橡胶圈可采用氯丁橡胶、天然橡胶或丁钠橡胶以适应不同的化学环境。

PVC管筒可修复各种异形管道，如鸡蛋形、马蹄形、椭圆形等。可修复多种结构性或非结构性问题，如纵向的、环形的及多重管道裂缝；翻新部分或全部倒塌的管道；封闭管道内的渗漏；调整移位的管道接口；封闭没有用的管道；阻止管道周围树根的生长，以避免对管道的破坏，且不污染环境[7]。

PVC管筒的安装设备主要包括垂直千斤顶、水平千斤顶和液压泵。

PVC管筒安装过程如图9-24所示。

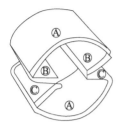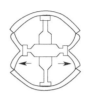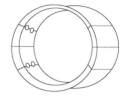

图 9-24　PVC 管筒的安装过程

将管筒放置于修补点；将O形橡胶圈放入管筒两边外侧的小半圆沟内；放置垂直千斤顶，将上部弧形组件A往上推紧；放置水平千斤顶于两边的合页（B和C）之间，并将两边合页推开完成安装，总有一边的合页先被推开，当后一对合页被弹开时会有一声巨响，说明安装紧密；圆形橡胶圈的弹力将管筒逼紧以防止松动；安装后管筒外径与管道内之间的环形间隙要用聚酯胶或水泥胶浆灌入填满。

9.6　化学稳定法

化学稳定法一般用于修复污水管道，同时也用于连接点漏水和环形裂纹的修复。

9.6.1　化学溶液注浆

注浆是最古老的管线修复方法之一，1955年起，化学注浆就被用于封堵污水管、检查井、池、拱、隧道等的渗漏，也可以密封小孔和修复径向裂纹。最近的发展和40多年的经验表明该技术依然是最好的、最经济的方法，能长期防止地下水渗到结构完好的污水管道系统中[8]。

化学注浆能在管道渗漏部位和检查井处形成一个防水套圈（图9-25）。化学注浆封堵渗漏不是简单地填充接头和裂缝，而是化学材料进入周围土层，与土胶结，形成一个防水团块，故不会挤入污水管道。

多数结构性完好的污水管道系统内渗，主要是接头、检查井、支管接头以及支管接口下首段管道等部位。防止这些部位渗漏最好、最经济的方法是化学注浆。

黏附在管道或检查井外面的不透水套圈能牢固稳定在原地，除了挖掘或长久日晒才

图 9-25　灌浆套圈示意

能清除掉。如果地下水水压增加，套圈受压，黏附结构更牢固，能增加抗渗能力。

如果土壤内长时间失水，灌浆体也会变干，当土壤水分恢复时灌浆体会吸收水分，恢复到原来状态。渗漏的检查井和污水管周围土壤水分含量足够高，能避免凝胶出现严重的失水收缩。

树根常常侵入污水管道系统，破坏性较大，修复起来成本较高。它们能从微小的裂缝进入管道，之后快速生长，生命力很强。树根的生长能扩展裂缝，使稳定性好的管道产生位移，造成一系列破坏，如引起渗漏，使污水处理设施超载运行，黏粒黏附在管壁上，冲蚀管侧填充材料等。

机械切除只能临时性地清洁管道，清理之后树根能继续生长。化学处理能杀死树根，阻止其继续生长。

化学稳定法可以通过特殊的工具和技术用于管道接点和检查井内壁修复，一些化学稳定法被用来填补水泥管砖砌管、陶土管和其他类型管材污水管外的空隙。除了水泥管，其他管道中出现的这些空隙，会引起管道周围土层横向支撑力的减小和管道的移动，从而导致管道整体稳定性迅速破坏。然而，化学稳定法不能较好地封堵由管道沉降或变形引起的连接点漏水和环形裂纹。因此，化学稳定法一般用来控制因管道接头漏水或者管壁的环形裂缝引起的地下水渗漏，不能用来有效地密封管道接头附近的管道纵向裂缝，修复具有良好结构条件的管道主要考虑使用化学稳定法，如图 9-26 所示。

（1）用于外部修复的化学稳定法

用于外部修复的化学稳定法是将三种或更多可溶于水的化学品混合，混合液在催化作用下形成可凝胶。化学浇注所用液体产生的固体沉积物，不同于由液体中的悬浮物组成的水泥浆或泥浆、混合溶液的反应，可以是在溶液中所含物质间发生反应，也可以是溶液中所含物质跟周围的物质发生反应。由于化学反应会引起液体减少和凝固，从而封堵漏水点，同时将空隙填满。

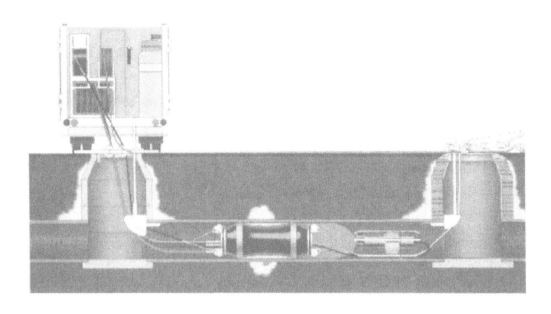

图 9-26　化学稳定法施工图

（2）用于内部修复的化学稳定法

内部修复主要是在管道内部进行，可以通过远程控制或者人进入管道内来完成。

用于内部修复的化学稳定法主要是用来减少渗漏，密封因腐蚀而漏水的管道接头、维修过的接头和管道结构的保养。由于化学稳定法不具备结构修复的能力，因此不适于修复出现纵向裂缝或变形的管道。尽管化学稳定法常用于修复小口径管道，对于中等口径管道和大口径管道也可以通过使用特殊设备来完成接头的修复。可以通过密封圈和CCTV 摄像头来完成浇注。密封圈由中空金属圆柱体构成，中心两端各有一个可膨胀的橡胶圈。把溶液注入管道接头两个可膨胀橡胶圈之间的空隙中。根据密封圈型号的不同，泥浆和溶液混合到上述空隙中，通过管道接头的漏洞压入周围的土体中，溶液取代地下水填满土体颗粒之间的空隙。

远程 CCTV 主要用在管道接头定位密封圈并且在密封操作前后检查接头。用绳子拉动密封圈和 CCTV，使其在检查井间行走。此外，使用空气或者水测试仪器来检测密封效果。

化学溶液多种多样，因可凝胶或泡沫的不同而不同。每种溶液中都有大量不同类型的添加剂，如传导剂、催化剂、抑制剂和大量的填料。溶液的配方通常是水和化学制剂。因为土和地下水含量的不同，所配出混合剂的可靠性很大程度上取决于试验和误差的大小。当有地下水时，可以用高浓缩的化学制剂来抵消水的稀释作用。影响溶液性能的参数包括黏度控制、可凝胶变化时间、温度、pH 值、溶液的含氧量、和特定金属的接触、紫外线、含有少量的盐、地下水的流速、设备的性能、其他水和土的条件。溶液特性在外观、溶解性、溶胀性、收缩性、腐蚀性、稳定性和浓度等方面发生变化。溶液的添加剂也会影响黏性、密度颜色、浓度、收缩性等特性。因此，想用合理的公式表示溶液特性，必须考虑环境条件，这要以实际情况为依据。影响浇注效果的另一个因素是设备的操作，例如密封圈、水泵、水箱、搅拌机和敷用物等的使用。

（3）用于接头的化学稳定密封法

接头出现明显的渗漏或在接头测试中显示出损坏现象，就应该进行接头密封处理。接头密封可通过向接头部位强力灌注化学密封材料，使用的设备包括灌浆泵、软管和灌浆塞等（图 9-27）。

图 9-27 接头化学灌浆示意

灌浆塞借助各种量测工具和 CCTV 设备穿越破坏接头就位，其定位必须精确，否则不能在灌浆点形成有效密封；要在合适的压力下控制灌浆塞的膨胀，封堵破坏接头的两端。通过胶管向隔绝区域泵入密封材料，确保泵送压力超过地下水压力。泵送单元、计量设备、灌浆塞等的设计要依据漏失类型和大小进行。

在封堵每个接头时，灌浆塞应膨胀至隔绝区域压力读数为零，之后重新膨胀，重新检测接头密封性能。如果不能读零，就应清除残余灌浆材料，调整仪器、设备，以读取精确的隔绝区域压力。

进入管道内的残余密封材料会减小管道内径，使接头处管流受到限制。接头修复内表面应与其他管壁一样平滑，因此，灌浆施工完成后应清理管道内残余的灌浆材料。

（4）化学稳定液

应用最广泛的化学稳定液是丙烯酰胺、丙烯酸、丙烯酸酯、甲酸酯树脂等。所有的可凝胶对污水管道中的化学物质都有抵抗力。所有的可凝胶都对收缩缝极为敏感。除了甲酸酯树脂，其他可凝胶对脱水极为敏感。但是，可以通过使用化学添加剂最大限度地降低上述缺点。在合成物中添加不同化学试剂有下列重要的区别：丙烯酰胺比其他可凝胶毒性大些。只有在对管道处理和放置或安装过程中才考虑浇注的毒性。无毒的甲酸酯树脂是由 EPA 推荐的，用于可饮用水管道中。甲酸酯树脂以水作为催化剂，而其他可凝胶用其他化学品作为催化剂，因此，在修复过程中甲酸酯树脂要求避免与水接触。

1）以丙烯酰胺为主要成分的可凝胶

丙烯酰胺溶液以一定比例混合，在反应一定程度之后，会从溶液中产生一种可凝胶。在应用丙烯酰胺溶液之前需要考虑如下标准：预期的结果、浇注区的特性、设备的应用范围、可选择的工序、喷射施工方案。

喷射施工方案包括可凝胶的注入次数、丙烯酰胺的用量、注入点的布置。工作开始后，施工方案要根据遇到的情况及时调整。注入的溶液要一直保留在注入区直到发生凝胶过程。在干燥的土体和流动的地下水中注入的溶液通常有分散的趋势。在干燥的土体中，重力和毛细管力会分散注入的溶液，可能导致可凝胶失效。

当多次注入可凝胶且注入时间较长时，在湿润的土壤中会使注浆体周边发生稀释。流动的地下水可扭曲球状体的正常形状，并使其沿着水流方向。在水流湍急的状况下，通过缩短凝胶时间、减少使用次数，能使稀释最小化。在有空隙的地层或者在裂缝中，可将如黏土或水泥这样的固体物加入溶液中，更有效地阻碍地下水流动，最典型的方式就是在饱和或半饱和土壤中添加丙烯酰胺。

丙烯酰胺主要用来减少漏水，而不是用来增加结构强度。尽管如此，它确实能够通过稳固周围的土壤直接完善结构的整体性。丙烯酰胺是一种有毒的化学物品，可以通过伤口、呼吸道和吞食被人体吸收。由于丙烯酰胺具有毒性，如果没有专业技术员监督，在处理和使用丙烯酰胺的时候会存在潜在的危险。

2）以丙烯酸为主要成分的可凝胶

丙烯酸浆体是加入了许多不同种类丙烯酸树脂的水溶液，不同种类的浆体有不同的应用范围，和催化剂混合反应之后会形成黏性可凝胶。凝胶反应时间可以严格地进行控制，在流水条件下可控制到几秒，在正常条件下也可以是几个小时。

这些溶液对于污水管道接头、检查井和结构会产生较好的效果。丙烯酸溶液在没有凝结之前的黏性和水相似，这些溶液在水中有膨胀的趋势，可以产生防水密封效果。

3）以丙烯酸酯为主要成分的可凝胶

丙烯酸酯可凝胶的标准成分（质量比）是：水（61%）、丙烯酸酯溶液（35%）、TEA（2%）、AP（2%）。

在漏水控制极其严格的情况下，建议的标准成分（质量比）是：水（56%）、丙烯酸酯溶液（35%）、TEA（2%）、乙烯乙二醇（2%）。

需要注意的是丙烯酸酯溶液在水溶液中饱和浓度是40%。

4）以聚氨酯为主要成分的可凝胶

聚氨酯溶液是一种预聚物的溶液，通过与水的反应进行修复。在反应过程中，可凝胶保留它的吸水性，吸收水并将其保留在可凝胶中。在修复过程中，可凝胶抑制水的流动，因为预聚物是由水修复的，可以避免水引起其他的污染。能提供强效可凝胶的体积比为(5∶1)～(15∶1)，小于这个比例将会产生泡沫反应，大于这个比例则会产生弱效可凝胶。

5）以聚氨酯为主要成分的泡沫

聚氨酯泡沫主要用来阻止流向管道内的渗漏。这类漏水点来自于基础或墙壁的裂缝，墙壁、枕梁或上部结构安设的接头，或者沿管道渗漏到检查井中。以一定的压力注入浆体到先前挖好的孔中，经固化后形成柔性的衬垫或塞子，封堵渗漏途径。当混合等量水后，注浆材料迅速膨胀，形成坚韧的闭孔橡胶体。在有些应用中，所用材料事先没有与水混合，就需要等量的水进行最后的修复。

9.6.2 化学稳定法修复施工

（1）主要施工设备

化学稳定法施工时用到的设备中一些是常备设备，一些是专用设备，根据施工现场的情况进行必要的调整和配套。

主要施工设备见表9-9。

表9-9 主要施工设备

序号	机械或设备名称	数量	主要用途
1	电视检测系统	1套	用于施工前后管道内部的情况确认
2	钻孔机	1台	用于管内外钻孔
3	手揿泵	1台	用于聚氨酯灌浆
4	发电机	1台	用于施工现场的电源供应
5	鼓风机	1台	用于管道内部的通风和散热
6	手提砂轮机	1台	用于修理接口抽槽

（2）施工工艺流程及操作要求

1）施工工艺流程

如图9-28所示。

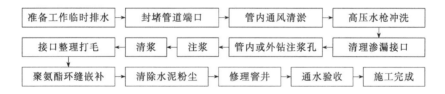

图9-28 化学稳定法施工流程

2）工艺操作要求

封堵管道—抽水清淤—测毒与防护—寻找渗漏点与破损点—止水堵漏（注：堵漏材料采用快速堵水砂浆）。

在聚氨酯环缝修理前应对管周土体进行注浆加固，注浆液充满土层内部及空隙，形成防渗帷幕，加强管周土体的稳定，制止四周土体的流失，提高管基土体的承载力，再通过接口聚氨酯堵漏修理，达到排水管道长期正常的使用。

脱节渗漏接口聚氨酯环缝修复施工方法如下。

① 剔凿除内腰箍，深度视漏水情况而定，但不小于8~10cm；槽宽5cm左右。

② 清除接口松动的杂物，将漏水部位凿毛，整理清洁。

③ 用石棉水泥、沥青麻丝将接口底部嵌实封堵，厚度3~5cm。

④ 用双 A 水泥防水砂浆封堵至管道接口内壁面，并在沥青麻丝与双 A 水泥砂浆之间预留压浆胶管，压浆管口径根据接口开缝大小而定，一般预留管口径应小于 2cm。

⑤ 封口双 A 水泥砂浆收水凝结 1h 左右，用手揿泵将水溶性聚氨酯堵漏剂自预留胶管注入接口混凝土裂缝中，边压浆边缓缓地将预留胶管抽出，直至聚氨酯充满由胶管而成型的预留孔。手揿泵压浆压力控制在 0.2～0.5MPa。也可以将预留胶管做切缝处理，向预留管充分灌注聚氨酯浆液，直至浆液从胶管另一端溢出，之后即刻把胶管口封堵，将胶管埋入混凝土管接口内不用抽出。

检查井基础处于流砂和软土层内极易失稳，造成窨井、井壁和拱圈开裂。除对检查井基础底部土体进行注浆加固外，对井壁裂缝须采用聚氨酯进行堵漏修理。修理方法是将井壁裂缝按 V 字形凿齐清理，用石棉油麻丝、聚氨酯及双 A 水泥堵漏封缝后，再凿除检查井井壁粉刷层，最后以 1：2 砂浆粉刷井壁；修复检查井底面或流槽，调整井座标高至修复道路标高，有条件的提倡安装改良型卸载大盖板。

（3）施工质量控制

接口堵漏的聚氨酯及双 A 水泥材料要符合设计要求。

管道接口裂缝应按施工规范剔凿和清除接口松动杂物，将漏水部位凿毛、冲洗干净，接口环缝处理要贯通、平顺、均匀，环缝宽度和深度均符合设计要求。

正确配制封缝材料双 A 水泥配比和聚氨酯注浆液，严格按照设计要求的操作程序分层填实石棉水泥油麻丝，聚氨酯灌浆和双 A 水泥封口堵漏各防水层的平均厚度需符合设计要求，最小厚度不得小于设计厚度的 80%；控制好双 A 水泥封口初凝时间（1h 左右），防止聚氨酯浆液从封缝口两侧涌出流失。

注浆预埋胶管直径应大于 1cm，胶管长度 1m 左右，接口预埋胶管必须留出进浆口和出气口，并在聚氨酯灌浆前检查预埋管进浆口和排气口间畅通无阻。

双 A 水泥砂浆封缝层表面应光洁、平整，与接口混凝土壁粘接牢固并连成一体，无空鼓、裂纹和麻面现象。

聚氨酯裂缝嵌补修复工程竣工质量应达到国家地下工程防水等级 1 级标准，管道接口及井壁无渗水，结构表面无湿溃。

施工质量检验标准如表 9-10 所列。

表 9-10 质量检验标准

项目	序号	检查项目	允许偏差或允许值	检查方法
主控项目	1	强度	≤5%	实验室做拉伸实验(结果与设计标准相比)
	2	延伸度	≤3%	实验室做拉伸实验(结果与设计标准相比)
一般项目	1	搭接长度	≥20mm	用钢尺量
	2	层面平整度	≤15mm	用平直靠尺
	3	厚度	±15mm	针刺抽查

参考文献

［1］ 胡远彪，王贵和，马孝春．非开挖施工技术 ［M］．北京：中国建筑工业出版社，2014.

［2］ 安关峰．城镇排水管道非开挖修复工程技术指南 ［M］．北京：中国建筑工业出版社，2016.

［3］ 廖宝勇，王清顺，遆仲森．管道非开挖修复技术与实践 ［M］．厦门：厦门大学出版社，2020.

［4］ 吴坚慧，魏树弘．上海市城镇排水管道非开挖修复技术实施指南 ［M］．上海：同济大学出版社，2012.

［5］ 马保松．非开挖管道修复更新技术 ［M］．北京：人民交通出版社，2014.

［6］ CJJ/T 210—2014．城镇排水管道非开挖修复更新工程技术规程 ［S］．中华人民共和国住房和城乡建设部.

［7］ 叶建良，蒋国盛，窦斌．非开挖铺设地下管线施工技术与实践 ［M］．北京：中国地质大学出版社，2000.

［8］ 赵俊岭．地下管道非开挖技术应用 ［M］．北京：机械工业出版社，2014.

附录

附录 1 《基于树脂浸润软管的翻转法管渠修复施工技术规程》(ASTM F1216)介绍

1X.1 范围

美国标准《基于树脂浸润软管的翻转法管渠修复施工技术规程》(ASTM F1216)规定了翻转法修复管道的施工程序,适用管径为 DN50~2700。利用静水压或气压将浸润树脂的软管翻转进入待修复管中。在循环热水或热蒸汽作用下引发树脂固化,形成连续且紧密的内衬管道。该修复工艺可用于重力和压力管道的修复,如污水管道、雨水管道、电气管道、燃气管道等。

1X.2 材料

标准中规定了内衬软管(以下简称"软管")基材,由一层或多层柔性针刺毡或同等非织造或机织材料组成,能够承载树脂,承受安装压力和固化温度,软管应与所用树脂系统兼容。柔性材料具有的拉伸性能,可适应不规则管段和弯管。软管的外层涂有与所用树脂系统相容的防渗膜。软管尺寸设计应确保能够紧密贴合原有管道,并应考虑软管在轴向和环向的拉伸。

树脂采用通用的不饱和苯乙烯基热固性树脂和催化剂,或环氧树脂和催化剂。树脂能够在有水的情况下固化,固化起始温度低于 82.2℃,树脂内衬管应具有表 1X-1 中给出的初始力学特性。

表 1X-1 CIPP 初始性能参数

性能	测试方法	最小值/MPa
弯曲强度	D790	31

性能	测试方法	最小值/MPa
弯曲模量	D790	1724
拉伸强度（仅适用于压力管道）	D638	21

1X.3 安装

1X.3.1 清理和检查

标准中规定，在进入管道或进入检查井检查或清理之前，必须根据当地有关法规对管道内气体进行评估，以确定是否存在有毒或易燃气体或缺氧的情况。管道清理过程中产生的废弃物应从内部清除。重力管道应使用液压动力设备、高速喷射清洁器或机械动力设备进行预处理（具体要求参见美国钢铁与造船公司的《污水收集系统修复推荐规范》）。压力管道应按照美国自来水协会《清洗与内衬水管手册》中 M28 所示的电缆连接装置或流体推进装置进行清洁。

管道检查应由经过培训或经验丰富的工程师进行，通过 CCTV 或人工方式，定位管道断裂、障碍物等病害，以便于确定可能妨碍内衬软管安装的缺陷问题，如沉积结垢、掉落的接头、支管暗接、压碎或塌陷，以及横截面积减少 40% 以上的管道，以防止翻转施工时，划伤内衬软管。如果存在无法清除的缺陷，则应进行点修或局部开挖。

1X.3.2 树脂浸润

内衬软管应在真空条件下对树脂进行浸润，按照软管基材孔隙计算树脂的量，并增加 5%～10% 的裕量，以确保充分浸润，在施工过程中，多余的树脂还能渗入到原有管道的缝隙当中。

1X.3.3 堵水和引流

如果待修复的管段没有断水，则需要对来水进行封堵和引流，通过在其上游封堵，并将来水引流至下游。输水泵和引水管道具备足够的输送能力，以满足引水要求。通知相关部门，在管道恢复之前不要用水。

1X.3.4 翻转施工

翻转施工时，采用静水压力或气压应能确保软管延伸至下一个检查井或施工终点。首先将内衬软管安装在翻转立管上，防渗膜朝向内侧，形成防漏密封。确保翻转头的高度，产生的翻转压力驱动使软管向前翻转，并使软管紧贴在管道内壁上，避免产生褶皱。翻转过程中应控制速度，以免对基材产生过大应力（使用压缩空气时，应采取适当的预防措施，以避免对施工人员造成安全威胁）。

另一种安装方法是顶部翻转。在这种情况下，将软管连接到顶部的一个圆环上，并将其翻转，使软管自身形成立式翻转立管，也可以根据待修复管道自身情况在工程上采用其他方法（注：软管制造商应提供关于软管最大容许拉伸应力的信息）。

软管制造商应提供软管紧贴管道所需的最小压力，以及最大允许压力，以免损坏软管。一旦翻转开始，压力应保持在最小和最大压力之间，直到翻转完成。

在翻转过程中建议使用润滑剂，以减少翻转过程中的摩擦。润滑剂应逆流注入下行管中的水中或直接涂抹于管道上。使用的润滑剂应为无毒油基产品，对管道、锅炉和循环水系统无不利影响。

1X.3.5 树脂固化

翻转完成后，需要使用热源和循环系统加热。该系统应能保证管道内部传递热量，以将温度均匀地提高到树脂固化所需的温度。固化期间管线中的温度应符合树脂固化的温度。热源应配备适当的监测器，以测量传热介质进出温度。传感器应放置在软管的始末端，以监测固化期间的温度。

初始固化在加热期间开始发生，内衬管道的裸露部分应坚硬且完好，温度传感器表现出树脂的放热和固化过程。初始固化完成后，应将温度升高至树脂固化温度。固化后温度按树脂制造商的建议保持一段时间，之后逐渐冷却。CIPP 的固化必须考虑原有管道材料、固化树脂和环境条件（温度、湿度和土壤导热性）。

若使用蒸汽固化，需要合适的蒸汽发生设备将蒸汽分配到整个管道中，该设备应能够在整个管段内输送蒸汽，以使管道内的温度均匀升高到树脂固化所需的温度。固化期间管线内的温度应满足树脂制造商的建议。蒸汽发生设备应配备温度传感器，以测量排出蒸汽的温度。在内衬软管两端之间放置温度传感器，监测固化树脂的温度。

在固化过程中，膨胀压力应保持在估计的最大和最小压力范围内。如果在固化过程中蒸汽压力或静水压头降至最小值以下，则固化后应检查 CIPP 内衬管是否存在变形或分层情况，评估是否满足验收的要求。

1X.3.6 冷却

热水固化后，使用冷却水将内衬管道内温度缓慢冷却至 38℃ 以下，然后再释放翻转立管中的静压头，释放静压头时应小心，避免产生真空，造成内衬管的破坏。

蒸汽固化后，使用冷空气将温度缓慢冷却至 45℃ 以下，或导入冷却水，将管内的空气和蒸汽置换排除，同时注意释放气压时，不要形成真空。

1X.3.7 验收

完工后的内衬管道应连续，且无干点、隆起和分层。如果存在这些缺陷，则应拆下并更换缺陷部位管段。如果内衬管在其终止点与原有管道贴合不紧密，则应通过填充与内衬管相容的树脂混合物进行密封。

内衬管道顺利固化，恢复通水前，应恢复施工前修复管道与未修复管道之间的连接。通常应在不开挖的情况下进行，如果是人工无法进入的管道，可通过电视摄像机和遥控切割装置从管道内部进行处理。

1X.4 样品检验

1X.4.1 取样

每位业主在合同或订单中订购的产品，每个翻转长度内，根据主管道的尺寸，要准备两个 CIPP 样品进行检测，检测方法可参考以下两种：

对于 DN≤450mm 的管道，样品应在连续固化内衬管的中间检查井的位置切取，或在翻转的末端处选取与中间位置等径的管道位置处进行切取；

对于 DN≥450mm 的管道以及通道受限的区域，应使用取自管道的材料和相同的树脂/催化剂体系制作样品，在主管使用循环热水或蒸汽时放置在主管下游位置或模具中固化。如果由于外界限制因素，导致无法切取内衬管的情况，经由业主批准，也可以按照该方法制备样品。每种情况下的样品应足够大，以提供至少三个样品和建议的五个样品，用于弯曲试验和拉伸试验。

1X.4.2 短期力学性能检测

短期弯曲性能应根据 ASTM D790 中测量重力和压力管道应用的初始切线弯曲弹性模量和弯曲应力方法进行检测，并应满足表 1X-1；拉伸性能应根据 ASTM D638 测量压力管道的方法，检测值必须满足表 1X-1。

1X.4.3 重力管道的泄漏检测

如果业主在合同或订单中提出重力管道泄漏试验的要求，重力管道应使用渗出试验方法进行试验，其中 CIPP 内衬管两端均堵塞并充满水。该试验应在 CIPP 内衬管冷却至环境温度后进行，仅限于无支管和直径 DN≤900mm 的管道直径。在保证空气都已从管道中排出的前提下，任何长度管道的允许渗漏量，在始末端点之间每天每英里（1 英里＝1.609344 千米）管道内水渗出不得超过每英寸（1 英寸＝2.54 厘米）50 加仑。在渗出试验期间，最下端的最大管道内部压力不得超过 3.0m 水头或 29.7kPa，翻转立管内的水位应高于管道顶部 0.6m 或高于地下水位 0.6m（以较大者为准）。泄漏量应通过暂时在翻转内衬管的上游安装有塞子的立管中，通过水位进行测量。试验时间应至少进行 1h。

1X.4.4 压力管道的泄漏检测

如果业主在合同或订单中提出压力管道泄漏试验的要求，压力管道应进行静水压试验。推荐的压力和泄漏试验应为已知管道体系工作压力的两倍，或在工作压力的基础上再加 50psi（以较小者为准，1psi＝6.89kPa），保持体系在该压力持续 2～3h 来检测 CIPP 管道的稳定性。完成稳定性测试之后，再进行压力检测 1h。压力试验前，应从管线中排出所有空气，待 CIPP 内衬管冷却到环境温度再进行试验，每天每英里管道内所允许泄漏量应为每英寸管道 20 加仑。

1X.4.5 分层检测

如果业主在合同或订单中提出分层检测要求，应在规定的每个翻转长度上进行分层试验。根据 1X4.1 中的要求制备 CIPP 样品，如果 CIPP 内衬管中的一部分管材料已经与树脂隔离，可直接用于管道的分层检测（更进一步的信息，可咨询管道制造商）分层检测应符合 ASTM D903 中试验方法的规定，且满足以下要求：电动手柄的行程率应为 25mm/min；针对规定的每个翻转应测试五个试样；试样的厚度应最小化，但应足以充分测试非均匀 CIPP 层的分层。对于典型的 CIPP 管道，薄层间的任何非均匀层之间的剥离强度应至少为 178.60g/mm。

1X. 4. 6 壁厚检测

CIPP 壁厚测量的方法应符合 ASTM D5813 第 8.1.2 条的规定。对于按照 1X4.1 制备的样品，应按照规程 ASTM D3567 的要求进行厚度测量。在管道周长周围以均匀间隔进行至少 8 次测量，以确定最小和最大厚度。从测量值中应减去未包含在 CIPP 结构设计中的任何塑料涂层或树脂层的厚度。平均厚度应使用所有测量值进行计算，并满足或超过买卖双方商定的最小设计厚度。任何点的最小壁厚不得小于买卖双方商定的规定设计厚度的 87.5%。

1X. 4. 7 壁厚超声波检测

将超声波检测设备安装在管道两端，采用 ASTM E797/E797M 规程中所述的超声波脉冲回波法测量壁厚。在主管道内安装的 CIPP 内圆周周围，以 30～45cm 的均匀间隔距离进行至少 8 次测量。对于 DN≥380mm 的管道，至少应记录 16 次均匀间隔的测量值。拟使用的超声波方法是带有 A 扫描显示和直接厚度读数的探伤仪，如 ASTM E797/E797M 第 6.1.2 条所述。校准试块使用 CIPP 内衬管相同的材料制成，用来校准通过内衬管的声速。传感器的校准应按照设备制造商的建议每天进行。平均厚度使用所有测量值进行计算，并满足或超过买卖双方商定的最小设计厚度。任何点的最小壁厚不得小于买卖双方商定的规定设计厚度的 87.5%。

1X. 5 检测和承诺

检查和验收可以通过初步目视检查进行，如果无法完成目视检查，可以通过闭路电视进行检查。由于原始管道的条件，与真实管线和坡度的偏差可能是固有的。观察到地下水渗透则视为不合格。所有服务入口均应清点并保持畅通无阻。

附录 2　《基于树脂浸润玻璃纤维软管的拉入法管渠修复操作规程》(ASTM F2019)介绍

2X. 1 范围

《基于树脂浸润玻璃纤维软管的拉入法管渠修复操作规程》ASTM F2019-20 中规定了玻璃纤维湿软管的拉入法施工操作程序，该工法是通过将树脂浸润的玻璃纤维软管拉入现有管道，然后用压缩空气压力膨胀（见图 2X-1），使其牢固地靠在主体管道结构的管壁上。适用于修复 DN100～1830 的管道。软管中的光引发树脂体系，在紫外光（UV）辐照下引发树脂固化，固化完成后，内衬管将形成一个连续紧密的管中管内衬结构。该工法可用于各种重力管道，如污水管道、雨水管道、电气管道、燃气管道等。

在管道底部铺设一张垫膜,经树脂浸渍过后的内衬软管由卷扬机拉入到管道中

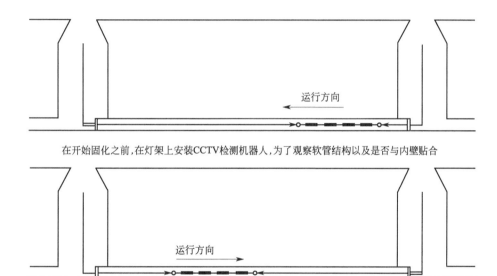

在开始固化之前,在灯架上安装CCTV检测机器人,为了观察软管结构以及是否与内壁贴合

根据制造商给出的建议依次开启紫外光灯,然后将灯链拉到内衬管的末端。在整个固化过程中,
应按照测量的各项数据及时调整灯链的行走速度

图 2X-1　UV 原位内衬管道修复示意

2X.2　材料

　　玻璃纤维织物管、树脂系统和外膜或外部预衬层应符合本规程中 GRP-CIPP 的生产要求。紫外光固化 GRP-CIPP 系统的供应商应为 ISO 9001 认证的生产商，或实施了与 ISO 9001 要求类似的质量体系的供应商。

　　玻璃纤维内衬管应由耐腐蚀玻璃纤维织物管（图 2X-2）和热固性（交联）饱和树脂组成。玻璃纤维管应由至少两层独立的纤维材料组成，纤维材料由耐腐蚀（E-CR 或同等）玻璃纤维编织制成，应符合规范 ASTM D578 的要求，如果使用可拆卸的校准软管，内表面应为具有耐化学性和耐磨性的树脂层。玻璃纤维织物管采用具有足够强度的纵向单向玻璃粗纱制成，以承受至少等于内衬软管总重量一半的拉力。玻璃纤维管应能承受现有导管的周向变化，以便能紧密配合安装在变形的主管道中，并最大限度地减少 CIPP 内衬管中产生的褶皱。工程师在进行壁厚设计计算时，应根据玻璃纤维管的制造方法，使玻璃纤维织物管的尺寸略小于主管道内部尺寸，以便其在主管道中膨胀时完全贴合主管道的内壁，减少或消除主管道和内衬之间的环形间隙。

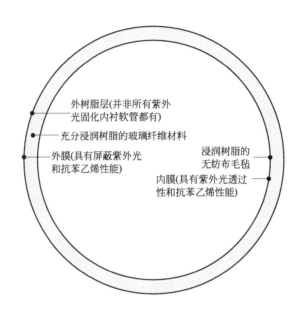

图 2X-2　内衬管的组成（UV 固化）

外膜应由一层或多层管状塑料膜组成，这些塑料膜应防潮、防紫外光、防苯乙烯或同等物质渗透。

校准软管（内膜或涂层；参见图 2X-2），可以是包括管状塑料膜或饱和树脂涂层毡管，应具有紫外光透明和防潮、抗苯乙烯和不透水的特性，并且能够承受高达 140℃ 的温度。在足够的安装压力下，能保证织物管紧靠管道内壁。安装完成后，应能从内壁上轻松移除。

树脂应由耐化学腐蚀的聚酯或乙烯基酯热固性（紫外光固化）树脂和催化剂系统，或与安装工艺兼容的环氧树脂和固化剂组成。对于紫外光固化系统，必须在浸润前向树脂中添加光引发剂，光引发剂与所使用的 UV 固化设备相互配套。

2X.3　性能参数

CIPP 内衬管的性能应至少具有表 2X-1 中给出的初始结构性能。这些物理性能根据本实施规程 2X.5 检查验收一节确定。

CIPP 材料各构件层的厚度、相对位置及公差，按照 CIPP 系统制造商指定的数值进行规定。复合材料的结构壁厚应为总壁厚减去内膜、外膜和纯树脂层的厚度，以及由任何树脂迁移、加工助剂等组成的外层厚度。

表 2X-1　CIPP 初始结构性能①

性能	测试方法	最小值/psi	强度/MPa
抗弯强度②	D790	≥15000	≥103
抗弯模量②	D790	≥725000	≥5000

① 表 2X-1 中的值用于根据产品制造商的技术数据表对现场试样的试验结果。买方应就长期结构特性咨询制造商。

② 该值表示圆周方向上的最小强度。

内衬管截面的平均壁厚 e 不得小于设计壁厚。复合壁厚的最小壁厚 e_{min} ≥3.0mm 且不得小于设计壁厚的 80%，以较大值为准。

内衬管的耐化学性要求其内表面应长期暴露于各种化学废水中进行资格测试，并按照规范 ASTM D5813 中的方式进行评估。试验中试样边缘需密封。

2X. 4　安装建议

2X. 4. 1　清洁和预处理

在检修孔等区域执行检查和清洁操作之前，应根据当地、州或联邦安全法规对大气进行评估，以确定是否存在有毒或易燃蒸汽或缺氧情况存在。管道内部所有碎屑须从原始管道中清除。应根据 NASSCO 推荐的污水收集系统修复规范，使用液压动力设备、高速喷射清洁器或机械动力设备清洁管道。

原管道应无固体障碍物、掉落接头、突出的服务连接件、坍塌的管道以及可能阻碍或阻止内衬软管安装和固化的横截面积的减少。如果检查发现有传统下水道清洁设备无法清除的障碍物，则应使用带有清除工具的机器人清除障碍物。

管道检查应由经过培训、具有丰富经验的人员进行，这些人员能够通过闭路电视或人工进入来定位断裂、障碍物和支管连接。应仔细检查管道内部，排除影响内衬软管安装的支管暗接等隐患，如突出的服务水龙头、倒塌或压碎的管道以及横截面积的减少。在安装之前，应注意并纠正这些情况。

应由经验丰富的人员对所有修复位置进行预测量。这些测量应采用一种主要方法和一种备用方法；例如，电缆盘上的计数器采集数值和电缆线上粘贴计数标识。横向连接处的可见凹痕可能不容易识别。测量位置的具体信息记录在日志中。

2X. 4. 2　堵水和分流

如果需要将指定的修复管段停水作业，则应在重建管段的上游端堵住管道，将该管段的水流泵到下游或邻近的管线系统。所采用的泵和支管系统应具有足够的容量和尺寸，以引走该管路的流量。修复管段范围内的其他设施暂时停止使用。公共咨询服务部门应及时通知支线服务的各方停止使用，在支线恢复服务之前不要使用水。

2X. 4. 3　安装方法

在确认所有碎屑和障碍物都已清除后，可将垫膜和卷扬机缆绳链接在一起。根据

CIPP 制造商的建议，垫膜应覆盖管道周长的 $1/3\sim1/2$。在上游端，通过插入锚定装置，将其锁定到位。

通过形成牵引头或使用牵引支管将内衬软管连接至卷扬机缆绳。可通过将内衬软管端部折叠成一个环制作拉头。如果使用牵引支管，则应将其连接到内衬软管端部，并具有足够的强度来传递拉力。牵引支管要保留空气/气流软管的安装位置。在安装牵引支管的过程中，应保证将校准软管与支管之间的气密性。如果使用了牵引头，则应在拉动内衬软管之后将其拆除。在卷扬机一端的人孔中放置一个反向导向辊，反向滚轮允许牵引头或牵引支管在牵引终止前进入人孔。必须在拉线上添加旋转接头，以避免内衬软管发生缠绕。

2X. 4. 4 树脂浸润

树脂浸润玻璃纤维织物管在软管制造商的工厂内，在质量受控的条件下完全浸润树脂。浸润设备应确保树脂适当分布。关于日期、树脂类型、内衬管厚度、温度、玻璃纤维类型、内衬管类型、制造日期和最后安装日期的认证文件应附在湿软管上，或由相应的 CIPP 制造商提供。

2X. 4. 5 储存和运输

紫外光固化 CIPP 成品湿软管应在不低于 7℃、不高于 35℃ 的环境中储存、运输和安装。紫外光固化 CIPP 成品湿软管应按照制造商的建议进行储存。

安装时，使用卷扬机将湿软管拉到位。湿软管通过现有人孔或其他经批准的拉入点拉到位，并完全延伸至指定的人孔或端点。拉入时须监测牵引速度，不得超过软管制造商规定的速度。当进入拉入点时，湿软管应按照 CIPP 软管制造商的建议折叠，并放置在传送平台的顶部。在拉入阶段，应注意不要损坏管道，尤其是在出现弯曲、对齐、偏移、突出元件和与管道产生相对摩擦的情况下。根据现场的实际需求，可将润滑液（如肥皂水溶液或可生物降解矿物油）倒入或喷洒到内衬软管拉入点的垫膜上。当牵引头、牵引支管或湿软管的 $0.7\sim1.0m$ 进入拉入终点时，牵引应视为完成。拉入过程中使用的卷扬机应能够测量拉力的变化，在达到操作人员设定的拉力值后，启动放出缆绳，及时调整以保持该恒定拉力值。

2X. 4. 6 紫外光固化

2X. 4. 6. 1 安装设置

进气软管连接至安装设备，配备一台容积式鼓风机或一台空气压缩机（后者要求环境空气温度高于 5℃），设备的动力配置应满足 CIPP 系统制造商建议的安装参数，使湿软管紧贴在主管道内壁。当软管在压力下膨胀后，拉出多灯紫外光灯架。在加压扩展内衬软管的过程中，安装人员使用安装在灯架端部的 CCTV 摄像头，以检查内衬软管是否正确安装在主管道上，且保证没有任何褶皱。如果主管道的横截面是规则的几何结构，这些褶皱应是可以避免的。如果发现有缺陷，则应在进行紫外光固化之前对其进行纠正。

树脂的光引发剂系统应配合紫外光固化灯优化调整,使其满足紫外光固化频率的输出波长,或根据树脂系统调整紫外光固化灯。树脂的引发剂系统应满足紫外光固化灯的输出波长。紫外光灯架通过管道的速度须参照 CIPP 系统制造商的建议,按照每个安装长度提供给业主,适宜的灯架速度能够保证 CIPP 树脂的交联/聚合。在整个树脂固化过程中,应将空气压力调整到足以使湿软管紧靠管壁,如果存在地下水渗入所产生的外部静水压力,还需要考虑克服静水压力的额外压力。建议压力通过调整出口处阀门来维持。

2X.4.6.2 固化控制

从内衬软管膨胀开始到固化结束的过程中应保留时间、紫外光灯架行程速度、压力、温度,以及固化过程中紫外光灯的数量和功率等数据信息,作为正确固化内衬软管的资料性文件。并在标题中注明工程名称、地址、区段、日期等基本信息,以明确标识该修复管段。

CIPP 内衬管的整个安装过程须连续进行,且没有干斑、褶皱和分层等问题。如果存在这些份额,应评估 CIPP 内衬管是否满足第 2X.5 节的要求。如果 CIPP 内衬管不符合第 2X.5 节的要求或采购协议中明确规定的要求,或两者都不符合,则应拆除 CIPP 内衬管中受影响的部分,并用 ASTM D5813 规范 6.2 中规定的可接受的修理情况进行替换。

新的 CIPP 内衬管完成安装后,应恢复原有的服务连接。对于操作人员无法进入的管道,可在不开挖的情况下,通过电视摄像机和远程控制切割设备从管道内部进行处理。当恢复管线通水时,应保证其至少恢复至原始区域的 95%。如果采购协议没有另行规定,则将安装过程中设置的设施恢复原状。

2X.4.7 密封处理

CIPP 内衬管进出人孔或其他接入结构的所有位置须通过安装预成型亲水材料进行密封,该密封材料应满足应用于卫生下水道服务的要求,保证其完全环绕管道圆周,并具有足够的宽度以容纳主管中的任何不规则管道壁面。其放置位置应确保密封在人孔壁范围内,并从主管道末端向后至少 3cm。由于外部薄膜、主管道和内衬管之间未进行密封,如果需要完全消除渗漏,则需要采用本标准范围以外的其他方法来密封连接,并修复服务管线和人孔。

2X.5 检查验收

2X.5.1 取样

对于每位业主在合同或订单中订购的每个安装长度的产品,其 CIPP 内衬管检测样品的制备应如下所示。

样品应从管道居中的人孔位置或终端点处的内衬管截面上切割下来,试样切取管道应保证是直的,如果端部的管段不是直管,则应通过管道或扎头布包围的位置截取与管道内部等径的管道。试件在内衬管圆周方向上切取。样品的总长度能够切取 5 个宽度为

50mm 的样品。安装人员也可以在地面上自制一个曲面或平面的样品，样品使用与内衬软管相同的制备条件（压力、拉力、光照强度和曝光时间等）的紫外光灯。最好从用于固化的紫外光灯架上取一盏（或几盏）。

CIPP 内衬管样品应足够大，以制备五个弯曲试验试样。如果无法从样品中获得五个合适的样品，经项目工程师批准后，可允许在实验室中使用至少三个试样进行弯曲试验。每个试样应清楚标记，以便于识别，并保留至最终验收环节。

2X. 5. 2　短期弯曲性能

根据试验方法 ASTM D790 测量现场制备样品的初始弹性模量和弯曲强度，在长度厚度比为 16∶1 的限制范围内满足或超过表 2X-1 的要求。弯曲性能必须在环向上进行测量，因为根据内衬管设计，该方向上通常是提供内衬管主要性能的方向。短期抗弯强度为 CIPP 玻璃纤维首次断裂时的值。应力-应变曲线曲率的突变是由纯树脂层开裂引起的，可以忽略不计。

2X. 5. 3　壁厚

CIPP 内衬管壁厚的测量方法须符合规范 ASTM D5813 第 8.1.2 条的规定。厚度测量应仅包括构成 CIPP 内衬管（图 X2-2）组成部分的各层，并符合实施规程 ASTM D3567 中 7.1 和 7.2 制备样品的要求。在所取样品周围以均匀间隔进行至少 8 次测量，避免由于玻纤结构层的重叠，内衬管明显变厚的现象，测量值中应确保包含明显的最小厚度。内衬管的平均厚度应使用所有测量值进行计算，并应大于等于工程师壁厚计算中规定的最小设计厚度。任意点的最小壁厚不得小于买卖双方商定的平均设计厚度的80%（注：壁厚局部减小可能会降低内衬管的安全系数）。

2X. 5. 4　管道泄漏检测

如果业主在合同文件或采购订单中有要求，应使用渗漏试验对重力管道进行试验，内衬管在冷却至环境温度并拆除校准软管之后再进行试验，在始末端进行封堵，完成试验之后，再重新打开支管。渗漏试验使用空气或水进行试验，空气试验应符合 ASTM F1417 的要求。

注：对 DN900 以上的管道进行试验不切实际。大管径的渗漏试验可能会导致内衬管产生泄漏。对于较大的管道，可采用人工进入检查重大泄漏。

注：重力管道试验的允许泄漏是端部密封损失和管道中截留空气或压缩水试验的函数。

2X. 5. 5　验收

检查和验收可以通过初步目视检查完成，如果无法完成目视检查，可以通过闭路电视进行检查。内衬管横截面的曲度、坡度和几何形状的变化应与原始管道的初始条件一致。不得有地下水渗透。如果出现可见泄漏，应按照 CIPP 系统制造商的要求，并经业主同意进行维修。所有服务开口均须进行清点说明，并保持畅通无阻。使用试样进行弯曲试验时，弯曲强度值大于等于壁厚设计计算中使用的弯曲性能值的85%，视为合格。

附录 3 《排水管道机械螺旋缠绕内衬修复材料聚氯乙烯（PVC）技术标准》（ASTM F1697）介绍

该标准规定了排水管道螺旋缠绕修复材料的技术要求，包括挤塑聚氯乙烯（PVC）型材的原料、尺寸、加工工艺、挤出质量和力学性能的要求和测试方法，用于修复各种重力管道，如污水管道、雨水管道、直径在150~4500mm区间的工艺管道，以及类似尺寸的如拱形、椭圆形和矩形的管道。

该标准适用于重力管道非开挖修复，通过螺旋缠绕修复内衬管，采用扩张形式内衬于管道的内表面，或者以固定直径内衬于管道内表面，并在环形空间灌浆的机械螺旋缠绕修复技术（图3X-1）。

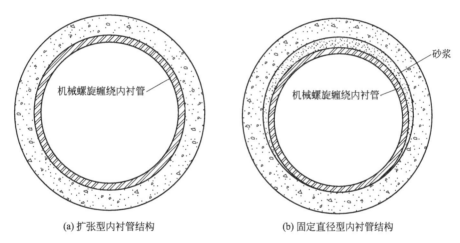

(a)扩张型内衬管结构　　　　　(b)固定直径型内衬管结构

图 3X-1　典型的螺旋缠绕管

3X.1　材料

PVC带状型材——挤出型材，应符合 D1784 中 13354（A 型）、12344（B 型）或更高要求（图 3X-2~图 3X-6）。

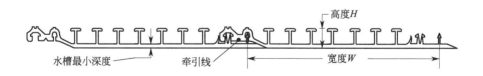

图 3X-2　扩张型型材剖面图

钢带材料——加强钢带，应符合 A879/A879M、A167、A176、A924/A924M 或

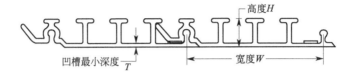

图 3X-3　固定直径型材剖面

图 3X-4　B 型——典型 PVC 型材条

A653/A653M 中镀锌钢或不锈钢。

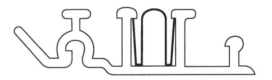

图 3X-5　A 型加固带

图 3X-6　B 型加固带

3X.2　尺寸及力学性能要求

PVC 型材尺寸及力学性能应满足表 3X-1 中的要求。

表 3X-1　A 型和 B 型材料剖面尺寸和刚度系数

型式	型材种类	最小宽度 W/mm	最低高度 H/mm	型材壁厚 T/mm	最小刚度系数/(MPa·mm³)
A	1	51.0	5.5	1.60	21.2×10^3
	2	80.0	8.0	1.60	63.4×10^3
	3	121.0	13.0	2.10	242.7×10^3
	4	110.0	12.2	1.00	180.8×10^3
	5	203.2	12.4	1.50	180.8×10^3
	6	304.8	12.4	1.50	180.8×10^3

型式	型材种类	最小宽度 W/mm	最低高度 H/mm	型材壁厚 T/mm	最小刚度系数/($MPa \cdot mm^3$)
B	1	81.0	8.10	1.44	40955
	2	78.3	10.71	1.62	84127
	3	72.0	14.67	2.34	219900
	4	71.1	19.35	3.06	448656
	5	71.28	28.53	3.69	1594900
	6	91.44	14.22	1.44	171042

3X.3 型材外观

PCV挤塑型材应均匀，无明显裂纹、孔洞、外来夹杂物或其他损伤性缺陷。挤塑型材的颜色、不透明度、密度和其他物理性质应与商业产品相同。

3X.4 测试方法

试验条件：在标准实验室环境中进行，温度为（23±2）℃，相对湿度为（50±5）％，试验样品按照D618程序A进行。

型材的宽度、高度、壁厚根据D2122测量。

刚度系数：刚度系数应根据D790测定，其中E_B由$EI=L^3m/(48b)$替换。取平面试样，长度不小于300mm，包括装配好的接头，参考图3X-7。

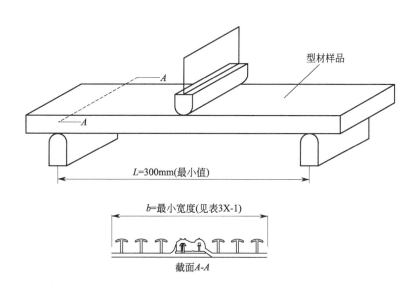

图3X-7 刚度系数测试

（注：试验确定的刚度系数不应用于计算管道刚度。）

接头密封性：每种类型型材应进行密封性测试。制备螺旋缠绕衬管试验段，最小长度为外径的 6 倍，如图 3X-8 所示。管口使用端盖或机械密封装置密封，适当地控制管道偏转，使其形成最小角度为 10% 的弯曲，如图 3X-8 所示。维持此状态并进行压力和真空测试。

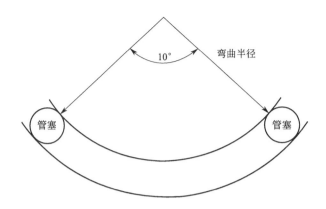

图 3X-8　接头密封性测试

（注：一些型材制造商建议弯曲半径等于管道外径的 150 倍。）

如图 3X-9 所示，约束衬管两端，并在衬管的中间施加载荷，直到载荷施加点向下位移达到衬管外径的 5%，维持该状态，进行压力和真空测试。

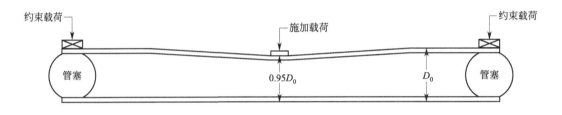

图 3X-9　气密性试验

气密性试验：对试验段抽真空处理，维持负压 74kPa 的真空度，10min 后内压变化不得大于 3kPa。在第 2 个 10min 期间，内压变化不得超过 17kPa。

水密性测试：向管道内注水，施加 74kPa（压力表）的压力 10min，接头处如有渗漏即判定为不合格，如图 3X-10 所示。

所描述的内衬管接头的试验方法并非是例行的质量控制试验，而是可靠性或性能要求。

3X.5　产品标识

符合本规范的挤压型材应在小于等于 9.0m 的间隔内标记如下内容：

制造商的名称或商标和生产代码，可以从其中识别工厂位置、机器和制造日期；

型材类型，例如类型 A、类型 B 等；

聚氯乙烯分类，例如"13354"。

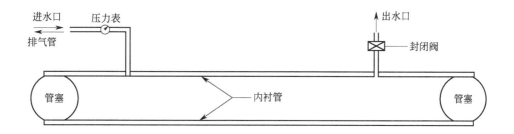

图 3X-10　水密性测试

（注：水密性试验和气密性试验择一进行。）

附录 4　《排水管道机械螺旋缠绕聚氯乙烯（PVC）内衬管修复施工技术规程》（ASTM F1741）介绍

该标准规定了排水管道螺旋缠绕修复直径在 150～4500mm 区间的施工技术要求。通过使用缠绕机将现场制造的螺旋缠绕内衬管插入到原管道中，该缠绕机在插入坑中不动或沿现有管道的内部移动。可用于各种重力管道，如卫生下水道、暴雨下水道、涵洞和工艺管道等。

当对直径为 150～1200mm 的原管道使用固定安装设备时，插入螺旋缠绕内衬管膨胀，直到它紧贴原管道的内表面；或者对于直径为 150～2800mm 的原管道，螺旋缠绕内衬管以固定直径插入现有管道不膨胀，随后向螺旋缠绕内衬管与原管道之间的环形空间灌浆。

当对直径为 150～4500mm 的原管道上使用移动式设备时，螺旋缠绕内衬管安装在与原管道内表面接触的地方，形成紧密贴合的内衬管。对于相同尺寸的非圆形管道，如拱形或椭圆形或矩形，螺旋缠绕内衬管以固定直径安装到原管道中，形成非紧密贴合的内衬管，随后向螺旋缠绕内衬管与原管道之间的环形空间灌浆。

4X. 1　材料

用于现场制造螺旋缠绕内衬管的挤压型材应符合规范 F1697 的规定。型材条应连续缠绕在卷筒上，以便储存及运输到作业现场。

在主副锁扣元件之间使用黏结剂或密封剂，以保证螺旋缠绕成品衬管的性能。

钢加强条用来加固挤压 PVC 型材，应大于设计条件要求的刚度。

4X. 2　安装建议

清洁检查：进入检查井等区域并进行检查或清洁作业之前，必须按照地方安全条例对大气进行评估，以确定是否存在有毒、易燃蒸气或缺乏氧气。

管道清洗：原管道中的碎片须彻底清除，重力管道应按照 NASSCO 推荐的规格使用液压动力设备，高速射流清洗器或机械动力设备进行清洗。

管道检查：管道检查由经过培训的有经验的人员进行。

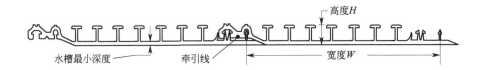

图 4X-1　扩张型型材剖面

图 4X-2　固定直径型材剖面

表 4X-1　机械制螺旋缠绕 A 型剖面惯性矩和刚度系数

轮廓类型	惯性矩/ $in^4(mm^4)$	中性轴深度 $\bar{y}/[in(mm)]$	最低高度 $H/[in(mm)]$	剖面区域 $/[(in^2/in)$ $(mm^2/m)]$	最小刚度系数 $EI/[(in^3 \cdot lbf/in^2)$ $(MPa \cdot mm^3)]$
1	0.00047(7.70)	0.077(1.98)	0.216(5.5)	0.118(3.00)	188.0(21.2×10^3)
2	0.00140(23.00)	0.130(3.30)	0.314(8.0)	0.146(3.70)	561(63.4×10^3)
3	0.00537(88.00)	0.206(5.24)	0.511(13.0)	0.205(5.20)	2148(242.7×10^3)
4	0.00386(63.30)	0.200(5.08)	0.480(12.2)	0.125(3.18)	1600.0(180.8×10^3)
5	0.00400(65.50)	0.180(4.57)	0.488(12.4)	0.125(3.18)	1600.0(180.8×10^3)
6	0.00400(65.50)	0.180(4.57)	0.488(12.4)	0.125(3.18)	1600.0(180.8×10^3)

注：1lbf=4.45N。

表 4X-2　机械制螺旋缠绕 B 型剖面惯性矩和刚度系数

轮廓类型	惯性矩/$in^4(mm^4)$	中性轴深度 $\bar{y}/[in(mm)]$	最低高度 $H/[in(mm)]$	剖面区域 $/[(in^2/in)$ $(mm^2/m)]$	最小刚度系数 $EI/[(in^3 \cdot lbf/in^2)$ $(MPa \cdot mm^3)]$
1	0.00106(17.43)	—	0.319(8.10)	0.132(3.36)	362.5(40955)
2	0.00218(35.80)	0.26(6.56)	0.422(10.71)	0.150(3.80)	745.0(84127)
3	0.00571(93.58)	0.58(14.67)	0.578(14.67)	0.227(5.76)	1946.3(219900)
4	0.01165(190.92)	0.76(19.35)	0.762(19.35)	0.290(7.36)	3971.0(448656)
5	0.04142(678.68)	1.12(28.53)	1.123(28.53)	0.463(11.75)	14116.0(1594900)
6	0.00444(72.78)	0.56(14.22)	0.560(14.22)	0.187(4.76)	1513.8(171042)

通过闭路电视或直接目视检查定位断裂、障碍物和服务连接，仔细检查管道的内部，以确定任何妨碍螺旋缠绕内衬管安装的障碍物，如突起、塌陷或压碎的管道、不圆度、显著的凹陷和偏转的接头等。

线路阻塞：障碍物包括占管道内径12.5％以上的错位或偏移的接头，伸入到管道内的支管连接超过管道内径的12.5％或2mm，以及横截面积超过现有管道内径16％的障碍物。如果检查发现障碍物无法用常规设备清除，应进行点修或开挖，将障碍物清除。螺旋缠绕内衬管是否能够通过弯道，取决于原有管道的条件、弯道在管道内的位置、是否存在多重弯道等多个因素共同作用的组合。

（1）当内衬管制造和插入使用固定安装设备

应在插入坑内放置缠绕机并定向，使衬管能够螺旋缠绕并直接插入到原管道中，挤压PVC型材的卷筒应位于插入点附近。初始缠绕过程将型材送入缠绕机开始，将型材条形成所需的螺旋缠绕衬管，同时沿原管道旋转并送至原管道端点。由于型材条在缠绕机中形成螺旋缠绕衬管，所需的密封胶或黏合剂放置在型材的主锁和副锁内，当螺旋缠绕衬管处于展开状态时，在锁定结构的主锁和副锁之间放置牵引线（见图4X-3）。如图4X-3所示缠绕衬管膨胀时，对缠绕衬管末端在端点处进行扭转约束，将牵引线从锁扣接头中拔出。

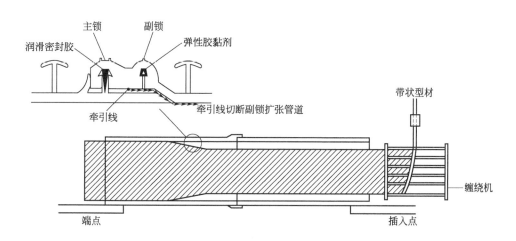

图4X-3 扩张型螺旋缠绕衬管的插入

在端点松开所插入的特定长度缠绕衬管，从而切断二次锁（见图4X-3）。因此，当扭矩作用于插入的螺旋缠绕衬管时，可使剖面带自由滑动，从而在螺旋缠绕衬管的释放长度上引起径向生长或膨胀。对于膨胀螺旋缠绕衬管与原管道之间的环形空间的两端，采用与螺旋缠绕衬管材料相容的密封材料密封。

（2）使用移动式安装设备制造内衬管道

移动式缠绕机应放置在插入点并定向，以便型材条能直接进入原管道，挤压PVC型材的卷筒应位于插入点附近。卷绕过程从型材送入卷绕机开始，移动缠绕机同时旋转并沿现有管道移动直到终点处。

当螺旋缠绕衬管要紧贴原管壁时，应调整移动缠绕机，将螺旋缠绕衬管直接缠绕在现有管壁上。螺旋缠绕衬管与原管道之间的环形空间应在两端用与螺旋缠绕衬管材料相容的密封材料密封。

当螺旋缠绕衬管插入现有管道并灌浆时，应遵循以下程序：螺旋缠绕衬管与现有管道之间的环形空间，两端应采用与螺旋缠绕衬管材料相容的密封材料密封。然后，将浆液注入整个环形空间，如通过末端密封的开口，通过在螺旋缠绕衬管上合适位置处钻灌浆孔。在开始注浆作业之前必须打开所有的孔口，并采取措施防止浆液进入螺旋缠绕衬管。此外，注浆完成后，在螺旋缠绕衬管上用于注浆作业的所有孔口都须密封。

4X.3 一般指导原则

螺旋缠绕衬管的设计在很大程度上取决于原管道的状况，设计方程和细节见图4X-4。

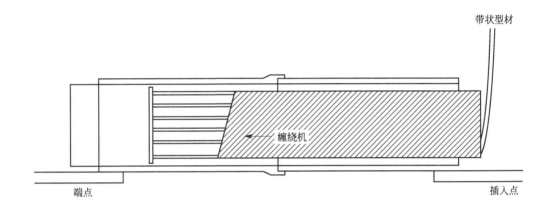

图 4X-4 移动安装设备安装固定直径螺旋缠绕衬管

4X.4 设计方程

（1）局部损坏管道情况

现有管道可以支撑土壤和附加荷载，所以螺旋缠绕PVC管的设计只需支撑地下水（和内部真空）引起的外部水力荷载。确定地下水位，螺旋缠绕内衬管的刚度系数应足以承受静水压力。可采用下列公式确定所需的刚度系数。

① 内衬管在现有管道上扩张（有或没有灌浆）和内衬管按固定直径安装并在环形空间内进行非结构性灌浆。

$$P = \frac{24KE_{L}I}{(1-\mu^{2})D^{3}} \times \frac{C}{N} \tag{4X-1}$$

式中 P——外部压力，MPa；

C——椭圆度折减系数，$C = \left[\left(1-\frac{q}{100}\right)\Big/\left(1+\frac{q}{100}\right)^{2}\right]^{3}$；

q——内衬管椭圆度百分比，$q100 \times (D_{E}-D_{min})/D_{E} = 100 \times (D_{max}-D_{E})/D_{E}$；

D_E——平均衬管内径，mm；

D_{min}——衬管最小内径，mm；

D_{max}——衬管最大内径，mm；

N——安全系数（建议 2.0）；

E_L——螺旋缠绕内衬管的弹性模量，MPa；

I——螺旋缠绕内衬管的惯性矩，mm^4；

$E_L I$——螺旋缠绕内衬管的刚度系数，$MPa \cdot mm^3$；

D——螺旋缠绕内衬管的平均直径，mm；

$$D = D_E - 2(H - \bar{y});$$

H——剖面的高度，mm（见表 4X-1）；

$\bar{y}$——螺旋缠绕剖面管到中轴线的深度，mm；

K——内衬管附近的土壤和现有管道的增强系数；

μ——泊松比（平均为 0.38）。

注：E_L 值的选择将取决于相对于结构的设计寿命，施加荷载的估计持续时间 P。例如，如果荷载的总持续时间 P 估计为 50 年，可以是连续荷载，也可以是间歇性荷载的总和，则适当保守的 E_L 值将是在结构寿命期间预期达到的最高地面或液体温度下连续荷载 50 年的值。

重新整理式（4X-1），求解所需的螺旋缠绕衬管刚度系数 $E_L I$。

$$E_L = \frac{P(1 - \nu^2)D^3}{24K} \times \frac{N}{C} \tag{4X-2}$$

注：由于 I 和 D 的值都取决于所使用的剖面，因此设计可能涉及试错法。然而，由于现有管道的平均内径 D_E 和 D 的值非常接近，特别是当直径增大时，所以 D_E 的值可用于第一次试验计算。

② 以固定直径安装的衬管，其环形空间有结构性灌浆。

这种情况下，衬管被认为是机械地固定在灌浆内，否则需确定该灌浆能够承受的外部压力：

$$P = \frac{8E_L I(K_1^2 - 1)}{D_0^3} \times \frac{C}{N} \tag{4X-3}$$

式中 P——外部压力，MPa；

N——安全系数（建议 2.0）；

E_L——螺旋缠绕内衬管的弹性模量，MPa；

D_0——螺旋缠绕内衬管的外径，mm；

H——剖面的高度，mm（见表 4X-1）；

K_1——未灌浆的弧度确定。

注：K_1 的值通过方程的迭代求解：$\sin K_1 \varphi \cos \varphi = K_1 \sin \varphi \cos K_1 \varphi$；$2\varphi$ 为未灌浆弧度。

（2）完全损坏管道设计情况

螺旋缠绕内衬管的设计是为了支撑水力、土壤和活荷载而不倒塌，采用以下设计程序进行设计：

① 内衬管对现有管（有或没有灌浆）膨胀和内衬管安装在固定直径并且环形空间无结构灌浆：

$$q_{\mathrm{t}} = \frac{1}{N} \left[32 R_{\mathrm{w}} B' E'_{\mathrm{s}} C (E_{\mathrm{L}} I / D^3) \right]^{\frac{1}{2}} \qquad (4\mathrm{X}\text{-}4)$$

q_{t}——管道的总外部压力，psi 或 MPa，$q_{\mathrm{t}}0.00981 H_{\mathrm{w}} + wH R_{\mathrm{w}}/1000 + W_{\mathrm{L}}$（国际单位）；

R_{w}——水浮力系数，$R_{\mathrm{w}} = 1 - 0.33 (H_{\mathrm{w}}/H)$；

H_{w}——衬管顶部以上的水高度，m；

H——衬管顶部以上的土壤高度，m；

w——土壤容重，kN/m^3；

W_{L}——荷载，MPa；

B'——弹性支撑系数，$B' = 1/(1 + 4e^{-0.213H})$；

E'_{s} = 土壤反应模量，MPa。

注：土壤反应模量的定义，见 UNI-B-5-89。

重新整理式（4X-4），求解所需的螺旋缠绕衬管刚度系数 $E_{\mathrm{L}} I$：

$$E_{\mathrm{L}} I = \frac{(q_{\mathrm{t}} N/C)^2 D^3}{32 R_{\mathrm{w}} B' E'_{\mathrm{s}}} \qquad (4\mathrm{X}\text{-}5)$$

② 螺旋缠绕内衬管在固定直径安装并环形空间灌浆。

通过这种安装方式对现有管道进行修复，可形成刚性复合结构（螺旋缠绕衬管/灌浆管/现有管道）。复合结构的强度应至少等于承受荷载所需的强度。安全系数，由适用的项目规格规定。承包商和产品供应商应向业主代表提供细节和测试数据，以证明他对复合结构的设计和安装能够达到这一修复水平。

附录 5   《排水管道聚氯乙烯（PVC）折叠/成型修复技术规程》（ASTM F1867）介绍

该标准规定了排水管道聚氯乙烯（PVC）折叠成型修复技术施工程序，管径范围从 102mm 至 457mm。将 PVC 管加热软化，拉入原位管道后，通过加压、膨胀，紧密贴合原有管壁，达到修复的目的，适用于各种重力管道，如下水道、雨水管和工业管道。

5X.1 材料

折叠/成型 PVC 衬管如图 5X-1 所示。

折叠/成型 PVC 衬管由 PVC 化合物制成，PVC 材料应符合 ASTM D1784 相关要求，并高于表 5X-1 中所列物理性能。

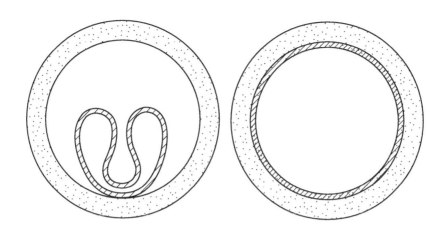

图 5X-1 折叠内衬管剖面/成型管剖面

表 5X-1 力学性能及测试方法

参数	试验方法	物理性能
拉伸强度	D638	25MPa
拉伸模量	D638	1069MPa
弯曲强度	D790	28MPa
弯曲模量	D790	1000MPa
热变形温度	D648	46℃

类似 PVC 材料也可使用，但其拉伸模量不得低于 1930MPa。

5X.2 施工

5X.2.1 预处理

进入检查井前，必须对管道内气体进行检测评估，确定是否存在有毒、易燃气体或缺氧等情况。清除修复管道上的沉积物，对重力管道使用液压动力设备、高速喷射清洁器或机械动力设备等进行清理。施工前仔细检查管道内部病害，如突出、破裂、变形、沉降和错位等，对妨碍施工的情况进行处理，确保管道修复工作正常进行。如果管道内存在障碍物，折叠内衬管应在障碍物处断开，重新接入。障碍物会妨碍折叠内衬管道的紧密贴合，必要时进行开挖修复。若管道弯曲超过 30°，应咨询生产商是否可以进行施工。待修复管道如不能断水，则需设置引流，施工中的管道应暂停使用。

5X.2.2 PVC 管拉入

将折叠管卷盘安置于检查井附近，折叠管卷盘的端部为锥形，并设有牵引孔，用于连接牵引头。在拉入前将 PVC 扁平盘管加热至约 82℃，将钢缆穿过待修复管道并连接到折叠管的斜切端。折叠管道用动力绞车和电缆从卷筒直接拉动，进入检查井，再穿过待修复管道至终端点，并延伸至少 1.2m。施工过程监测拉力，拉力值不能超过折叠管道的允许拉力（允许拉力为 PVC100℃最大拉伸力的 50%）。拉入完成后，将 PVC 管道两端固定。

5X.2.3　充气膨胀

加热和加压，使折叠管道充分膨胀。膨胀的时间、温度和压力需咨询材料供应商（折叠管膨胀压力通常在 20.6～34.4kPa 内，视现场条件而异），使其与待修复管道内壁紧密贴合，之后缓慢冷却至 38℃以下（冷却时间 0.5～1h），缓慢释放压力。内衬管末端应超过修复管道 76cm 以上，作为收缩余量。

5X.3　测试和验收

5X.3.1　安装质量

可通过 CCTV 电视进行检查，成型管道整个修复管段须连续，无裂缝，并紧密贴合原有管壁。

5X.3.2　渗漏测试

该试验在成型管道冷却至环境温度后进行，仅限于无支管或支管尚未恢复水流的管段，使用以下两种方法之一。

（1）闭水试验

通过堵住成型管道两端并将其灌满水，将管道内空气全部排出。渗出量应通过上游的临时立管的水位得到，在渗出试验期间，末端的最大管道内部水压不得超过 3m，立管内部的水位应高于管道顶部 0.6m 或高出地下水位 0.6m。试验进行至少 1h，24h 渗水量不得超过 0.118m³/km。

（2）闭气试验

按照试验方法 F1417 进行，使用气囊堵住管道两端，试验中将所有支管、三通、短管的端部堵塞，以防漏气。调节供气装置，使压力维持在 24.13～27.58kPa 范围内至少 2min。压力稳定后，通过恒压法或者时间降压法确定空气损失率。

恒压试验：转子流量计直接读取空气流速，将空气流量转换为试验管段中每分钟泄漏的空气体积。如果空气损失不超过规定的泄漏率，则认为符合要求。时间降压法：缓慢增加压力至 27.58kPa，关闭气阀停止供气。记录压力从 24.13kPa 降至 17.24kPa 或从 24.13kPa 降至 20.69kPa 所需时间，与规定值进行对比，确定是否符合要求。允许最短时间应按下列公式计算：

$$T=0.00102DK_t/V_e \qquad (5X\text{-}1)$$

$$K_t=5.4085\times10^{-5}DL \qquad (5X\text{-}2)$$

式中　T——气压下降 7kPa 允许最短时间，s；

D——管道平均内径，mm；

K_t——系数；

V_e——渗漏速率，m^3/m^2；

L——测试段长度，mm。

5X.3.3 抽样测试

在施工的同时，设置模具管。模具管道的直径与修复管道的直径相同，长度不低于管道直径。施工结束后从模管中取出，以便于对管道尺寸、壁厚、弯曲、拉伸等性能进行测试。

（1）尺寸

成型现场样品直径根据试验方法 D2122 测量，成型现场样品的标称外径满足表 5X-1 中给出的要求，公差为－7.0%/＋5.0%。

成型现场样品壁厚根据试验方法 D2122 测量，样品的最小壁厚不小于表 5X-1 中规定的值。

（2）拉伸性能

拉伸强度按照试验方法 D638 中 I 型试样进行测量，并符合表 5X-2 的要求。

（3）弯曲性能

弯曲弹性模量按照试验方法 D790，试验方法 I-程序 A 进行测量，并符合表 5X-3 的要求。

表 5X-2　ASTM F1871 成型管尺寸

公称外径/mm	最小壁厚/mm			
	DR26	DR32.5	DR35	DR41
102	3.91	3.12	—	—
152	5.87	4.70	—	—
203	7.82	6.25	5.8	—
229	8.79	7.04	6.5	—
254	9.78	7.82	7.3	—
305	11.73	9.37	8.7	—
381	14.63	11.73	10.9	—
457	—	—	—	11.15

表 5X-3　样品物理性质

聚氯乙烯分类	最小弯曲模量/MPa	最小值拉伸强度/MPa
12111	1000	24.8

5X.4 壁厚设计

半结构性修复可用下面公式确定所需管道厚度：

$$t = \frac{D}{\left[\dfrac{2KE_LC}{PN(1-\mu^2)}\right]^{\frac{1}{3}} + 1} \tag{5X-3}$$

式中　t——内衬管厚度，mm；

　　　D——原有管道平均内径，mm；

　　　K——圆周支持率，取 7.0；

　　　E_L——成型内衬管的弹性模量，MPa；

　　　C——椭圆度折减系数；

　　　P——外部压力，MPa；

　　　N——安全系数，取 2.0；

　　　μ——泊松比，取 3.8。

结构性修复所需管道壁厚按式（5X-4）进行计算：

$$t = 0.721D \left[\frac{\left(\dfrac{Nq_1}{C}\right)^2}{E_L R_w B' E_s} \right]^{\frac{1}{3}} \qquad (5X\text{-}4)$$

式中　q_1——管道外部总压力，MPa；

　　　R_w——浮力系数，不小于 0.67；

　　　B'——弹性支撑系数；

　　　E_s——土反应模量，MPa。

附录 6　《排水管道聚氯乙烯折叠/成型修复标准规范》（ASTM F1871）介绍

　　该标准涵盖了排水管道聚氯乙烯折叠/成型修复技术的材料、尺寸、工艺、抗压扁性、抗冲击性、管道刚度、挤出质量的要求和试验方法。

6X.1　材料应用

　　折叠/成型 PVC 衬管如图 6X-1 所示。

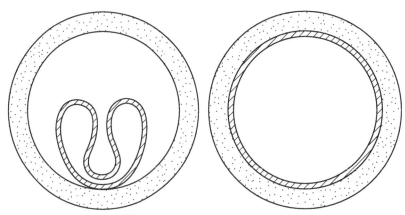

图 6X-1　折叠管道剖面/成型管道剖面

表 6X-1　折叠管道使用管径范围

折叠管公称外径/mm	推荐修复管道内径范围/mm	安装后的 DR 范围			
		DR26	DR32.5	DR35	DR41
102	91～104	24～27	31～38	—	—
152	145～155	25～27	31～38	—	—
203	193～208	25～27	31～38	34～36	—
229	218～234	25～27	31～38	34～36	—
254	241～259	25～27	31～38	34～36	—
305	295～320	25～27	31～38	34～36	—
381	368～391	25～27	31～38	34～36	—
457	447～462	—	—	34～36	40～42

6X.2　材料生产

管道应由符合规范 D1784 中 12111 或 32111 分类要求的纯 PVC 化合物制成，并满足下列最低物理性能要求。

表 6X-2　力学性能及其测试方法

参数	实验方法	
拉伸强度	D638	25MPa
拉伸模量	D638	1069MPa
弯曲强度	D790	28MPa
弯曲模量	D790	1000MPa
热变形	D648	46℃

满足上述最低性能要求但具有不同分类的 PVC 材料也可使用。

6X.3　抽样

将折叠管样品插入模具管道中，固定。在密闭空间内，温度不低于 104℃，常压条件下，通入蒸汽不少于 15min。保持最低温度 104℃，内部蒸汽压 35kPa 至少 2min，使折叠内衬管紧密贴合原管道内壁。随后逐渐将压力降至常压，温度降至 38℃ 以下。冷却后从管段模型中取出样品进行测试。

6X.4　试验方法

6X.4.1　试验条件

在 (73.4±3.6)℉(23±2)℃ 和 (50±5)% 的标准实验室大气中进行试验。

表 6X-3　挠度为 5%时管道的最小环刚度（DN102～457）

DR	DR26	DR32.5	DR35	DR41
最小环刚度/kPa	281.9	151.3	113.7	75.6

表 6X-4　ASTM F1871 成型管尺寸表

公称外径/mm	最小壁厚/mm			
	DR26	DR32.5	DR35	DR41
102	3.91	3.12	—	—
152	5.87	4.70	—	—
203	7.82	6.25	5.8	—
229	8.79	7.04	6.5	—
254	9.78	7.82	7.3	—
305	11.73	9.37	8.7	—
381	14.63	11.73	10.9	—
457	—	—	—	11.15

6X.4.2　成型管尺寸

管道直径：应根据 ASTM D2122 进行测量，使用平砧千分尺或游标卡尺测定管道最小和最大直径，精确到 0.001in（0.002mm）。

壁厚：根据 ASTM D2122 进行测量，样品的最小壁厚不小于表 6X-1 中规定的值。使用圆柱或球砧管千分尺测定最小和最大壁厚，至少进行 6 次测量，精确到 0.001in（0.002mm）。

6X.4.3　管道压扁

将三根 152mm 长的试样展平放在加压板上，匀速加压 2～5min，压至板间距离为管道外径的 40%。卸下荷载，检查试样是否有开裂或断裂迹象。在不放大观察的情况下，若无可见裂纹，则为合格。

6X.4.4　抗冲击性

根据试验方法 D2444 的适用章节，进行落锤冲击试验。一组试样包括六个 152mm 的样条，每个试样仅冲击一次。所有样条均应通过测试，如果有一个样条不合格，则测试下一组试样。测试的 12 个样条中，通过 11 个样条视为合格。

6X.4.5　管道环刚度

使用 ASTM D2412 规定的试验方法。试样长度为 152mm，每个试样在 5%挠度下的管道刚度应不低于表 6X-3 中的最小值。

6X. 4. 6　挤出质量

（1）丙酮浸泡试验

应按照 D2152 规定的试验方法进行丙酮浸泡试验。将纯丙酮倒入容器中，确保试样可以完全浸没。将试样放入丙酮中，密封容器，静置浸泡 20min。20min 后，从容器中取出试样，检查试样外表面材料是否移动或脱落。

（2）热还原试验

应根据 F1057 对管道样品进行热还原试验。试样包括方形筒状管道试样和条状管壁试样，长度均不小于 150mm，置于烘箱中均匀受热。厚度小于 25.4mm 的试样，在 （180±5）℃下放置 30min 后取出。厚度大于 25.4mm 的试样，在 （180±5）℃下放置 45min 后取出。从烘箱中取出后 3min 内，管道试样纵向间隔 60°切割，形成六个大致相等的试样。管壁试样则切割成三等份。观察管壁及管筒的形状、材料内外表面的状况及材料边缘切割的情况。

（3）弯曲性能试验

应根据试验方法 D790 进行弯曲性能试验，方法 I-程序 A 对圆形管道样品进行测试。

附录 7　《水硬性水泥砂浆的抗压强度标准试验（使用 50mm³ 立方体试样）》（ASTM C109/C109M-12）介绍

《水硬性水泥砂浆的抗压强度标准试验（使用 50mm³ 立方体试样）》 （C109/C109M）规定使用 50mm³ 水泥砂浆立方体试样测定水硬性水泥砂浆的抗压强度。

注 1：试验方法 C349 提供了该测定的替代程序（不用于验收试验）。

标准中规定所用的砂浆由 1 份水泥和 2.75 份砂子按质量比配制而成，波特兰或加气波特兰水泥以规定的水/水泥比混合，其他水泥的含水量足以在 25 滴流量表中获得 110±5 的流量。50mm 的立方体试块通过两层夯实进行压实，立方体在模具中固化一天，剥离并浸入石灰水中，直到测试。此实验方法提供了一种测定水硬性水泥和其他砂浆抗压强度的方法，其结果可用于确定水泥是否符合规范。此外，这种测试方法还被许多其他规范和测试方法所引用。

7X. 1　仪器

① 砝码和称重装置符合规范 C1005 的要求，须评估称重装置在总负载为 2000g 时的精度和准确度。

② 玻璃刻度盘，具有适合的容量（需要足够大，以便在一次操作中测量混合水），在 20℃下输送指示体积，允许偏差为 62mL。这些刻度细分为 5mL，对于 250mL 刻度

的最低 10mL 刻度线和 500mL 刻度的最低 25mL 刻度线可省略。主刻度线为圆形,并编号最小刻度至少延伸七分之一圆周,中间刻度至少延伸五分之一圆周。

③ 试样模具 50mm³ 立方体试样紧密配合。模具应具有不超过三个立方体的隔间,由硬质金属制成,不会受到水泥砂浆的侵蚀,在组装时,模具零件须牢固地装配在一起。对于新模具,金属的洛氏硬度值不得小于 55HRB。模具侧面需具有足够的刚性,以防止扩散或弯曲。模具的内表面为平面,且符合表 7X-1 的公差。

表 7X-1　样条模具允许偏差

参数	2in 立方体模具		[50mm³]立方模具	
	新建	使用中	新建	使用中
侧面平面度	＜0.001in	＜0.002in	＜0.025mm	＜0.05mm
对边距离	(2±0.005)in	(2±0.02)in	(50±0.13)mm	(50±0.50)mm
每个隔间的高度	(2−0.005)in 至 (2+0.01)in	(2−0.015)in 至 (2+0.01)in	(50−0.13)mm 至 (50+0.25)mm	(50−0.38)mm 至 (50+0.25)mm
相邻面的夹角 a	90°±0.5°	90°±0.5°	90°±0.5°	90°±0.5°

④ 立方体模具至少每两年半检查一次,以确保其符合本试验方法的设计和尺寸要求。

⑤ 搅拌机、搅拌钵和搅拌桨,一种电动机械搅拌机,配备有搅拌桨和搅拌钵,实施规程 C305 中有相关规定。

⑥ 流动表和流动模具,应符合规范 C230/C230M 的要求。

⑦ 夯实机,一种非吸收性、非研磨性、非脆性材料,如硬度为 80±10 的橡胶化合物,在约 200℃的温度下在石蜡中浸泡 15min 变为非吸收性的干燥橡木,其横截面约为 13mm×25mm,和长度约为 120~150mm,夯实面应平整,并且与夯实面的长度成直角。

⑧ 打夯机,应至少每两年半检查一次,以确保其符合本测试方法的设计和尺寸要求。

⑨ 抹子,具有 100~150mm 的钢刀片长,带直边。

⑩ 潮湿机柜,符合规范 C511 的要求。

⑪ 液压或螺旋式试验机,在机器的上轴承面和下轴承面之间有足够的开口,允许使用验证仪器。如果压力机施加的载荷记录在刻度盘上,则应配备刻度盘,刻度盘的读数应至少接近满刻度载荷的 0.1%(注 2)。在任何情况下,表盘的负载范围都不能低于刻度盘上可读取的最小负载变化的 100 倍。刻度盘上需有零刻度线,并按此编号。刻度盘指针应足够长可以达到刻度标,指针末端的宽度不得超过最小刻度之间的净距离。每个刻度盘应配备一个从表壳外部易于接近的调零装置,配备一个合适的装置,使得在复位前的任何时候都能以 1% 的精度指示施加在试样生物最大载荷。

如果试验机负载以数字形式显示,数字显示器必须足够大,以便读数。数值增量必须等于或小于给定载荷范围满量程荷载的 0.10%。在任何情况下,验证的载荷范围不得包括小于最小数值增量乘以 100 的载荷。在验证载荷范围内,任何显示值的指示载荷的精度必须在 1.0% 范围内。需提供一个最大负载指示器,在重置之前,该指示器将始终在1%的系统精度范围内显示施加在试样上的最大载荷。

注2：沿指针末端所描述的弧，尽可能接近的距离被视为0.5mm。此外，当载荷指示机构上的间距在1～1.6mm之间时，刻度间隔的一半大约接近合理读数。当间距在1.6～3.2mm之间时，可以合理确定地读取刻度间距的1/3。当间距为3.2mm或更大时，可以合理确定地读取刻度间距的四分之一。

⑫ 压缩机器须每年按照规程E4进行验证，以确定有无最大负载指示器（如有配备）的指示负载是否精确到61.0%。

上轴承为硬化金属块球形座，牢固连接在机器上盖的中心。球体中心应与支承面表面重合，公差为球体半径的65%。除非制造商另有规定，否则轴承座的球形部分和容纳该部分的阀座应至少每六个月用石油类油（如机油）进行清洁和润滑。试块应紧密固定在球形座中，使其在任何方向上自由倾斜。试样下方应使用硬化金属轴承座，以尽量减少机器下压板的磨损。为了便于在压缩机中对试样进行精确定心，轴承座的两个表面之一的直径或对角线应在70.7～73.7mm之间（注3）。当上轴承面满足此要求时，下轴承面应大于70.7mm。当下轴承面满足此要求时，上轴承面的直径或对角线应在70.7～79.4mm之间。当下部岩块是对角线在70.7～73.7mm之间的唯一挡块时，应使试样居中。在这种情况下，下轴承座应相对于上轴承座居中，并通过适当的方式固定到位。与试样接触的轴承座表面应具有不小于60HRC的洛氏硬度。这些表面与平面的偏差不得超过0.013mm，若砌块是新的，则保持在0.025mm之间变化。

根据本试验方法，每年使用直尺和测隙仪器检查一次压缩机轴承座的平面度，如果发现超出公差，应进行表面修整。

注3：50mm³立方体的对角线为70.7mm。

7X.2　材料

分级标准砂：用于制作试样的砂（注4）为天然硅石砂，应为符合规范C778中分级标准砂要求的天然硅砂。

注4：分级砂应以防止分离的方式处理，因为砂的分级变化会导致砂浆稠度的变化。在倾倒砂石时，应防止形成砂堆或坑，较粗的颗粒会沿着斜坡滚动，并且不能使用通过重力将砂从料仓中抽出的装置。

7X.3　温度和湿度

搅拌板、干燥材料、模具、底板和搅拌钵附近的空气温度应保持在（23.06±3.0）℃之间。搅拌水、潮湿房间以及储罐中水的温度应设置为（23±2）℃。

实验室的相对湿度应不低于50%，潮湿的壁橱或房间应符合规范C511的要求。

7X.4　试样

从一批砂浆中制作两个或三个样本，每个样本测试周期。

7X.5 试模制备

在模具内表面和非吸收性基板上涂一薄层脱模剂，使用浸渍布或其他方法涂抹机油和润滑脂，必要时可用布擦拭模具表面和底板，以去除多余的脱模剂，并在内表面形成薄而均匀的涂层。使用气溶胶润滑剂时，将脱模剂直接喷到模具表面和底板上，距离为150～200mm，以实现完全覆盖。喷涂后，根据需要用布擦拭表面，以去除任何多余的气溶胶润滑剂。残留涂层应刚好足以允许在轻按手指后留下明显的指纹（注5）。

注5：由于气溶胶润滑剂会蒸发，在使用前应检查模具是否有足够的润滑剂涂层。

通过涂抹一层轻质润滑脂（如凡士林）来密封模具两部分连接的表面。当两表面紧紧在一起时，这个量应该足够轻微挤压，用布把多余的油脂擦掉。

用防水密封胶将模具密封在基板上。使用3份石蜡和5份松香的混合物，石蜡可以作为固定在底板上模具的密封剂，将蜡加热到110～120℃的温度溶解。通过在模具与其基板之间的外部接触线上涂抹液化密封剂实现水密密封（注6）。

注6：清洗模具时，用于密封模具和底板之间接缝的石蜡和松香的混合物难以去除。如果水密接头是固定的，可以使用直石蜡，但由于石蜡的强度较低，只有当模具单独固定在基板上时才使用。当用石蜡固定模具时，可以通过在涂蜡之前稍微加热模具和基板来改善密封性。

模具允许使用凡士林防水密封剂。将少量凡士林涂抹在与底板接触的模具表面的整个表面上，然后将模具夹在底板上，擦去模具和底板内部多余的密封胶。

7X.6 试样制备程序

7X.6.1 砂浆成分

标准砂浆的材料比例应为水泥与级配标准砂（按重量计）的1：2.75。所有硅酸盐水泥的水灰比为0.485，所有引气硅酸盐水泥的水灰比为0.460。除波特兰水泥和引气波特兰水泥外，其他波特兰水泥的搅拌水量应能产生110±5的流量，并表示为水泥的重量百分比。

用于制作6个、9个和12个试样的砂浆中一次混合的材料数量（见表7X-2）。

表 7X-2　一次混合的材料数量

试样数量	6	9	12
水泥/g	500	740	1060
砂/g	1375	2035	2915
水/g			
波兰特(0.485)	242	359	514
引气波兰特(0.460)	230	340	488
其他(流量110±5)			

7X.6.2 砂浆制备

按照规程C305中给出的程序进行机械混合。

7X.6.3　流量测定

根据试验方法 C1437 中给出的程序测定流量，对于硅酸盐水泥和引气硅酸盐水泥，仅记录流量。

对于波特兰水泥或引气波特兰水泥以外的水泥，使用不同百分比的水进行试验，直到达到规定的流量，用新鲜的灰浆进行每一次试验。

流动测试完成后，立即将砂浆从流动台返回搅拌钵。快速刮擦钵侧，将钵边收集到的灰浆倒入批料中，然后以中速搅拌 15s。搅拌完成后，摇动搅拌桨，将多余的砂浆移入搅拌钵中。

如果要立即为其他样品制作重复批，可省略流动试验，并允许砂浆在搅拌钵中放置 90s 而不盖上盖子。在此间隔的最后 15s 内，快速刮除内侧，并将可能在内侧收集的砂浆转移到批料中，以中速混合 15s。

7X.6.4　成型试样

通过手动夯实或合格的替代方法，完成模具中砂浆的固结。在完成砂浆批次的原始混合后，在 30s 到 2min 的时间内，手动夯实开始成型试样。放置一层约 25mm 厚的砂浆于所有的隔间中。如图 7X-1 所示，在 4 轮中，用约 10s 的时间在每个立方体隔间中的砂浆捣实 32 次，每轮与另一轮成直角，包括试样表面上的八个相邻冲程，夯实压力应刚好足以确保模具填充均匀。砂浆的 4 轮夯实（32 次）应在一个立方体中完成，然后再进行下一个立方体。当所有立方体隔间的第一层夯实完成后，用剩余砂浆填充隔间，然后按照第一层的规定进行夯实。在第二层夯实过程中，每一轮夯实完成后和开始下一轮夯实之前，使用戴手套的手指和捣固机将挤出的砂浆带入模具顶部。夯实完成后，所有立方体的顶部应略高于模具顶部。用抹子将挤出的砂浆放入模具顶部，并通过将抹子的平边拉过每个立方体顶部一次，使其与模具长度成直角，从而使立方体光滑。为了找平砂浆使伸出模具顶部的砂浆具有更均匀的厚度，还需要沿模具长度轻轻地拉一次抹子的平面。将抹子的直边拉过模具长度，将砂浆切割至与模具顶部齐平的平面。

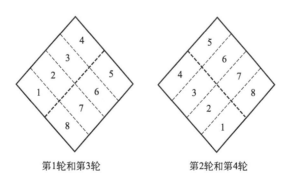

第1轮和第3轮　　　　　第2轮和第4轮

图 7X-1　试样成型时的捣固顺序

以下分类需要单独的分类：

A 类，用于混凝土的非引气水泥，如按 C150/C150M、C595/C595M 和 C1157/C1157M 规范销售的水泥；

B 类，混凝土用引气水泥，如按 C150/C150M、C595/C595M 和 C1157/C1157M 规范销售的引气水泥；

C 类，砌体、砂浆和灰泥水泥，如按照规范 C91/C91M、C1328/C1328M 和 C1329/C1329M 销售的水泥。

7X.6.5　试样制备完成

试样的储存成型完成后，立即将试样放在潮湿的空间中。成型后，立即将所有试样置于潮湿空间底板上的模具中 20~72h，使其上表面暴露于潮湿空气中，但是防止空间滴水。如果试样在 24h 前从模具中取出，将其放在潮湿空间的架子上，直到 24h 后，将试样浸入由非腐蚀性材料制成的储槽中的饱和石灰水中。

7X.7　抗压强度的测定

对于 24h 的试样，在试样从潮湿的空间中取出后立即进行试验；对于所有其他试样，在试样从储存水中取出后立即进行试验。给定试验年龄的所有试样应在以下规定的容许公差范围内断裂（见表 7X-3）。

表 7X-3　试样试验年龄允许公差

试验年龄	容许公差	试验年龄	容许公差
24h	±1/2h	7 天	±3h
3d	±1h	28 天	±12h

如果一次从潮湿空间中取出多个试样进行 24h 测试，则需要用湿布覆盖这些试样，直到试验开始。如果一次从储水中取出多个试样进行测试，则将这些试样置于（23±2）℃的水中，并保持足够的深度，以便在试验前完全浸没每个试样。

擦拭每个试样，使其表面干燥，清除与试验机轴承座接触的表面上的松散沙粒或水垢，用直尺检查这些面（注 7）。如果有明显的弯曲，研磨表面至平面，否则丢弃试样，定期检查时间的横截面积。

注 7：试件表面结果远低于真实强度，可通过加载立方体试件的非真正平面的表面获得。因此，比较重要的是保持样品模具清洁，否则表面会出现较大的不规则。清洁模具的工具应始终比模具金属软，以防磨损。如果有必要研磨试样表面，最好在一张黏在平面上的细砂纸或布上摩擦试样，使用中等压力就可以。如果发现要进行更多的研磨，建议丢弃试样。

与模具真实平面接触的试样表面施加荷载，小心地将试样放置在上轴承座中心下方的试验机中，对每个立方体进行试验之前，确定球形座块可以自由倾斜，不要使用缓冲垫，使球形座块与试样表面均匀接触，在上下压板之间以相对运动速率施加荷载，对应于试样上的荷载，范围为 900~1800N/s。在预期最大荷载的前半部分，获得压板的指定移动速率，在荷载的后半部分不调整压板的移动速率。

7X. 8 计算

记录试验机指示的最大总荷载，并按以下公式计算抗压强度

$$f_m = \frac{P}{A} \tag{7X-1}$$

式中　f_m——抗压强度，MPa；

　　　P——最大负荷，N；

　　　A——受载面的面积，mm^2。

$50mm^3$ 立方体试样可用于测定抗压强度。如果试样的横截面积与标称值相差超过 1.5%，则使用实际截面积计算抗压强度。所有可接受试样的抗压强度（由同一样品制成，并在同一时间进行试验）应取平均值，并精确至 0.1MPa。

7X. 9 报告

报告流量，精确至 1%，用水精确至 0.1%。同一样品中所有试样的平均抗压强度应精确至 0.1MPa。

7X. 10 错误样本和重新测试

在确定抗压强度时，不要考虑明显有缺陷的试样。

当三个立方体代表一个试验龄期时，相同砂浆批次、相同试验龄期的试样之间的最大允许范围为平均值的 8.7%，当两个立方体代表一个试验龄期时，最大允许范围为 7.6%（注 8）。

注 8：当批内变异系数为 2.1% 时，超过这些范围的概率为 1%。2.1% 是实验室硅酸盐水泥和砌筑水泥参考样品变异系数的平均值。

如果三个试样的范围超过最大值，则丢弃与平均值差异最大的那个，并检查其余两个试样的范围。如果在丢弃有缺陷的样品或不符合两个样品最大允许范围的试验后，剩下的样品少于两个，则重新测试样品。

7X. 11 精度和偏差

本试验结果精度取决于标准水泥混凝土样品的实验数据。其中试验结果是由同一批砂浆模制的三个立方体抗压强度试验的平均值，并在同一年龄段进行试验（注 10）。

注 9：本试验方法的精度和偏差声明仅适用于按照本试验方法的规定，使用规范 C91/C91M、C150/C150M、C595/C595M、C1328/C1328M 和 C1329/C1329M 中规定的水泥制备的砂浆的测量强度。

注 10：当试验结果是两个立方体而不是三个立方体的平均值时，预计精度不会发生显著变化。

附录 8 《变形聚乙烯（PE）管线修复现有下水道和管道施工技术规程》（ASTM F1606）介绍

该标准规定了管道修复用变形聚乙烯（PE）内衬的安装要求，管径范围从 76mm 至 457mm，图 8X-1 为变形前内衬管，图 8X-2 为变形后的内衬管。

图 8X-1　变形前的内衬管

图 8X-2　变形后的内衬管

8X.1　材料

变形聚乙烯内衬管应符合规范 ASTM F1533 的相关要求。表 8X-1 是基于规范 D3350 的 HDPE 聚乙烯管的性能参数。

表 8X-1　基于规范 D3350 的 HDPE 聚乙烯管的性能参数

材料型号	PE2406	PE3408
密度/(g/cm³)	0.925～0.940	0.940～0.947
熔融指数	0.15～0.4	＜0.15
弯曲模量/MPa	552～758	5758～1103
拉伸强度/MPa	18～21	21～24

变形管道应连续缠绕，以便储存和运输至施工现场。四通上的变形管道不得有裂口、裂纹、龟裂或断裂的迹象。

8X.2　施工

8X.2.1　预处理

在进入检修井并进行检查或清洁操作之前，必须对管道内气体进行检测评估，以确定是否存在有毒或易燃蒸汽或缺氧等情况。清除修复管道上的沉积物，重力管道应使用液压动力设备、高速喷射清洁器或机械动力等设备进行清理。

施工前应仔细检查管道内部病害，如突出、破裂、变形、沉降和错位等，对妨碍施工的情况进行处理，确保管道修复工作正常进行。现有管道内部应无障碍物，因为障碍物将阻止变形管道的正确插入和完全膨胀。障碍物可能包括超过管道内径 12.5% 的脱落或偏移接头；伸入管道超过内径 12.5% 或 25mm 的维修接头；横截面积大于现有管道内径 14% 的其他障碍物。如果检查发现障碍物无法通过清洁清除，则应进行点修复开挖，以清除或修复障碍物。

8X.2.2 临排

如果水流在必要的时间内不能中断，则需要在待修复的管道段周围进行水流分流。支管应通过堵塞待修复管道上游点的管线，并将水流引流至下游点或相邻管道来实现。支管管线、泵和泵集水坑尺寸（如需要）应具有足够的容量和尺寸，以处理施工期间的水流。

8X.2.3 PE管拉入

PE 管的四通应靠近插入点，电缆穿过现有导管并连接到变形管道上。PE 管道的动力量的拉力限制为允许的拉伸应力（1500psi 或屈服的 50%）乘以管壁横截面积。绞车和电缆直接从插入点拉到终止点。应限制拉力，以免超过 PE 管道的轴向应变上限值。插入完成后，释放绞车的张力，并在插入点切断变形管道，在终止点进行约束。为管道长度标准化留出余量，以获得正确的长度。

8X.2.4 充气膨胀

蒸汽和空气压力通过进气孔施加，使 PE 管道变形贴合到现有管壁上。在蒸汽温度超过 112.8℃ 且低于 126.7℃ 的情况下，PE 管道的最大压力应达到 100kPa，同时位于出口处的端点阀保持打开以提供热流。HDPE 管外部所需的最低温度为（85±5）℃。然后，压力增加至最大 179.4kPa。保持压力恒定，以确保管道完全膨胀，并允许在侧连接处出现凹陷。

冷却成型后的管道冷却至 38℃，然后应缓慢增加压力至约 227.7kPa，同时使用空气或水继续冷却。达到环境温度后，断开设备。成型后的管道冷却后，末端应超过修复管道至少 76.2mm，以补偿冷却至地面温度期间可能出现的收缩。

8X.2.5 服务连接

在管道成型稳定后，重新连接现有的服务连接。在许多情况下，在服务连接处形成的管道凹陷处提供良好的密封。如果需要完全消除渗透，则应采用其他超出本规程范围的方法来密封服务连接，并修复服务管线和检查井。

8X.2.6 提供的数字信息

在特殊情况下，如长管道、异常困难的条件、极其脆弱的管道和独特的作业，加工参数可能会有所不同，处理的最终结果应符合本规范。

8X.3 检查和验收

8X.3.1 安装质量

可通过 CCTV 电视进行检查，成型管道应在整个修复管段上连续，无裂缝，并紧密贴合原有管壁。

8X.3.2 泄漏测试

该试验应在成型管道冷却至环境温度后进行，仅限于无支管或支管尚未恢复水流的管段，应使用以下两种方法之一。

渗出试验：通过堵住成型管道两端并将其灌满水，将管道内空气全部排出。渗出量通过测量上游的临时立管的水位得到，在渗出试验期间，末端的最大管道内部水压不超过 3m，立管内部的水位应高于管道顶部 0.6m 或高出地下水位 0.6m。试验进行至少1h。端点之间任何长度管道的允许水渗出量不得超过 8.95L/mm。

闭气试验：按照试验方法 F1417 进行，使用气囊堵住管道两端，试验中所有支管、三通、短管的端部应堵塞，以防漏气。调节供气装置，使压力维持在 24.13～27.58kPa，保持至少 2min。压力稳定后，通过恒压法或时间降压法确定空气损失率。

8X.3.3 性能测试

在施工的同时，设置模具管。模具管道的直径应与修复管道的直径相同，长度不低于管道直径。施工结束后从模管中取出，以便测量管道尺寸及壁厚，并对弯曲和拉伸性能进行测试。

（1）尺寸

成型现场样品直径根据试验方法 D2122 的适用章节进行试验时，成型管的平均外径应满足表 8X-2 中给出的要求，公差为 61.0%。

成型现场样品壁厚根据试验方法 D2122 测量时，变形管道的最小壁厚不得小于表 8X-2 中规定的值。

（2）弯曲性能

弯曲弹性模量根据试验方法 D790 进行测量，并符合管道制造商的工厂弯曲试验性能。

（3）拉伸性能

拉伸强度根据试验方法 D638 进行测量，并符合管道制造商的工厂拉伸试验性能。

如果现有系统条件或当地特殊要求需要其他直径或尺寸，则在客户和制造商一致同意的情况下，其他尺寸或尺寸比或两者都应适用于工程应用，变形内衬由满足本规范材料要求的塑料材料制成，且强度和设计要求的计算依据与本规范中使用的相同。对于表8X-2 中未显示的直径，其公差为表 8X-2 中所示直径的相同百分比。最小壁厚通过最小直径除以尺寸比计算。

表 8X-2 尺寸和公差 (AB 类)

外径	外径公差/mm	最小壁厚/mm			
		DR17	DR24	DR26	DR32.5
76	＜0.381	4.47	3.15	2.92	—
102	＜0.381	5.94	4.22	3.89	—
152	＜0.381	8.94	6.32	5.84	4.67
203	＜0.508	11.91	8.43	7.77	6.22
254	＜0.508	14.91	10.57	9.75	7.80
305	＜0.635	17.88	12.67	11.71	9.35
381	＜1.270	22.33	15.82	14.60	11.68
457	＜1.524	26.80	19.00	17.53	14.02

注：A 表示列出的外径公差适用于制造的衬管。B 表示变形后的管道在安装过程中允许标称外径变化−0.4%至＋3.4%，以匹配现有管道内径。较大的方差可能会增加 DR 值。超出此范围的现有内径需要特殊尺寸。

8X.4 结构设计考虑

8X.4.1 支撑外部水力荷载

因为土壤和超载荷载可由现有管道支撑，成型后的 PE 管仅支撑地下水引起的外部水力荷载。地下水位由业主确定，成型后的 PE 管厚度应足以承受静水荷载而不倒塌。以下方程式可用于确定临界坍塌压力，并考虑安全系数 N

$$P = \frac{2E_L}{(1-\mu^2)} \times \frac{1}{(DR-1)^3} \times \frac{1}{N} \qquad (8X-1)$$

式中　P——地下水压力，MPa；

　　　DR——PE 管的尺寸比（外径/厚度）；

　　　N——安全系数（建议为 2.0）；

　　　E_L——改性聚乙烯管的表观弹性模量，MPa，考虑长期荷载效应；

　　　μ——泊松比（0.45）。

注：式（8X-1）是对传统 Timoshenko 公式的数学修正。此关系假定主体管道未完全劣化，其余管道为内衬放置提供支撑。假设主体管壁中现有的空隙或孔不足以进行点修复或更换，但不提供屈曲约束。

$$P = \frac{2KE_L}{(1-\mu^2)} \times \frac{1}{(DR-1)^3} \times \frac{C}{N} \qquad (8X-2)$$

式中　K——长期试验提供的与衬管相邻的土壤和主管道的支撑系数；

　　　　C——椭圆度折减系数，$C=[(1-q/100)\div(1+q/100)^2]^3$；

　　　　q——原始管道的椭圆度百分比，$q=100\times\dfrac{\text{平均直径}-\text{最小内径}}{\text{平均内径}}$ 或

$100\times\dfrac{\text{最大内径}-\text{平均内径}}{\text{平均内径}}$；

注：式（8X-2），通过将传统的 Timoshenko 屈曲方程式应用于根据本实施规程制造的改良聚乙烯管的外部地下水压力试验数据而得出。公式中的约束条件可能因材料、主体管道条件或安装技术的不同而不同，或者两者都不同。

注：E_L 值的选择将取决于与结构设计寿命相关的荷载 P 的估计应用持续时间。例如，如果荷载的总持续时间 P 估计为 50 年，或者是连续施加的荷载，或者是荷载间歇期的总和，则 E_L 的适当保守选择值应为 50 年连续荷载下的值，预计在设备寿命期间将达到的最大地面或流体温度结构。

8X.4.2　支撑液压、土壤和荷载

成型后的 PE 管设计用于支撑液压、土壤和荷载。地下水位、土壤类型和深度以及地表荷载应由业主确定。以下公式可用于计算管道上的总容许外压阻力。重新排列方程并插入 $t^3/12=I$，所需壁厚可根据假定的外部压力载荷确定。

$$q_t=\frac{C}{N}[32R_wB'E'_s(E_LI/D^3)]^{1/2} \tag{8X-3}$$

式中　q_t——管道上的总外部压力，MPa；

　　　R_w——水浮力系数（最小值 0.67），$R_w=1-0.33(H_w/H)$；

　　　H_w——管道顶部以上的水高度，m；

　　　H——管道顶部以上的土壤高度，m；

　　　B'——弹性支撑系数，$B'=1/(1+4e^{-0.213H})$；

　　　I——PE 管的惯性矩，mm^4/mm；

　　　t——PE 厚度，mm；

　　　C——椭圆度折减系数（见 8X.4.1）；

　　　N——安全系数（建议为 2.0）；

　　　E_s——土壤反应模量，MPa；

　　　E_L——圆形 PE 管的弹性模量，MPa，考虑到长期影响而减小；

　　　D——原始管道的平均内径，mm。

附录9　《排水管道管片修复技术产品标准》（ASTM F2984）介绍

该项标准规定排水管道的管片修复技术产品要求，包括注塑聚氯乙烯（PVC）管片

材料、尺寸、工艺和成品质量要求和试验方法；适用于圆形、非圆形和箱形涵洞、导管以及尺寸为 1000mm 或更大的排水管道；内衬管和原有管道的环形空间采用低黏度、高强度水泥灌浆填充。

9X.1 材料

管片由 PVC 树脂制成，符合 D1784 相关规定。密封剂成分包括聚氨基甲酸酯、单液、湿固化型柔性垫圈，可用于管片间的槽接合面。连接五金件（连接螺杆、螺母和螺栓）应采用符合 SAE 1020 标准的低碳通用钢制成，经镀铬或同等材料处理。管片结构见图 9X-1，管片拼接过程见图 9X-2。

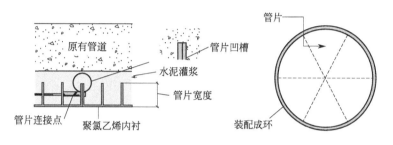

图 9X-1　管片结构

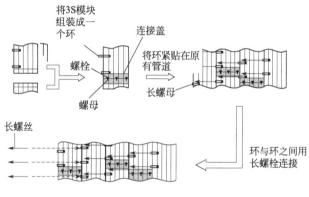

图 9X-2　管片拼装过程

9X.2 其他要求

9X.2.1 耐磨性

采取至少三个样品的管片，使用泰伯磨耗试验方法检验。试验采用 H18 轮，试验负荷为 1000g。磨耗速度为 60r/min，连续测试 1000r。测试环境相对湿度为（50±5）％，温度控制在（23±2）℃进行。样品的平均质量损失应小于 250mg。

9X.2.2 环刚度

组装的 PVC 管片环环刚度能承受 5～6 倍灌浆重量。柔性系数 FF 不低于 0.05。

9X. 2. 3 密封性

管片连接的水密性,以 0.3MPa 水压作用在接头上 3min,接头应无泄漏。对新 PVC 树脂化合物或新注塑材料都需进行密封性实验,以验证密封能力。

9X. 3 外观和尺寸

注塑成型的管片应该是均匀的,没有可见的裂缝和外来夹杂物,或其他明显的缺陷。管片具有一定透明度,在安装过程中直观地监测水泥灌浆。

管片尺寸按 D2122 测量;

管片样品按照试验方法 D2152 对其进行丙酮浸泡试验,用于验证注射成型件的质量。

附录 10 《下水道和管道修复管片施工技术规程》 （ASTM F2985）介绍

该项标准规定了管道修复的管片施工技术规程,包括管片安装过程,新旧管道之间灌浆填充等要求。通过该技术实施,形成刚性复合内衬结构（PVC 管片/灌浆/现有管道）。适用于各种重力管道应用,如雨水管道、排水管道和涵洞;也包括圆形、卵形、椭圆形、拱形和特定形状。

10X. 1 材料

注塑 PVC 管片和相关零配件应符合 F2984 的要求。注塑成型 PVC 管片应具有足够透明度,以便在灌浆操作中进行监控。管片间的黏合剂/密封剂应为聚氨酯、单液体、湿固化型柔性垫片材料。管片连接的螺栓、螺杆和螺母符合 SAE1020 要求,并进行电镀处理。

水泥砂浆应为 B 类波特兰水泥、砂和部分添加剂（抗收缩减水剂、消泡剂和增黏剂）的自固结混合物,在有水的情况下具备不可分离、恒定和不溶性,不会析出,所用砂的最大粒径应为 1.2mm。水泥砂浆在硬化前后不得出现收缩现象。砂浆的 28 天抗压强度不低于 34.5MPa。

10X. 2 安装

10X. 2. 1 清洁和检查

在进入检修孔等区域执行检查或清洁操作之前,根据当地安全和受限空间规定,对有限空间毒害气体进行评估,以确定是否存在有毒或易燃蒸汽或缺氧情况。

管道清洗:控制喷嘴距离为 152.4mm,压力为 20.7MPa 的高压水冲洗管道内壁,以确保管壁没有异物。

管道检查：管道的检查应由经验丰富的人员执行。仔细检查管道内壁，以确定可能妨碍 PVC 管片安装的情况，例如突出的、缺失的砖或管壁件、凹陷、偏移接头等。在安装 PVC 管片之前，要注意不利因素，并视情况进行修正。如果存在常规方法无法清除的障碍物，则应进行点状修复或开挖，以消除影响。PVC 管片技术可带水作业。允许有一定流水的情况下实施，当管道中的液位大于 254mm 时，则需进行调水和封堵处理。

10X.2.2　PVC 管片安装

管片安装尽可能靠近原有管道内圆周安装，管片之间使用制造商提供的紧固件连接成环，使用专用的扭矩扳手拧紧。连接之前，在待连接表面的凹槽中放置密封材料。然后，水平或垂直组装管片内衬管，组装完成后，将成环的内衬管推运至安装位置（见图 10X-1）。

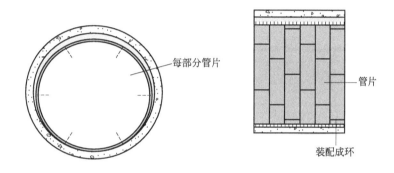

图 10X-1　PVC 管片组件

PVC 内衬安装完毕，管道末端采用速凝砂浆干填料密封。灌浆点按照制造商给出的尺寸，沿 PVC 管片的顶部钻孔（可以选择沿拱顶的灌浆入口或 PVC 环连接处）灌浆。然后，对 PVC 管片内衬进行水平和垂直支撑，以确保 PVC 内衬不会因流入环形空间的水泥砂浆而变形，支撑随着灌浆情况调节（见图 10X-2），为后续灌浆时留出一定的时间，以使之前的灌浆凝固（初始凝固时间通常为 3～4h）。管片的接缝处不应有水泥砂浆泄漏。

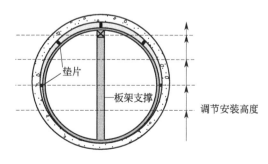

图 10X-2　灌浆支撑

砂浆应能填满环形空隙，塑料管片采用透明材料，以便于确认环形空间砂浆填充情况。若有空隙区域，则应进行点位注浆。管片环与环之间连接时，应确保新内衬的密闭性，防止水泥砂浆渗漏。

10X.3 检查和验收

组装前，应随时检查管片是否损坏，包括：壁面磨损、切口或凿痕，缺陷深度超过壁面厚度的10%；管片连接处若有断裂，将妨碍密封剂材料的封装，墙体面若有裂痕，将妨碍管片环间螺栓的正确安装。

安装后应通过闭路电视检查，PVC内衬应连续，注浆无渗漏。

注浆抗压强度测试，收集环形空间的混合灌浆样品，并根据C109/C109M进行抗压强度测试

附录 11 市政给排水管道非开挖修复主题标准体系表

序号	标准名称	标准号	归口单位	备注	标准状态
1	基础标准				
1.1	术语				
1.1.1	给水排水工程基本术语标准	GB/T 50125—2010	住建部	国标	现行
1.2	分类				
1.2.1	非开挖修复用塑料管道总则	GB/T 37862—2019	全国塑料制品标准化技术委员会	国标	现行
1.3	量值				
1.4	符号				
2	通用标准				
2.1	工程建设通用标准				
2.1.1	设计与验收				
2.1.1.1	给水排水工程管道结构设计规范	GB 50332—2002	住建部	国标	现行
2.1.1.2	给水排水管道工程施工及验收规范	GB 50268—2008	住建部	国标	现行
2.1.1.3	室外排水设计标准	GB 50014—2021	住建部	国标	现行
2.1.1.4	城镇排水工程质量验收规程	DG/TJ08-2110—2012	上海市城乡建设和交通委员会	地标	现行
2.1.2	检测与评估				
2.1.2.1	城市地下管线探测技术规程	CJJ 61—2017	住建部	行标	现行

序号	标准名称	标准号	归口单位	备注	标准状态
2.1.2.2	城镇排水管道检测与评估技术规程	CJJ 181—2012	住建部	行标	现行
2.1.3	清通及预处理				
2.1.3.1	城镇排水管渠污泥处理技术规程	T/CECS 700—2020	中国工程建设标准化协会	团标	现行
2.1.4	修复				
2.1.4.1	城镇排水管道非开挖修复更新工程技术规程	CJJ/T 210—2014	住建部	行标	现行
2.1.4.2	城镇给水管道非开挖修复更新工程技术规程	CJJ/T 244—2016	住建部	行标	现行
2.1.5	运维与安全				
2.1.5.1	城镇排水管道维护安全技术规程	CJJ 6—2009	住建部	行标	现行
2.1.5.2	城镇排水管渠与泵站运行、维护及安全技术规程	CJJ 68—2016	住建部	行标	现行
2.1.5.3	城镇供排水有限空间作业安全规程	DB33/T 1149—2018	浙江省住房和城乡建设厅	地标	现行
2.2	设备产品材料通用标准				
2.2.1	检测				
2.2.2	清通及预处理				
2.2.3	修复				
3	专用标准				
3.1	工程建设专用标准				
3.1.1	设计与验收				
3.1.2	检测与评估				
3.1.2.1	排水管道电视和声纳检测评估技术规程	DB31/T 444—2009	上海市质量技术监督局	地标	现行
3.1.2.2	城镇公共排水管道检测与评估技术规程	DB44/T 1025—2012	广东省质量技术监督局	地标	现行
3.1.2.3	城镇排水管道检测与评估技术规程	DB37/T 5107—2018	山东省质量技术监督局	地标	现行
3.1.2.4	天津市城镇排水管道检测与评估技术规程	T/TMHIA 002—2022	天津市市政公路行业协会	团标	现行

序号	标准名称	标准号	归口单位	备注	标准状态
3.1.2.5	地下管线三维轨迹惯性定位测量技术规程	T/CAS 452—2020	中国标准化协会	团标	现行
3.1.3	清通及预处理				
3.1.4	修复				
3.1.4.1	给水排水管道原位固化法修复技术规程	T/CECS 559—2018	中国工程建设标准化协会	团标	现行
3.1.4.2	城镇公共排水管道非开挖修复技术规程	DB44/T 1026—2012	广东省质量技术监督局	地标	现行
3.1.4.3	天津市排水管道非开挖修复工程技术规程	DB/T 29-283—2020	天津市住房和城乡建设委员会	地标	现行
3.1.4.4	排水管道检测和非开挖修复工程监理规程	T/CAS 413—2020	中国标准化协会	团标	现行
3.1.4.5	城镇排水管道非开挖修复工程施工及验收规程	T/CECS 717—2020	中国工程建设标准化协会	团标	现行
3.1.4.6	地下管线非开挖铺设工程施工及验收技术规程 第1部分：水平定向钻施工	DB 11/T 594.1—2017	北京市住房和城乡建设委员会	地标	现行
3.1.4.7	地下管线非开挖铺设工程施工及验收技术规程 第2部分：顶管施工	DB 11/T 594.2—2014	北京市住房和城乡建设委员会	地标	现行
3.1.4.8	地下管线非开挖铺设工程施工及技术规程 第3部分：夯管施工	DB 11/T 594.3—2013	北京市质量技术监督局	地标	现行
3.1.4.9	翻转式原位固化法排水管道修复技术规程	DB33/T 1076—2011	浙江省住房和城乡建设厅	地标	现行
3.1.4.10	给水排水管道内喷涂修复工程技术规程	T/CECS 602—2019	中国工程建设标准化协会	团标	现行
3.1.4.11	城镇给水管道穿插软管内衬法非开挖修复技术规程	T/TMHIA 001—2022	天津市市政公路行业协会	团标	现行
3.1.5	运维与安全				
3.2	设备产品材料专用标准				
3.2.1	检测				
3.2.1.1	市政管道电视检测仪	CJ/T 519—2018	住建部	行标	现行
3.2.2	清通及预处理				

序号	标准名称	标准号	归口单位	备注	标准状态
3.2.2.1	充气型管道防水堵漏密封装置	DB43/T 1396—2018	湖南省经济和信息化委员会	地标	现行
3.2.3	修复				
3.2.3.1	增强改性聚丙烯非开挖排水管	DB35/T 970—2009	福建省质量技术监督局	地标	现行
3.2.3.2	非开挖铺设用球墨铸铁管	YB/T 4564—2016	全国钢标准化技术委员会	行标	现行
3.2.3.3	排水管道闭气检验用板式密封管堵	CJ/T 473—2015	住建部	行标	现行
3.2.3.4	城镇排水管道原位固化修复用内衬软管	T/CUWA 60052—2021	中国城镇供水排水协会	团标	现行

图 1-1　管道内表面腐蚀损伤

图 1-3　管道渗漏照片

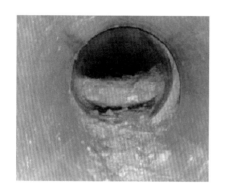

图 1-5　管道偏移照片

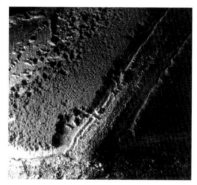

图 1-6　管道机械磨损照片

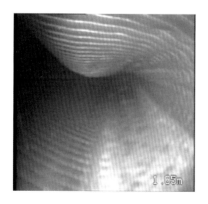

图 1-7　管道变形照片图

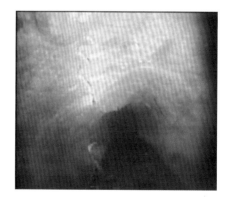

图 1-8　管道裂纹照片

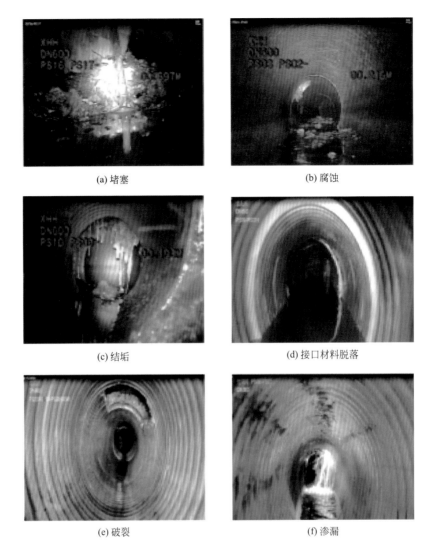

(a) 堵塞　　　　　　　　　　　　　(b) 腐蚀

(c) 结垢　　　　　　　　　　　(d) 接口材料脱落

(e) 破裂　　　　　　　　　　　　(f) 渗漏

图 3-17　部分管道病害情况

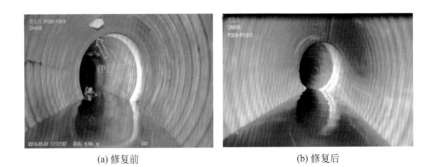

(a) 修复前　　　　　　　　　　　　(b) 修复后

图 3-23　修复前、后管道内壁形貌

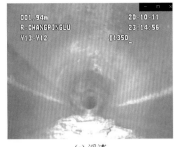
(a) 浮渣

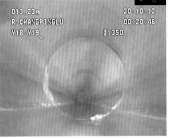
(b) 结垢

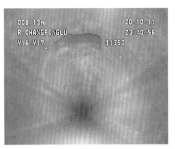
(c) 支管暗接

图 3-24　典型缺陷形貌

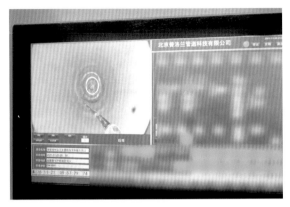

图 3-55　紫外光固化

(a) 修复前

(b) 修复后

图 4-20　修复前、后效果对比

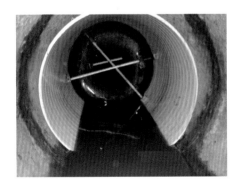

图 4-25　带水修复

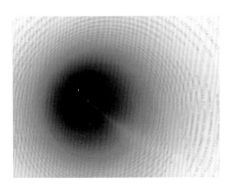

图 4-26　修复后管道内壁

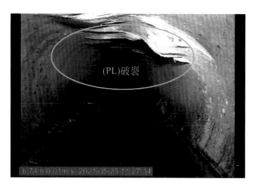

图 5-17　热塑成型技术修复前

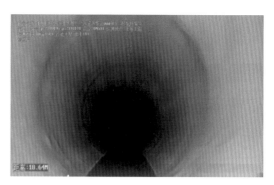

图 5-18　热塑成型技术修复后

(a) 管道接头处理

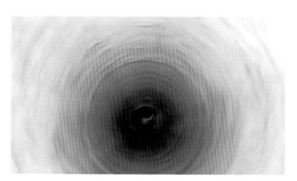

（b）修复后管道内部

图 5-20　修复后管道检测图

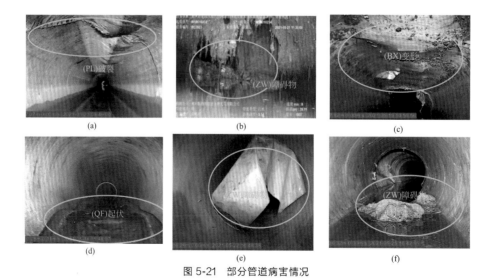

图 5-21　部分管道病害情况

(a)检查井修复前　　　　　　　　　(b)喷涂修复中　　　　　　　　　(c)检查井修复完成后

图 6-8　高分子聚合物喷涂检查井修复技术现场照片

  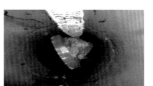

(a)模块进场　　　　　　　　　(b)模块吊入　　　　　　　　　(c)模块运送

 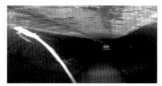 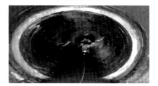

(d)模块拼装　　　　　　　　　(e)模块灌浆　　　　　　　　　(f)管口处理

图 8-6　施工步骤

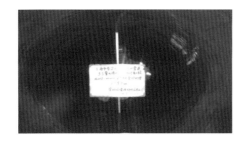 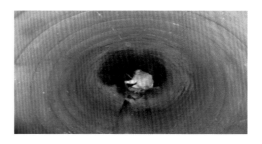

图 8-12　内衬管外观验收检测　　　　　　　　　图 8-13　内衬管内径检测